Technische Unterstützungssysteme

Robert Weidner • Tobias Redlich
Jens P. Wulfsberg (Hrsg.)

Technische Unterstützungssysteme

Herausgeber
Robert Weidner
Laboratorium Fertigungstechnik
Helmut-Schmidt-Universität
Hamburg, Deutschland

Jens P. Wulfsberg
Laboratorium Fertigungstechnik
Helmut-Schmidt-Universität
Hamburg, Deutschland

Tobias Redlich
Laboratorium Fertigungstechnik
Helmut-Schmidt-Universität
Hamburg, Deutschland

ISBN 978-3-662-48382-4   ISBN 978-3-662-48383-1 (eBook)
DOI 10.1007/978-3-662-48383-1

Die Deutsche Nationalbibliothek verzeichnet diese Publikation in der Deutschen Nationalbibliografie; detaillierte bibliografische Daten sind im Internet über http://dnb.d-nb.de abrufbar.

Springer Vieweg
© Springer-Verlag Berlin Heidelberg 2015

Gedruckt auf säurefreiem und chlorfrei gebleichtem Papier

Springer Berlin Heidelberg ist Teil der Fachverlagsgruppe Springer Science+Business Media
(www.springer.com)

Vorwort

Der Gedanke, dass der Mensch auch in Zukunft durch Technik weder ersetzt werden kann noch ersetzt zu werden wünscht, ist Ausgangspunkt des vorliegenden Buches. Die Vorstellung von einer ausgewogenen Koexistenz von Mensch und Technik setzt in der Entwicklung von Technik eine Herangehensweise voraus, die sich an individuellen und gesellschaftlichen Bedarfen zugleich orientiert. Ingenieure können die damit verbundenen komplexen Herausforderungen aufgrund ihrer Fokussierung in ihrer eigenen Domäne nur schwer alleine bewältigen. Durch den Dialog und Kooperationen mit anderen Disziplinen sowie durch die Integration von Anwendern über alle Phasen des Entwicklungsprozesses hinweg könnte dieses Ziel jedoch erreicht werden.

Nicht immer ist die größte, die kleinste, die leistungsstärkste oder die effizienteste Lösung auch die „Beste". Wichtige Fragen, die mit diesem Buch aufgeworfen und diskutiert werden, sind daher: Welche Technik wollen die Menschen eigentlich und welche Wege und Formen der Entwicklung sollten verfolgt werden? Im Jahr 2014 haben wir daher die erste transdisziplinäre Konferenz „Technische Unterstützungssysteme, die die Menschen wirklich wollen" ausgerichtet. Wissenschaftler, Praktiker und potentielle Nutzer aus verschiedenen Disziplinen und Branchen waren eingeladen, um gemeinsam die Grundlage für eine bedarfsorientierte Technikentwicklung zu schaffen und die Voraussetzungen gesellschaftlicher Akzeptanz von technischen Unterstützungssystemen zu diskutieren.

In den Beiträgen dieses Buches kommt eine sich aus dieser Konferenz heraus formierende Community zu Wort, die sich nicht ohne weiteres einer einzelnen existierenden wissenschaftlichen Domäne zuordnen lässt. Unter den 110 Autoren finden sich neben Ingenieuren, Medizinern, Soziologen, Kulturwissenschaftlern und Rechtswissenschaftlern viele weitere Angehörige unterschiedlicher Disziplinen. Über den aktuellen Stand der Entwicklung von Unterstützungssystemen hinaus, beinhalten die Beiträge daher auch die Gegenüberstellung disziplinärer Zugänge, Perspektiven, Ansätze, Methoden und Technologien. Am Ende bleibt die Frage, welche Technik die Menschen wollen, weiter offen. Der Suche nach einer Antwort sollte ein transdisziplinärer Diskurs vorangestellt werden, ob eine solche Fragestellung, angesichts des Wertfreiheitspostulats in der Wissenschaft, überhaupt leitend sein darf. In anderen Wissenschaftsbereichen bilden normative Leitlinien, z.B. durch Ethikkommissionen, zumindest einen groben Werterahmen für die Forschung. Deshalb sollte gerade vor dem Hintergrund, dass komplexe Technik unser Leben zunehmend beeinflussen, aber kaum noch von einem einzelnen Menschen vollumfänglich begriffen werden können, die Frage gestellt werden dürfen: *Benötigen wir zukünftig einen Technikkodex oder einen hippokratischen Eid für Ingenieure?*

Hamburg, im August 2015   R. Weidner
  T. Redlich
  J. P. Wulfsberg

Inhaltsverzeichnis

1 Überblick

Der Unterstützungsbedarf für Menschen steigt sowohl im Berufs- als auch im Alltagsleben. Dies ist auf unterschiedliche Veränderungen zurückzuführen. Auszugsweise können folgende vier Aspekte zu einem erhöhten Unterstützungsbedarf führen:

- Demografischer Wandel: Die längere Lebenserwartung und rückläufige Geburtenrate führen zu einer sich verändernden Altersstruktur sowie zu einer größeren Anzahl älterer Menschen.
- Technische Anforderungen: Aus technischer Sicht steigt die Produkt- und Produktionskomplexität aufgrund der zunehmenden Individualisierung, der voranschreitenden Miniaturisierung bzw. Komplexitätssteigerung, dem gestiegenen Funktionsumfang der Produkte, der gestiegenen Qualitätsanforderungen und dem dafür erforderlichen Know-how.
- Lebensarbeitszeit und Fluktuation: Eine verlängerte Lebensarbeitszeit und die zunehmende Dynamik von Erwerbsbiografien führen zu Belastungen und geänderten Arbeitsaufgaben (Art und Umfang). Dies kann wiederum zu einem erhöhten, vorzeitigen Verschleiß, Personalausfall und Know-how-Verlusten führen.
- Globalisierung und Kooperation: Die zunehmende Globalisierung, überregionale Kooperationen und unterschiedliche Bildungshintergründe können zu einer heterogenen Belegschaft, zu einer Streuung von Fähigkeiten und Fertigkeiten (Diversität) sowie zu einem erhöhten Wettbewerbsdruck führen.

Aufgrund des gestiegenen Unterstützungsbedarfs sind neue Technologien, Maßnahmen und Strategien erforderlich, die Individuen aus den unterschiedlichsten Anspruchsgruppen sowohl im Alltags- als auch Berufsleben angemessen unterstützen bzw. entlasten, um u.a. ein langfristig selbstbestimmtes Leben zu ermöglichen. Hierbei geht es nicht primär um den Einsatz von Hightech, sondern vielmehr um derartige Technologien, die von der Gesellschaft akzeptiert und gewünscht werden.

Ausgehend von der Idee, dass der Mensch auch in Zukunft in vielen Bereichen durch Technik weder ersetzt werden kann noch sich ersetzt zu werden wünscht, werden im vorliegenden Buch Grundlagen, Entwicklungsvorgehen, Technologien und Anwendungsbeispiele für ebensolche bedarfsorientierte Unterstützungssysteme vorgestellt.

2 Grundlagen

In diesem Kapitel wird der interdisziplinäre Rahmen für die Einordnung und Beurteilung technischer Systeme zur Unterstützung, Assistenz und Hilfe von Personen (z.B. Hilfe- und Pflegebedürftige), so genannten Unterstützungssystemen, geschaffen. Dazu werden die Perspektiven der Ingenieurwissenschaft, Techniksoziologie, Philosophie, Sozialwissenschaft, Rechtswissenschaft und Wirtschaftswissenschaft in die Überlegungen mit einbezogen. Zunächst erfolgt die Schärfung des Verständnisses von Unterstützungssystemen, wobei grundlegende Einflussgrößen und Anforderungen an derartige Systeme aufgeführt werden, um sie als Unterstützungssysteme bezeichnen zu können. Anhand von zwei konkreten Handlungszusammenhängen wird anschließend die Herangehensweise einer bedarfsorientierten Technikentwicklung beschrieben. Nach dem bis zu diesem Punkt die Frage leitend war, welche Technik die Menschen wollen bzw. wollen sollen, fällt in den philosophischen Aufgabenbereich die Frage danach, was der Mensch sein sollte, sofern er sich als Mensch verstehen will. Es folgt daher die kritische Diskussion möglicher negativer Einflüsse auf das menschliche Selbstverständnis durch den Einsatz von Unterstützungssystemen. Natürlich kann auch mit dem vorgestellten Ansatz der technikkritischen philosophischen Anthropologie kein „objektives" Menschenbild begründet werden, aber es werden Wege der philosophischen und damit logischen Argumentation aufgezeigt, die dabei unterstützen, eine ethisch-moralische Begründung für ein normatives Menschenbild zu liefern.

Da Unterstützungssysteme Mensch und Technik multidirektional, dynamisch und interaktiv miteinander verbinden und in Beziehung setzen, finden sich hier eine Vielzahl von Schnittstellen. Dass deren Funktion nicht ausschließlich als neutraler Mittler beschrieben werden kann, leuchtet ein. Die Begründung ihrer sinnstiftenden Wirkung wird in einem weiteren Abschnitt aufgezeigt. Neben der philosophischen Annäherung an die Grundlagen von Unterstützungssystemen werden im Rahmen des Kapitels zudem sozial- und ingenieurwissenschaftliche Zugänge zur Klassifikation von Unterstützungssystemen vorgestellt. Hierdurch können in Zukunft entsprechende Systeme bedarfsorientiert und zielgerichtet entwickelt und bewertet werden.

Schließlich werden in weiteren Beiträgen sowohl die juristischen Herausforderungen als auch die wirtschaftlichen Chancen bei der Entwicklung und durch die Nutzung von Unterstützungssystemen aufgezeigt. Die juristische Bewertung derartiger Systeme hebt auf die unterschiedlichen Anforderungen ab, die sich aus Rechtsgebieten wie Datenschutz, Produktsicherheit, Arbeits- und Verfassungsrecht ergeben, um daraus einen gesetzgeberischen Handlungsbedarf abzuleiten. Die volkswirtschaftlichen Auswirkungen des demografischen Wandels und einer verbreiteten Nutzung von Unterstützungssystemen mit Fokus auf die resultierende Möglichkeit einer Entlastung der Sozialsysteme sind Gegenstand der Betrachtung des letzten Abschnitts.

2.1 Technik, die die Menschen wollen – Unterstützungssysteme für Beruf und Alltag – Definition, Konzept und Einordnung

R. Weidner, T. Redlich und J. P. Wulfsberg

2.1.1 Einleitung

Im Jahr 2030 werden in Deutschland 37 % der Erwerbstätigen zwischen 50 und 65 Jahre alt sein und über 37 % der Bevölkerung der Altersgruppe über 60 Jahre angehören [1]. Die (älteren) Menschen wünschen sich eine dauerhafte Erhaltung ihrer Gesundheit, um länger selbstständig am alltäglichen Leben partizipieren zu können. Unternehmen jeglicher Art stehen vor der Herausforderung, geeignetes Personal zu finden, das langfristig verfügbar ist und die tätigkeitsspezifischen Anforderungen erfüllen kann. Eine Strategie, um erstens die beruflichen Anforderungen länger erfüllen zu können und zweitens die Teilhabe alternder bzw. körperlich eingeschränkter Personen in allen Lebensbereichen zu ermöglichen, liegt in der Entwicklung und Bereitstellung technischer Unterstützungssysteme.

Entsprechende Systeme, die den Menschen präventiv und operativ, angepasst an individuelle Bedürfnisse und spezifische Tätigkeiten, unterstützen, stellen einen vielversprechenden Ansatz dar. Sie müssen die individuellen Anforderungen des Menschen (z.B. Größe, Funktionalitäten und Bedienbarkeit) sowie der Unternehmen (z.B. Qualität, Auslegung und Verfügbarkeit) erfüllen und dürfen den Menschen beim Gebrauch nicht behindern, einschränken und verletzen. Im nachfolgenden Abschnitt werden zunächst die Ausgangssituation und bereits entwickelte Systeme bzw. Ansätze zur Unterstützung des Menschen im Berufs- und Alltagsleben aufgezeigt. Darauf aufbauend werden wesentliche Forschungsfragen abgeleitet und Ansätze für zukünftige Unterstützungssysteme aufgezeigt.

2.1.2 Ausgangssituation

In nahezu allen Lebenssituationen ist eine zunehmende Verbindung bzw. Interaktion von Mensch und Technik spürbar. Teilweise wird diese Entwicklung als „Technikabhängigkeit" konnotiert. Überwiegend wird Technik allerdings in „guter" Absicht z.B. zur Erhöhung von Komfort und Bequemlichkeit sowie aufgrund der gegenüber dem Menschen vorteilhaften bzw. überlegenen Eigenschaften technischer Systeme (u.a. Ausdauer, Wiederholgenauigkeit und Präzision) genutzt.

Verschiedene Anwendungen können als Indizien einer zunehmenden Verbindung zwischen Mensch und Technik betrachtet werden:

- Mobiltelefon, tragbare Computer und Wearables (Konsumgüterindustrie),
- Implantate, wie Zähne und Hüftgelenke (Medizintechnik),
- Intelligentes Haus und Drahtlosnetzwerke (Kommunikationstechnik),
- Mensch-Roboter-Kollaboration (Produktionstechnik),
- Geräte für Hilfs- und Pflegebedürftige, wie der computergestützte Rollstuhl und die Greifzange (Pflege und Rehabilitation).

Bei den genannten Anwendungen konnte ein stetiger Veränderungsprozess beobachtet werden: Mensch und Technik sind schrittweise „zusammengewachsen". Die entsprechende Entwicklung im Bereich der Produktion kann wie folgt dargestellt werden:

- Der Mitarbeiter führt seine Arbeit eigenständig unter Zuhilfenahme von Werkzeugen durch.
- Der Mitarbeiter wird durch den Einsatz von vollautomatisierten Systemen, wie Industrieroboter, entlastet, indem das technische System eine fest programmierte Aufgabe verrichtet.
- Der Industrieroboter wird mit Sensorik ausgestattet, um die technische Intelligenz und dadurch die Flexibilität zu verbessern.
- Mensch-Roboter-Kollaboration: Schrittweise Zusammenlegung von Arbeitsaufgaben von Mensch und Roboter in einem Arbeitsraum, in der Regel jedoch zeitlich getrennt. Die Aufgabenverteilung erfolgt nach den individuellen Fähigkeiten und Fertigkeiten.
- Hybridisierung von biomechanischen und technischen Elementen in einem System (Mensch, technische Systeme, Werkzeuge und weitere Funktionalitäten) mit Hoheit beim Menschen. Hierbei werden die Elemente seriell und/oder parallel angeordnet, um den Mitarbeiter aufgaben- und personenangepasst zu unterstützen. Die individuellen Fähigkeiten und Fertigkeiten des Menschen sowie der technischen Elemente können bei diesem Ansatz zeitgleich ausgenutzt werden.

Entlang dieses Entwicklungsstrangs können folgende Arten von Hilfesystemen voneinander abgegrenzt werden:

- Technische Systeme, die eine Person **substituieren** und dadurch zu einer Entlastung führen (Technik führt die Aufgabe für den Menschen aus), und
- technische Systeme, die dem Menschen bei der Ausführung seiner Aufgaben **unterstützen** ohne ihn dabei zu ersetzen (Mensch behält die Hoheit und wird durch die Technik angemessen unterstützt).

Unter Berücksichtigung der vorangegangenen Argumente und Systematisierungen wird dieser Arbeit die folgende Definition von Unterstützungssystemen zu Grunde gelegt:

Bei einem technischen System handelt es sich um ein Unterstützungssystem, wenn

1. es den Menschen bei Tätigkeiten unterstützt, ohne ihn ganz oder teilweise zu substituieren,
2. es dem Menschen die Hoheit über die Ausführung überlässt (Sollwertvorgabe durch Bediener, keine Zwangsvorgaben),
3. es sich bei dem Menschen um den Systembediener handelt und
4. vom System keine Gefahr für den Bediener und für Dritte ausgeht.

2.1.3 Aktuelle Ansätze und Systeme aus dem Stand der Technik
Berufsleben

Im Bereich der Produktion existieren sowohl die genannten Substitutionslösungen als auch technische Unterstützungssysteme im Sinne der o.g. Definition. Eine Unterstützung kann durch Hilfsmittel und Werkzeuge realisiert werden. Werkzeuge können hierbei z.B. Drehmomentschlüssel und Akkuschrauber darstellen.

Bei der Ausführung von Arbeiten in gefährlichen Umgebungen und im Bereich der Chirurgie lassen sich Telemanipulatoren als Hilfsmittel einsetzen, die durch den Menschen gesteuert werden. Bei Handhabungsaufgaben mit großen Lasten und großen Bauteilen finden durch den Menschen bediente Balancer bzw. Hebehilfen ihren Einsatz. Der Ansatz der Mensch-Roboter-Kollaboration kann im Zwischenbereich zwischen den frei programmierbaren Automaten und den manuellen Arbeitsplätzen eingeordnet werden. Mit diesem Ansatz wird angestrebt, die Arbeitsaufgaben zwischen Mensch und Maschine in einem Arbeitsraum aufzuteilen, so dass ein simultanes Arbeiten möglich ist. Technische Systeme übernehmen in der Regel kraftraubende Handhabungsaufgaben sowie Aufgaben mit vielen Wiederholungen. Die kooperierenden Arbeiten von Mensch und Maschine an einem Werkstück sind dabei mit Stand der Technik strikt räumlich oder zeitlich getrennt. Erste Ansätze für eine räumliche und zeitliche Kooperation werden aktuell erforscht [2]. Die Automatisierung wird vor allem bei Aufgaben mit hohem Wiederholcharakter und geringer Produktvarianz vorangetrieben. Einsatz hierbei finden verstärkt Roboter mit serieller und paralleler Kinematik, die unter Umständen durch eine sensorgestützte Sollwertvorgabe im Regelkreis ergänzt werden. Technische Systeme wie Roboter und Hebehilfen entlasten den Mitarbeiter durch Übernahme verschiedenster Tätigkeiten und können somit die Ergonomie verbessern bzw. gewisse Aufgaben überhaupt erst ermöglichen.

Darüber hinaus wurden eine Reihe unterschiedlicher Assistenzsysteme mit verschiedenen Schwerpunkten entwickelt, z.B. Assistenz mit Hilfe von Datenbrillen. Vereinzelt kommen im produzierenden Umfeld auch (einfache) Exoskelette zur Kraftsteigerung zum Einsatz. Eine neue Systemlösung stellen Unterstützungssysteme nach dem Ansatz des Human Hybrid Robot (HHR) dar [3]. Hierbei handelt es sich um eine logische Weiterentwicklung der klassischen Mensch-Roboter-Kollaboration. Diese Systeme sind durch eine serielle und/oder parallele Kopplung von biomechanischen und technischen Elementen charakterisiert (intelligente Kopplung des Menschen mit technischen Systemen, Werkzeugen und Funktionalitäten).

Zusammenfassend lässt sich in den vergangenen Jahren auch im industriellen Bereich eine engere Verknüpfung von Mensch und Maschine feststellen. Die Entwicklung ist vereinfacht in **Abb. 2.1** dargestellt.

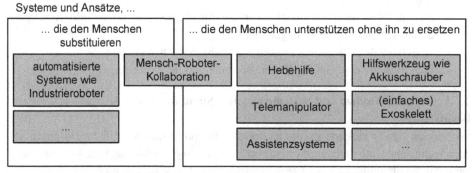

Abb. 2.1: Unterstützungssysteme für das Berufsleben

Alltagsleben

Auch für das Alltagsleben existieren zahlreiche Substitutionslösungen wie auch technische Unterstützungssysteme im Sinne der Definition. Zu den Systemen, die Menschen aller Altersgruppen unterstützen können zählen bspw. Treppenlifte, Elektrofahrräder, Spurhalteassistenten im Automobil, Exoskelette, Rollatoren, Elektrozahnbürsten etc. Als Substitutionslösungen können in diesem Bereich insbesondere autonome Maschinen wie Staubsaugroboter oder Serviceroboter, selbstfüllende Kühlschränke oder autonome Kraftfahrzeuge angesehen werden (**Abb. 2.2**).

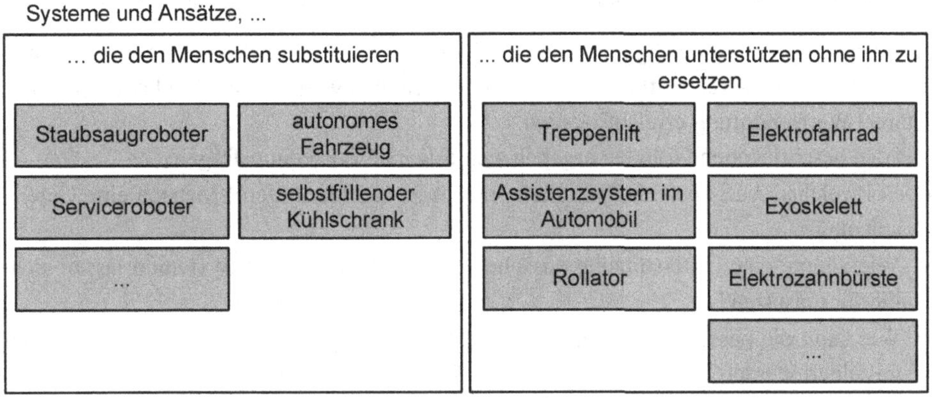

Systeme und Ansätze, ...

... die den Menschen substituieren		... die den Menschen unterstützen ohne ihn zu ersetzen	
Staubsaugroboter	autonomes Fahrzeug	Treppenlift	Elektrofahrrad
Serviceroboter	selbstfüllender Kühlschrank	Assistenzsystem im Automobil	Exoskelett
...		Rollator	Elektrozahnbürste
			...

Abb. 2.2: Systemlösungen für die Unterstützung im Alltagsleben

2.1.4 Handlungsbedarf und Forschungsfragen

In der Vergangenheit wurden unterschiedliche Systemlösungen für die Unterstützung sowie für die Entlastung durch Übernahme von Aufgaben (Substitution des Menschen durch Maschinen) entwickelt. Die Technologieentwicklung wurde in der Regel technologiegetrieben auf Basis einer vorangegangenen groben Bedarfsanalyse durchgeführt. Hierbei wurden Nutzer teilweise bereits frühzeitig in den Entwicklungsprozess einbezogen, doch die Entscheidung nach der Art der Technik war bereits zuvor getroffen (**Abb. 2.3** oben). Dies konnte dazu führen, dass eine Technologie entwickelt wurde, die nach technischen und ökonomischen Kriterien einen Vorteil bieten könnte, aber durch den (potentiellen) Anwender zum einen nicht akzeptiert (passiv) und zum anderen nicht genutzt (aktiv) wird. Um das eigentliche Potenzial neuer Technologien besser ausschöpfen zu können, besteht die Möglichkeit, die beschriebene Vorgehensweise so zu modifizieren (**Abb. 2.3** unten), dass bereits früher Anforderungen und Bedürfnisse von Nutzern aufgegriffen und einbezogen werden können (partizipativer Ansatz). Dies hat wiederum zur Folge, dass vor der Technikentscheidung eine umfangreiche Bedarfsanalyse gemeinsam mit dem Nutzer durchzuführen ist.

Bei einer derartigen Modifikation des Entwicklungsvorgehens gelangt der (potentielle) Nutzer stärker in den Mittelpunkt. Diese Vorgehensweise lässt nicht nur die Entwicklung bedarfsgerechter Technologien erwarten. Durch die Berücksichtigung von nicht ausschließlich ökonomischen (Unternehmensgewinn, Kostenreduktion, Effizienzsteigerung), sondern vielmehr auch weiterer gesellschaftlich relevanter Zielgrößen (z.B. Akzeptanz,

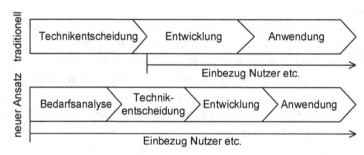

Abb. 2.3: Gegenüberstellung von Ansätzen für eine Technologieentwicklung

Lebensqualität, Selbstständigkeit, Freiheit, Glück) kann ein globales Optimum im Sinne zusätzlicher volkswirtschaftlicher Leistungssteigerung bzw. gesellschaftlicher (nicht-monetärer) Wertschöpfung erreicht werden.

Aus den beschriebenen Gründen ergeben sich folgende Forschungsfragen:

- Bei welchen Aufgaben und Tätigkeiten wünscht sich der (ältere) Mensch eine Unterstützung?
- Wie könnte eine Unterstützung aussehen bzw. welche Art von Systemen lassen sich hierfür einsetzen?
- Wie kann die passive Akzeptanz und die aktive Aneignung entsprechender Systeme gesteigert werden?
- Wie können Nutzer bei der Technikentwicklung integriert werden?
- Wo liegen Grenzen und was sind Potenziale entsprechender Systeme?

2.1.5 Unterstützungssysteme der Zukunft

Die im vorherigen Abschnitt beschriebene Änderung in der Vorgehensweise bedingt eine Anpassung der Entwicklungsschritte. Darüber hinaus wird die Entwicklung allgemeingültiger und Szenario unabhängiger Technologien angestrebt, d.h. die Entwicklung einer Technik, die sich in unterschiedlichen Kontexten im Alltags- und Berufsleben nutzen lässt. Um Technik entwickeln zu können, die gesellschaftlich akzeptiert und genutzt wird, werden auf Basis des ermittelten Bedarfs Unterstützungsfunktionalitäten definiert (**Abb. 2.4**). Diese sind in Hardware- und Software-Modulen umzusetzen. Hierbei sind Standards für z.B. Schnittstellen einzuhalten, um eine Kombinier- und Austauschbarkeit zu gewährleisten. Mit Hilfe der vorentwickelten Module, die sich in einem Baukastensystem zusammenfassen lassen, können ortsungebundene und ortsfeste Unterstützungssysteme aufgebaut werden. Diese können sowohl den kompletten menschlichen Körper als auch nur Teilbereiche davon unterstützen. Die Konfiguration erfolgt dabei individuell angepasst an die Person bzw. an die auszuführende Aufgabe.

Die technischen Systeme sollen zusätzlich so gestaltet werden können, dass sich der Unterstützungsgrad, d.h. die „Stärke" und der „Umfang", individuell einstellen lässt. Unterscheiden lassen sich dabei der

- personenabhängige (d.h. in Abhängigkeit zu den individuellen Fähigkeiten und Fertigkeiten sowie Wünschen und Bedürfnissen),

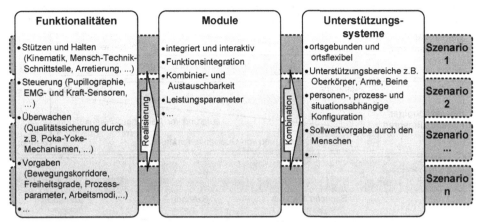

Abb. 2.4: Angestrebtes Entwicklungsvorgehen [4]

- aufgabenabhängige (d.h. in Abhängigkeit von prozessrelevanten Anforderungen und personenunabhängig) und
- zeitabhängige (d.h. in Abhängigkeit von z.B. Arbeitszeit und -dauer)

Unterstützungsgrad. Verdeutlicht wird dieser Zusammenhang beispielhaft in **Abb. 2.5** oben am Beispiel der Produktion. Betrachtet wird hierbei neben einer aufgabenabhängigen Unterstützung, die erforderlich ist, um überhaupt die Qualitätsanforderungen erfüllen zu können, ein Unterstützungsgrad in Abhängigkeit des Alters der Mitarbeiter zum einen (hierfür wird angenommen, dass gewisse Funktionseinbußen im Alter vorliegen) und aufgrund von zirkadianen Leistungsschwankungen zum anderen. Durch an die Person und Aufgabe anpassbare technische Systeme ergeben sich prinzipiell unterschiedliche Lösungsansätze mit verschiedenen Unterstützungsgraden. Drei Beispiele sind in **Abb. 2.5** unten illustriert:

- Szenario 1: Geringe Unterstützung, sodass weder altersabhängige, tagesabhängige noch aufgabenrelevante Aspekte kompensiert werden können.
- Szenario 2: Mittlerer Unterstützungsgrad, sodass aufgabenrelevante Anforderungen erfüllt werden können, aber nicht alle altersbedingten Funktionseinbußen und tagesabhängige Leistungsschwankungen ausgeglichen werden.
- Szenario 3: Maximal mögliche Unterstützung, sodass teilweise ein zu hoher Grad der Unterstützung vorherrschen kann.

2.1.6 Zusammenfassung und Ausblick

Die demografischen Entwicklungen, die zunehmende Arbeitsdichte, das verlängerte Erwerbsleben und die gestiegenen Anforderungen führen zu einem erhöhten Unterstützungsbedarf im Berufs- und Alltagsleben. Zu deren Kompensation wurden in der Vergangenheit bereits eine Reihe von Ansätzen und Systemen entwickelt, die den Menschen entlasten und unterstützen sollen. Hierbei handelt es sich um Systeme, die den Menschen unterstützen ohne ihn zu ersetzen oder um Systeme, die den Menschen durch die Abnahme von Aufgaben entlasten (Substitution). Häufig besitzen derartige Systeme eine geringe gesellschaftliche Akzeptanz. Dies kann auf das Entwicklungsvorgehen zurückgeführt

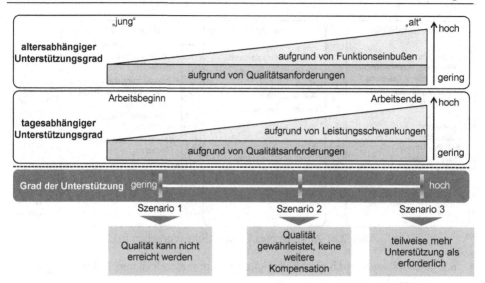

Abb. 2.5: Exemplarische Unterstützungsgrade inkl. denkbarer Szenarien
am Beispiel der Produktion

werden; (potentielle) Nutzer werden zwar in den Entwicklungsprozess einbezogen, um die individuellen Anforderungen aufzugreifen, die Entscheidung welche Art von Technologie entwickelt werden soll, ist jedoch vorab gefällt worden.

Im vorangegangenen Abschnitt wurde ein neuer Ansatz für die Entwicklung von „Technik, die die Menschen wirklich wollen" aufgezeigt. Ausgangspunkte der Technikentwicklung entsprechend dieses Ansatzes sind die individuelle wie auch gesellschaftliche Akzeptanz. Hierfür wird zum einen eine Vorgehensweise vorgeschlagen, mit der potentielle Nutzer früher im Entwicklungsprozess berücksichtigt werden können und zum anderen die technischen Systeme so gestaltet werden, dass sie sich an den jeweiligen Nutzer und Aufgabe anpassen lassen. Hiermit verbunden ist auch die Möglichkeit, den Unterstützungsgrad individuell anpassen zu können.

Literatur

[1]   Statistisches Bundesamt: 12. koordinierte Bevölkerungsvorausberechnung, Berlin, 2008.

[2]   Thomas, C.; Busch, F.; Kuhlenkötter, B.; Deuse, J.: Ensuring Human Safety with Offline Simulation and Real-time Workspace Surveillance to Develop a Hybrid Robot Assistance System for Welding of Assemblies, in: Enabling Manufacturing Competitiveness and Economic Sustainability, Springer, 2011, S. 464-470.

[3]   Weidner, R.; Kong, N.; Wulfsberg, J. P.: Human Hybrid Robot: a new concept for supporting manual assembly tasks, in: Production Engineering, 7(6), 2013, S. 675-684.

[4]   Weidner, R.; Wulfsberg, J. P.: Aufbau und Implementierung eines aktiven Gelenkarms für Human Hybrid Robots (HHR), in: wt Werkstattstechnik online, 104, 2014, Nr. 3, Düsseldorf, Springer-VDI-Verlag, S. 174-179.

2.2 Was sollen wir wollen – Möglichkeiten und Grenzen der bedarfsorientierten Technikentwicklung

M. Decker und N. Weinberger

2.2.1 Einleitung

Die Frage, welche Technik Menschen „wirklich" wollen, scheint besonders im Nachhinein vergleichsweise leicht zu beantworten. Beispielsweise kann in einer Umfrage explizit danach gefragt werden, welche Technik Menschen in ihrem Alltag benutzen, welche ihnen unentbehrlich vorkommt und welche Technik sie sich vielleicht angeschafft haben, diese letztendlich aber nicht anwenden. Schwieriger ist die Frage *ex ante* zu beurteilen. Das hängt zum einen damit zusammen, dass nicht alle Menschen darin geübt sind, ihren Bedarf an technischer Unterstützung zu formulieren. Man kann zwar allgemein danach fragen, in welchen Handlungszusammenhängen ihres Alltags Probleme auftreten, jedoch bedarf es einer beträchtlichen Transferleistung, um für diese Probleme mögliche technische Lösungen vorschlagen zu können. Des Weiteren ist bekannt, dass neue technische Möglichkeiten auch entsprechende Bedarfe nach diesen Möglichkeiten erst wecken. So darf die Möglichkeit, mit dem Mobiltelefon kurze Textnachrichten zu verfassen und zu versenden als ein solches Phänomen angesehen werden. Es ist wenig wahrscheinlich, dass *ex ante*, bspw. bei einer Umfrage zur Nutzung von Mobiltelefonen, ein Bedarf zur Versendung von Textnachrichten über das Mobiltelefon, explizit geäußert worden wäre. *Ex post* wird von Nutzern von Mobiltelefonen das Versenden von Textnachrichten als eine zentrale Funktion dieser Technologie angesehen. Sie ließen bei einer solchen Umfrage auch sicherlich keinen Zweifel daran, dass sie diese Funktion des Mobiltelefons nicht missen möchten, und sie somit „wirklich" wollen. Ob die Nutzung dieser Technologie in der Art und Weise, wie wir sie in unserer Gesellschaft nun beobachten können, gesellschaftlich wünschenswert ist oder nicht steht auf einem anderen Blatt und soll hier nicht weiter behandelt werden [1].

Klassisch darf es als zentrales Element der Ingenieurskunst angesehen werden, dass neue Technologien so entwickelt bzw. bestehende Technologien so verändert werden, dass sie in die Handlungszusammenhänge des Alltags eingebunden werden. Hier kann von einem *Technology Push*[1] gesprochen werden, denn die Technikentwicklung wird aus den Ingenieurwissenschaften heraus betrieben. Dabei kann es eine verfolgenswerte Strategie sein, eine bestehende Technik um zusätzliche technische Möglichkeiten zu erweitern, um damit den Nutzwert der Technik zu erhöhen. Obiges Beispiel aus der Mobiltelefonie stellt einen solchen Fall dar: Die Möglichkeit des Versendens von Textnachrichten hat den Nutzwert des Mobiltelefons erhöht. Doch obwohl es in der Technikentwicklung nach dem *Techno-*

---

[1] Bei Nemet (2009) finden sich ein historischer Abriss und eine kritische Beleuchtung der Technology Push- und Demand Pull Perspektiven. [2]

logy Push Modell durchaus üblich ist, Nutzer in den Entwicklungsprozess zur Identifizierung wünschenswerter technischer Möglichkeiten und deren Praktikabilität einzubinden, bleibt im *Technology Push* Modell die (weiter) zu entwickelnde Technik „gesetzt".

Eindeutiger scheint die Frage: „welche Technik wollen wir wirklich?" zu beantworten zu sein, wenn im Vorhinein der Bedarf an einer bestimmten Technik artikuliert wird. Das heißt „wirklich wollen" wird so interpretiert: eine Technik wird dann wirklich gewollt, wenn der Wunsch eine solche Technik anwenden zu können, bereits vor der Entwicklung der Technik explizit geäußert wird. Geht man davon aus, dass neue Technologien selten für Einzelpersonen entwickelt werden, dann kann man das „wirklich" wollen auch als einen Konsens in einer Nutzergruppe interpretieren. Aus der Größe der potentiellen Nutzergruppen und der Stabilität des Konsenses in dieser Nutzergruppe könnte man das ökonomische Potenzial der Technologie abschätzen.

Diese bedarfsorientierte Vorgehensweise kann dem Gedanken eines *Demand Pull*-Models zugeordnet werden. Allerdings stellt die Bedarfserhebung in einem konkreten Handlungskontext in diesem Zusammenhang schon das Ende einer thematischen Hinführung dar. Denn *Demand Pull* zielt zunächst auf die Entwicklung von Technologien, die dazu geeignet sind, Lösungsansätze für drängende gesellschaftliche Probleme anbieten zu können. Als solche Problemlagen können die sogenannten „Grand Challenges" moderner Gesellschaften verstanden werden. Das Abstraktionsniveau dieser gesellschaftlichen Herausforderungen spielt sich dabei auf der Höhe eines „demographischen Wandels" ab, dem Thema des Wissenschaftsjahres 2013, oder „Lernen und Arbeiten in einer smarten Welt" oder „Plurale Gesellschaft auf der Suche nach Zugehörigkeit und Distinktion"[2].

Dieser Abstraktionsgrad ist aber offensichtlich zu hoch, um als Anfangspunkt für eine bedarfsorientierte Technikgestaltung dienen zu können. Es bedarf dagegen eines Herunterbrechens dieser gesellschaftlichen Herausforderungen in einzelne Handlungskontexte, die in Bezug auf die Herausforderungen relevant sind. Diese Relevanz wird aus den Beschreibungen der gesellschaftlichen Herausforderungen abgeleitet.

Der Bezugspunkt für die in diesem Beitrag beschriebene Bedarfserhebung ist der demographische Wandel. Hier kann heute davon ausgegangen werden, dass die zugrunde liegenden Argumentationsmuster bereits hinreichend bekannt sind. Sie können daher in der gebotenen Kürze dargestellt werden: In den nächsten Jahren und Jahrzehnten wird der Anteil älterer Menschen an der Gesamtbevölkerung stark zunehmen. Hinzu kommt, dass die durchschnittliche Lebenserwartung im Vergleich zum letzten Jahrhundert aufgrund medizinischer Verbesserungen erheblich gesteigert werden konnte. Dieser Trend, so wird vermutet, hält an. So wird bspw. innerhalb der nächsten fünfzig Jahre eine weitere Steigerung um sieben bis 11 Jahre erwartet. Damit verbunden ist auch eine Veränderung im Rahmen der Krankheitsverläufe im Alterungsprozess zu verzeichnen. Insgesamt wird eine Zunahme im Krankheitsspektrum hin zu chronisch-degenerativen und -funktionellen Erkrankungen angenommen [3]. In diesem Zusammenhang ist auch die Zunahme der Demenz zu sehen. Allein in Deutschland leiden bereits jetzt etwa 1,2 Mio. Menschen an einer

---

2 Dies sind zwei von sieben gesellschaftlichen Herausforderungen, die das Bundesministerium für Bildung und Forschung (BMBF) für das Jahr 2030 genannt hat.

leichten bis schweren Demenz. Das sind rund 7% der über-65-Jährigen. Diese Zahl soll sich bis zum Jahr 2050 nochmals verdoppeln [4]. Das bedeutet, dass sich mit ansteigendem Alter, die Wahrscheinlichkeit pflege- und/oder hilfsbedürftig zu werden, stark zunehmen wird. Zum anderen verringert sich aufgrund des sozialen Wandels bei steigendem Hilfebedarf die Zahl der versorgenden Unterstützer. Daraus folgend wird der Bedarf an Pflegekräften steigen, obwohl dieser bereits heute, nur schwer zu decken ist. Auf Basis dieser Annahmen werden zukünftig die Sozialplanung und die Dienstleister vor große Herausforderungen gestellt.

Aus dieser Beschreibung kann man schon sehr konkret ableiten, dass eine Unterstützung von Menschen mit Demenz zu den Herausforderungen unserer Gesellschaft in Deutschland gehört. Infolgedessen bezieht sich dieser Beitrag auf die bedarfsorientierte Entwicklung von Unterstützungssystemen für Menschen mit Demenz. Im Folgenden wird der konkrete Handlungskontext in dem diese Unterstützungssysteme eingesetzt werden sollen noch weiter eingegrenzt, um letztendlich einen Handlungsbereich in der Unterstützung von Menschen mit Demenz identifizieren zu können, indem die Bedarfserhebung dann stattfinden soll. Anschließend werden zwei Bedarfserhebungen exemplarisch beschrieben, die in zwei Forschungsprojekten durchgeführt werden, die sich thematisch mit der technischen Unterstützung von Menschen mit Demenz auseinandersetzen. Schließlich werden erste Schlussfolgerungen gezogen, in denen die Möglichkeiten und Grenzen einer bedarfsorientierten Technikentwicklung ausgelotet werden.

2.2.2 Konkrete Herausforderungen bei der Unterstützung von Menschen mit Demenz

Zur Veranschaulichung der Vorgehensweise bei einer bedarfsorientierten Technikgestaltung werden hier zwei Handlungskontexte vorgestellt, die in konkreten Forschungsprojekten näher untersucht werden. Es handelt sich zum einen um die Bedarfserhebung von technischen Unterstützungssystemen in sogenannten Pflegenetzwerken in der ambulanten Pflege und zum anderen um Unterstützung zum Erhalt der Mobilität in der stationären Pflege von Menschen mit Demenz. In beiden Fällen wird zunächst das so genannte Pflegearrangement [5] herausgearbeitet, das für die Erhebung des Bedarfs nach technischen Unterstützungssystemen den zu untersuchenden Handlungskontext darstellt.

2.2.3 Pflegenetzwerke in der ambulanten Pflege von Menschen mit Demenz

Es besteht ein starker Wunsch der Menschen, auch bei einem verstärkten Hilfebedarf, zuhause wohnen bleiben zu können oder zumindest in der gewohnten Umgebung [6], wodurch mit erheblich höherer Nachfrage bei ambulanten Pflegedienstleistungen zu rechnen ist. Im Zuge dessen hat die ambulante Versorgung bspw. durch die Gründung von Sozialstationen und ambulanten Pflegediensten enorm an Bedeutung gewonnen. Ausdruck fand dies in dem Ausbau eines großen und stellenweise sehr dichten Versorgungsnetzes in Deutschland. Das ambulante Pflegeangebot wird durch zahlreiche komplementäre Dienste ergänzt, wie z.B. durch Mobile Soziale Hilfsdienste, Mahlzeitendienste oder auch Beratungsstellen, die zusätzliche Dienstleistungen in der Betreuung von pflegebedürftigen Menschen übernehmen. Diese Entwicklungen haben zu Ansätzen – besonders im Bereich der ambulanten Pflege – geführt, die auf die Schaffung neuer pflegerischer Strukturen durch Netzwerkbildung abzielen. Begründet wird diese Zielsetzung damit, dass (1) insbesondere Menschen mit länger andauerndem Pflegebedarf auf eine funktionierende, auf die Bedürfnisse der Betroffenen ausgerichtete Kooperation angewiesen sind, (2) man individuellen Bedürfnissen gerecht werden muss, wofür sogenannte *„mixed packages"* zu schnüren sind, die aus sich ergänzenden Angeboten in Versorgungsketten bestehen. Dazu gehören *Managed Care* Konzepte, *Disease Management* Programme, Konzepte der integrierten Versorgung usw., und (3) reibungslose Versorgungsübergänge geschaffen sowie (4) die Vermeidung von Fehl-, Unter- oder gar Überversorgung realisiert werden sollen. Dafür werden durch die Vernetzung der beteiligten Institutionen, Dienste und Berufsgruppen innovative Versorgungsmodelle geschaffen.

So gibt es mit Blick auf die Versorgung zu Hause die Tendenz, dass die unterschiedlichen Instanzen dieser Netzwerke (Hausarzt, neurologische Abteilung(en) einer Klinik und auch Pflegedienste) stärker bei der Behandlung der Patienten zusammenspielen (sollen). Mit Blick auf die Gewährleistung einer angemessenen Pflege gibt es darüber hinaus Initiativen, unterschiedliche Träger der Kranken- und Pflegeversicherung, öffentliche Einrichtungen, pflegerische Leistungserbringer besser zu vernetzen, um Effektivitäts- und möglicherweise auch Effizienzsteigerungen in den Pflegeabläufen zu erzielen. Ein wichtiger Aspekt ist hierbei die Einbindung von ehrenamtlich Tätigen in die ambulante Pflege, die vor allem die pflegenden Angehörigen erheblich entlasten sollen. So sollen in diesen individuellen Pflegesituationen Angehörige, Professionelle und Ehrenamtliche netzwerkartig gleichermaßen zusammengeschlossen werden, um eine bedarfsgerechte Pflege zu Hause auch dann möglich zu machen, wenn einzelne pflegende Personen an ihre Grenzen kommen und häufig nur noch die Aussicht auf stationäre Pflege bleibt.

Weiterführend gibt es in jüngeren Diskussionen auch eine zunehmende Verflechtung der Themen Pflege und Betreuung von alten Menschen in ihren spezifischen Umgebungen, dem so genannten Quartier, was neue Herausforderungen an Städteplanung stellt. So gibt es Szenarien von Stadtquartieren, die Heterogenität (unterschiedliche Alterskohorten, verschiedene Lebenszeiten, Paare, Singles, Familien, Alleinerziehende), bürgerschaftliches Engagement (nachbarschaftliche Projekte nach eigenen Bedürfnissen und Interessen), Caring Community und das Gefühl des Zuhause-Seins (offene Begegnungsräume, Quartierforum, Café, grüne Dachterrassen, kulturelle Veranstaltungen, vielfältiges Miteinander aller Generationen, moderierte Nachbarschaft) mit einer langfristigen nachhaltigen Perspektive kombinieren. Der Grundgedanke basiert hier auf integrativen Ansätzen, die architektonische und soziale Impulse setzen, um neue Formen der Vergemeinschaftung zu initiieren. Diese sollen vor allem generationenübergreifende Beziehungen fördern und ermöglichen, alte und junge Menschen in vielfältige soziale Gruppen zu vereinen.

Versorgungsnetzwerke dieser Art stellen das Pflegearrangement dar, in dem der Bedarf nach technischer Unterstützung erhoben werden sollte. Dabei wird deutlich, dass anders als in der Einleitung skizziert, nicht eine einzelne Person in Bezug auf ihre Bedarfslage an technischer Unterstützung befragt werden kann, sondern dass die technische Unterstützung im gesamten Pflegearrangement, das ist hier das Versorgungsnetzwerk um eine Person mit Demenz, auf entsprechende Zustimmung treffen muss. Letztendlich wird in dem

Versorgungsnetzwerk eine Pflegehandlung an einem Mensch mit Demenz erbracht und in diese Pflegehandlung soll oder kann ein technisches Unterstützungssystem eingebracht werden, das zunächst ganz allgemein eine Verbesserung in Bezug auf die Pflegehandlung darstellen soll. Dabei bleibt es offen, ob die technische Unterstützung durch einen Akteur im Netzwerk, unmittelbar in der Pflege des Menschen mit Demenz, oder als unterstützende Technik im kommunikativen Bereich innerhalb des Netzwerks angewendet wird. Entscheidend ist, dass die technische Unterstützung von den Akteuren im Netzwerk als akzeptabel anerkannt wird.

2.2.4 Mobilitätsunterstützung für Menschen mit Demenz im Heim

Mit dem Fortschreiten der Demenz ist ein zunehmender Verlust der geistigen Leistungsfähigkeit festzustellen, der sich unter anderem in einer abnehmenden Fähigkeit zeigt, Alltagsprobleme eigenständig zu lösen, sodass Menschen mit Demenz einen zunehmenden Selbständigkeitsverlust erleben und immer mehr auf Unterstützung angewiesen sind. Die extreme Unruhe von Menschen mit Demenz kann sich dabei in einem hohen Bewegungsdrang (sog. „Wandering") äußern. In Kombination mit den beschriebenen Defiziten können diese zu einem Selbstgefährdungspotenzial führen, weil eine örtliche Orientierung kaum oder gar nicht mehr möglich ist. Andererseits wird gerade Bewegung als Intervention zur Aktivierung der Gehirnfunktion und zur Teilhabe am sozialen Leben empfohlen. So kommen die Autoren der S3-Leitlinie „Demenzen" der DGN und DGPPN als psychosoziale Intervention zum Thema „Bewegungsförderung" zu folgendem Schluss: „Regelmäßige körperliche Bewegung und ein aktives geistiges und soziales Leben sollte empfohlen werden." Die Autoren weisen in diesem Zusammenhang auf Studien hin, die einen aktiven Lebensstil mit körperlicher Bewegung, sportlicher, sozialer und geistiger Aktivität als protektiv hinsichtlich des Auftretens einer Demenz einschätzen [7].
Die Bewegung kann damit als eine wirkungsvolle und nebenwirkungsarme Schlüsselkomponente bei der Pflege und Betreuung von Menschen mit Demenz angesehen werden. Mit ihr ist eine motorische, eine sensorische sowie eine soziale Aktivierung verbunden, die sich auf die subjektive Lebensqualität und den funktionellen Status der Menschen mit Demenz auswirken und dazu beitragen, Stürze, Kontrakturen sowie Dekubitus zu verhindern. So können bestehende Ressourcen so lange wie möglich erhalten, und eine hohe Pflegeintensität kann hinausgezögert werden. Die Realisierung von Bewegung vor allem außerhalb der Einrichtung stellt allerdings die Pflegenden, die Bewohner und deren Angehörige, aber auch die Bürger im Quartier vor eine dilemmatische Situation: Einerseits soll die Selbstständigkeit der Menschen mit Demenz gefordert und gefördert werden, andererseits besteht in Abhängigkeit von der Tagesform und den individuellen kognitiven Fähigkeiten der Wunsch der Pflegenden und der Angehörigen nach Sicherheit, was dann häufig mit Formen von Freiheitsentzug korreliert. Dies führt dazu, dass die eigentlich gewollte Selbstbestimmung und Selbstständigkeit durch Sicherheitserwägungen und Furcht vor Selbstgefährdung eingeschränkt wird. Ziel ist es also, das „Draußen aktiv" unter dem Motto: „So viel Freiheit wie möglich, so viel Schutz wie nötig" zu gestalten.
Das Pflegearrangement in diesem Handlungskontext lässt sich durch das Zusammenwirken des Menschen mit Demenz, seiner Angehörigen sowie den professionell Pflegenden

beschreiben. Dazu kommen noch Bewohner des Quartiers, in dem sich das Heim befindet. Denn idealer Weise sollen die Menschen mit Demenz im Sinne der Teilhabe im Quartier ein „demenzfreundliches" Milieu und eine generationengerechte Infrastruktur vorfinden. Dieses Pflegearrangement hätte auch noch weiter gefasst werden können, indem z.B. auch der Träger Pflegeheims Berücksichtigung findet. In diesem Projekt wurde davon abgesehen, da zunächst nur darauf abgezielt werden sollte, ob und wenn ja welche technischen Unterstützungssysteme in einem solchen Arrangement als akzeptabel erachtet werden. Ökonomische Gesichtspunkte, die sicherlich durch das Einbeziehen des Trägers hätten berücksichtigt werden können, sollten zunächst keine einschränkenden Kriterien darstellen.

2.2.5 Methodische Vorgehensweise

Die bedarfsorientierte Technikentwicklung beginnt nicht wie die oben skizzierten Entwicklungen nach dem *Technology Push* Modell, denn dort ist die Art der Technologie, die entwickelt werden soll, festgelegt. Sondern am Anfang steht die Erhebung des Bedarfes, um dann in einem weiteren Schritt aus den identifizierten Bedarfslagen Kriterien abzuleiten, nach denen man einen Technikentwicklungsprozess beginnen kann. Welche Art Technik entwickelt werden soll, ist somit offen. So wird letztendlich erst aus der Bedarfserhebung heraus eine Technologie vorgeschlagen, von der man begründet annehmen kann, dass sie den geäußerten Bedarf befriedigen kann. Dabei orientiert sich die methodische Vorgehensweise der Bedarfserhebung an der empirischen qualitativen Sozialforschung. Möglichst alle Akteure im Pflegearrangement sollen zu ihrer Bedarfslage befragt werden. Je nach Konstellation werden Einzel- oder auch Gruppeninterviews durchgeführt. Da sich die beiden Projekte, die hier als Fallbeispiel dienen sollen, sowohl in ihrer Laufzeit als auch in ihrer finanziellen Ausstattung deutlich unterscheiden, wird die methodische Vorgehensweise für die Bedarfserhebung einzeln kurz dargestellt.

2.2.6 Bedarfserhebung der Pflegenetzwerke in der ambulanten Pflege

Dieses Projekt ist zeitlich auf zwölf Monate ausgelegt und untersucht Pflegenetzwerke im Großraum Heidelberg und Karlsruhe. Trotz der Tatsache, dass in der Fachliteratur auf die Existenz dieser Pflegenetzwerke hingewiesen wird, war es zunächst eine Herausforderung, die theoretisch diskutierten und (sozial-)politisch geforderten bzw. gewünschten Pflegenetzwerke zu identifizieren. Ein strategischer Suchprozess, in dem auch die Anfrage bei einschlägigen Behörden berücksichtigt wurde, führte schließlich zur ersten Kontaktaufnahme mit möglichen Pflegenetzwerken. Es stellte sich schnell heraus, dass sowohl die institutionelle Einbettung als auch die Organisationsformen dieser Netzwerke sich sehr stark unterscheiden. Im Rahmen dieses vergleichsweise kleinen Projektes, war es nur möglich, eine Erstanalyse durchzuführen. Letztendlich konnten „vermeintliche" Versorgungsnetzwerke um sieben unterschiedliche Akteure aus dem Pflege- und Betreuungsbereich von Menschen mit Demenz identifiziert und analysiert werden: (1) Informationsplattform zur Vernetzung von Akteuren des ambulanten Gesundheitssektors, (2) Gesprächskreis für pflegende Angehörige unter fachlicher Anleitung, (3) Arbeitskreis zur Vernetzung verschiedener regionaler Altenpflegeangebote, (4) Demenzcafé unter Leitung von Ehrenamtlichen und Fachkräften, (5) Verein zur psychosozialen Beratung von Betroffenen und Angehörigen, (6) Anbieter von Telemedizin und (7) Unterstützung und Beratung für altersgerechtes Wohnen zu Hause. Durch die Analyse dieser Netzwerke zeigt sich, dass es eine deutliche Diskrepanz zwischen wissenschaftlichen und politischen „Vorgaben" und tatsächlichen Befunden gibt. Dies wird aber an anderer Stelle zu diskutieren sein.

2.2.7 Bedarfserhebung zur Mobilität von Menschen mit Demenz in Heimen

In diesem etwas größeren Projekt, das auf zwei Jahre angelegt ist, lag der Schwerpunkt im ersten Jahr auf einer möglichst umfassenden Bedarfserhebung. Diese wurde eingeleitet mit einer allgemeinen Beobachtung der Aktivitäten und Abläufe im Heim. Methodisch war das an der Idee der Teilnehmenden Beobachtung angelehnt, wobei jedoch nur eine kurze Beobachtungsdauer von zwei Wochen realisiert werden konnte. In dieser Phase waren 3-4 Beobachter auf verschiedenen Stationen und bei unterschiedlichen Aktionen im Pflegeheim als stille Beobachter von morgens bis abends vor Ort. Die Erkenntnisse, die in dieser Phase gewonnen wurden, dienten der inhaltlichen Vorbereitung von Einzel- und Gruppeninterviews. So wurden mit den Menschen mit Demenz sowie mit der Heimdirektion und der Pflegeleitung Einzelinterviews geführt. Die Menschen mit Demenz waren auf Grund ihrer körperlichen und geistigen Verfasstheit nicht in der Lage, an Gruppeninterviews in adäquater Weise teilnehmen zu können. Für die Heimdirektion und Pflegeleitung wurden je Einzelinterviews geführt, da diese in der Rollenverteilung des Heims eine besondere Perspektive auf die Aktivitäten haben und auch aus ihrer Sicht andere Bedarfe äußern. Die professionell Pflegenden, die Ehrenamtlichen und die Angehörigen der Menschen mit Demenz wurden in je einer Gruppendiskussion im Stile einer Fokusgruppe befragt. Wenn mehrere Interviewpartner in einer vergleichbaren Rolle im Pflegearrangement agieren, haben Gruppeninterviews methodisch dahingehend einen Vorteil, dass sich aus der Gruppendiskussion Argumentationszusammenhänge ableiten lassen, und in der Diskussion eine Bewertung der vorgebrachten Argumente vollzogen wird. Im Leitfaden der Gruppen- und Einzelinterviews wurde nach einer einführenden Selbstbeschreibung durch die Interviewpartner jeweils zunächst nach allgemeinem Unterstützungsbedarf im Pflegehandeln gefragt, bevor abschließend konkreter der Bedarf an technischer Unterstützung aus der individuellen und beruflichen Perspektive heraus diskutiert wurde.

Die weitere Vorgehensweise sieht in diesem Projekt vor, dass diese allgemeinen Bedarfe und auch die technisch formulierten Unterstützungsmöglichkeiten in einem Brainstorming-Workshop mit Technikentwicklern diskutiert werden. Zu diesem Zweck wurden die Bedarfslagen in kurzen szenarischen Beschreibungen aufbereitet, die in der Diskussion der Technikentwickler als Impulse dienen konnten. Ergänzt wurde der Workshop mit den Technikentwicklern um einen Diskussionsblock, in dem die Technikentwickler ihrerseits vor dem Hintergrund der Schlagworte „Demenz", „Bewegung", „Heimpflege" und „Adaptive Systeme" Vorschläge für unterstützende Technologien machen konnten. Hier wurden sowohl bereits entwickelte Technologien genannt, als auch noch nicht existierende Lösungen vorgeschlagen. Im weiteren Projektverlauf werden die in diesem Workshop vorgeschlagenen technischen Unterstützungssysteme nochmals mit den professionell

Pflegenden und den Angehörigen diskutiert. Mit dieser Diskussion ist auch ein Auswahl-prozess verbunden. Im nächsten Schritt sind wieder die Technikentwickler an der Reihe. Sie arbeiten die verbliebenen technischen Möglichkeiten detaillierter aus und entwerfen erste sogenannte „Pflichtenhefte". Diese werden ein letztes Mal in Fokusgruppen der pro-fessionell Pflegenden und Angehörigen diskutiert, bevor schließlich konkrete Pflichten-hefte für technische Unterstützungssysteme verfasst werden, die dann als Basis für zu-künftige Technikentwicklungsprojekte herangezogen werden können.

2.2.8 Erste Erkenntnisse

Beide Projekte sind noch nicht abgeschlossen, daher können an dieser Stelle nur erste Er-kenntnisse aus dem Arbeitsprozess heraus formuliert werden. Diese beziehen sich insbe-sondere auf konzeptionelle Aspekte der bedarfsorientierten Technikentwicklung. Drei As-pekte sollen im Folgenden angesprochen werden, (1) die Konfiguration des Pflegearrange-ments, (2) die Wirkung der „Grand Challenge" auf das Forschungsfeld und schließlich (3) eine erste Replik zu bedarfsseitig vorgeschlagenen Technologien.

(1) Die Pflegearrangements, die in den Projekten untersucht werden, wurden ihrerseits aus gesellschaftlichen Bedarfslagen abgeleitet. Dieser Prozess wurde oben beschrieben. Das entscheidende Argument in diesem Zusammenhang war, dass gesellschaftliche Problem-lagen auf einem zu hohen Abstraktionsniveau formuliert sind, sodass sich daraus kein konkreter Handlungskontext für eine technische Entwicklung ableiten lässt. Bei diesem Herunterbrechen einer gesamtgesellschaftlichen Bedarfslage in ein konkretes Handlungs-feld werden aus der Projektfragestellung heraus verschiedene Annahmen gemacht, soge-nannte Relevanzentscheidungen [8] getroffen. Das konnte hier nur skizzenhaft dargestellt werden. Die Frage, ob in der Heimpflege auch der Heimbetreiber in der Bedarfserhebung Berücksichtigung finden soll, stellt eine solche Relevanzentscheidung dar. Mit dem Zu-schneiden des Pflegearrangements sind seitens des Projektes Festlegungen gemacht, die im Projektverlauf nur schwierig zu verändern sind.

Umgekehrt können sich im Projektverlauf vor dem Hintergrund dieser Festlegungen ent-sprechende Überraschungen ergeben. So war es in dem Projekt zu den Pflegenetzwerken im ambulanten Bereich eine Überraschung, dass diese Netzwerke, zumindest im unter-suchten Raum, nicht in der Form existieren, wie man es nach der Voranalyse erwartet hätte. Bereits bei der Suche nach entsprechenden Netzwerken musste daher der Netzwerk-begriff deutlich erweitert werden. Das wurde methodisch dadurch abgefedert, dass man letztendlich sieben statt der geplanten vier Netzwerke untersuchte. In dem Projekt zur Heimpflege stellte sich heraus, dass der Quartiersgedanke, d.h. die aktive Einbindung des Pflegeheims in die örtliche Struktur, bei dem untersuchten Pflegeheim nicht wie erwartet vorhanden war. Während das Projektteam bei ersten zufälligen Gesprächen z.B. in den Geschäften in unmittelbarer Umgebung des Heimes zunächst den Eindruck gewann, dass sich die Menschen durchaus bewusst sind, dass sie in der Nähe eines Pflegeheimes woh-nen, und dazu auch eine wohlwollende Einstellung haben, so wollte letztendlich niemand, genauer gesagt nur eine Person, an einer Gruppendiskussion zu diesem Thema teilnehmen. Ein erster Schluss lässt sich bezüglich dieser Sachverhalte dahingehend ziehen, dass die angenommenen Pflegearrangements sich in der Analysephase entsprechend verändern können, weil die im Vorfeld getroffenen Annahmen sich auf den konkreten Analysefall nicht übertragen lassen. Hier ist einerseits seitens der Bedarfsanalyse eine entsprechende Flexibilität gefragt, andererseits lassen sich aus den nicht eingetroffenen Erwartungen auch schon interessante Projektergebnisse ableiten.

(2) Ein zweiter Aspekt, der aus diesen beiden Projekten heraus offensichtlich wurde, ist, dass die übergeordnete gesellschaftliche Bedarfslage im Analyseprozess wieder aufscheint. So ist es nicht verwunderlich, dass in den Diskussionsprozessen immer wieder auf die Gesamtsituation der professionell Pflegenden, der Menschen mit Demenz, und auch derer Angehörigen eingegangen wurde. Fortwährend wurde die zu kurze Zeitdauer, die für die Pflege von Menschen mit Demenz eingesetzt werden kann, und das Spannungsfeld zwischen Pflege und Betreuung thematisiert. Damit zusammenhängend wurde das Betreuungsverhältnis von professionell Pflegenden zu der Anzahl der Menschen mit Demenz mehrfach angesprochen und ist im Heim in der Nacht, mit einem Verhältnis von ca. 1:50, dramatisch. Auch im ambulanten Bereich werden ein hoher Termindruck und damit verbunden die nicht vorhandene Möglichkeit, sich bspw. adäquat auf den nächsten Termin vorbereiten zu können, als Problem geschildert.

Auch wenn diese Tatsache auf den ersten Blick so erscheint, als würde eine im Vorfeld unternommene Einschränkung des Analysebereichs wieder aufgehoben, ja man könnte sogar vermuten, es wäre einem Moderator nicht gelungen, die Diskussion „beim Thema" zu halten, so stellen sich diese Diskussionszusammenhänge als wichtige Kontextualisierung der Handlungszusammenhänge dar. D.h. in den Diskussionsprozessen muss in das Pflegearrangement, welches das Projekt analysieren möchte, entsprechend eingeführt werden. Darüber hinaus müssen die Diskussionsteilnehmer die Möglichkeit haben, die in diesem Zusammenhang für sie wichtigen Punkte zu Protokoll geben zu können. Erst dann lassen sie sich auf einen spezielleren Diskussionsprozess ein. Seitens des Projektteams erfährt man auf diesem Wege deutlich mehr wichtige Hinweise als man für den engeren Projektkontext weiter verwenden kann. Vor diesem Hintergrund ist es interessant, wenn in einem Projekt der bedarfsorientierten Technikentwicklung auch ein Diskussionsstrang aufrecht erhalten werden kann, in dem diese abstrakteren, die „Grand Challenge" betreffenden, Hinweise auch in adäquater Form gesammelt und weiterverarbeitet werden können. In dem Projekt zu den Pflegenetzwerken war dies aufgrund knapper Ressourcen leider nicht möglich. In dem Projekt zu der Heimpflege besteht die Möglichkeit diese Hinweise mit einem Expertenbeirat entsprechend zu diskutieren.

(3) Der dritte Aspekt, der hier vorläufig diskutiert werden kann, ist die Tatsache, dass das Diskutieren von technischen Hilfsmitteln sowohl den Angehörigen als auch den professionell Pflegenden zunächst nicht leicht fällt. Es bedarf jeweils eines deutlichen Impulses, die Diskussion in diesem Zusammenhang aufleben zu lassen. Dabei gab es auch und gerade zu der Frage, ob überhaupt Technik zur Lösung der beschriebenen Diskussionen beitragen kann, sehr kontroverse Stellungnahmen. Insofern kann das in dem Projekt zur Heimpflege angewendete zweistufige Diskussionsverfahren, in dem zunächst alltägliche Problemsituationen geschildert wurden, ohne dabei zu berücksichtigen, ob sich dafür technische Lösungen anbieten könnten, als zielführend angesehen werden. Erst im zweiten Teil der Diskussion wurde explizit die Frage nach möglicher technischer Unterstützung

gestellt. Das eröffnet im Projektverlauf die Möglichkeit, die nicht technisch geäußerten Problemsituationen den Technikentwicklern zu präsentieren, in der Hoffnung, dass diese aus ihrer Perspektive entsprechende technische Unterstützungssysteme vorschlagen können. Darüber hinaus können dann auch die technisch formulierten Wünsche der professionell Pflegenden und Angehörigen den Technikentwicklern präsentiert werden. Interessant wird nun sein, aber das findet erst in der zweiten Hälfte des Projekts statt, wie die professionell Pflegenden auf diese Vorschläge seitens der Technikentwickler reagieren werden.

Insofern muss die Frage, wie wir Technik entwickeln können, die die Menschen wirklich wollen, leider zunächst unbeantwortet bleiben. Dennoch lassen sich erste Erkenntnisse gewinnen, die es aussichtsreich erscheinen lassen, dass eine bedarfsorientierte Technikentwicklung möglich ist. D.h. man kann belegen, dass es ein Pflegearrangement gibt, dass eine bestimmte Art Technik *ex ante* wirklich will. Ob das ex post auch dazu führt, dass diese Technik in den Pflegearrangements auch wirklich eingesetzt wird, und damit zu einer gelungenen Innovation wird, ist ungeklärt. Aber zumindest darf die bedarfsorientierte Vorgehensweise, die hier vorgeschlagen wurde, als eine sinnvolle Ergänzung zu den „angenommenen Bedarfen" gelten, die aus Sicht der Technikentwicklung bei einer Technology Push Vorgehensweise zu Grunde gelegt werden. Vor diesem Hintergrund ist die vorgeschlagene iterative Kombination der Bedarfsseite und der Technikentwicklerseite ein gangbarer Weg eine Technik zu entwickeln, die die Menschen „wirklich" wollen.

Literatur

[1] Decker, M.: Technikfolgen, in: Grunwald, A. (Hrsg.): Handbuch Technikethik, Stuttgart, Weimar, Metzler, 2013, S. 33-38.

[2] Nemet, G. F.: Demand-pull, technology push, and government-led incentives for non-incremental technical change, in: Res. Policy 38, 2009, S. 700-709.

[3] Amelung, V. E.; Sydow, J.; Windeler, A.: Vernetzung im Gesundheitswesen im Spannungsfeld von Wettbewerb und Kooperation, in: Amelung, V. E.; Sydow, J.; Windeler, A. (Hrsg.): Vernetzung im Gesundheitswesen: Wettbewerb und Kooperation, 2009, S. 9-4.

[4] Statistisches Bundesamt: Pflege im Rahmen der Pflegeversicherung. Deutschlandergebnisse, Wiesbaden, 2013.

[5] Krings, B.-J.; Böhle, K.; Decker, M.; Nierling, L.; Schneider, C.: ITA-Monitoring. Serviceroboter in Pflegearrangements, in: Decker, M.; Fleischer, T.; Schippl, J.; Weinberger, N. (Hrsg.): Zukünftig Themen der Innovations- und Technikanalyse. Lessons Learned und ausgewählte Ergebnisse, KIT Scientific Reports, Karlsruhe: KIT Scientific Publishing, 2013.

[6] Steiner, B.; Pflüger, M.; Kroll, J.: Automatisierter Notruf sens@home - Ausgewählte Aspekte der Systemanforderung aus Perspektive von Nutzern und Unterstützungsnetzwerk, Lecture Notes in Informatics, Gesellschaft für Informatik, 2012, S. 1331.

[7] Deutsche Gesellschaft für Psychiatrie, Psychotherapie und Nervenheilkunde (DGPPN); Deutsche Gesellschaft für Neurologie (DGN) (Hrsg.) (2009): S3-

Leitlinie "Demenzen", S. 91, Kurzversion: Internet: www.dgppn.de/fileadmin/user _upload/_medien/download/pdf/kurzversion-leitlinien/s3-leitlinie-demenz-kf.pdf, letzter Zugriff: 09.02.2015.

[8]   Decker, M.; Grunwald, A.: Rational Technology Assessment as Interdisciplinary Research, in: Interdisciplinarity in Technology Assessment, implementation and its Chances and Limits, Springer, 2001, S. 33-60.

2.3 Technikkritik aus Sicht der philosophischen Anthropologie

J. Sombetzki

2.3.1 Einleitung

Der technologische Fortschritt stellt den Menschen nicht nur vor soziale, politische und ökonomische Herausforderungen, sondern er verändert auch das menschliche Selbstverständnis. Inwiefern die Technik unser Nachdenken über den Menschen angeht, zeigt sich an den Schnittstellen von Anthropologie und Technikphilosophie. In dem folgenden Abschnitt werden die philosophisch-anthropologischen Sorgen bezüglich technischer Unterstützungssysteme ausgebreitet und reflektiert.

Die philosophische Anthropologie (phA) stellt die Frage nach dem Menschen immer (zumindest auch) normativ und nicht wie die zahlreichen anthropologischen Disziplinen der Gegenwart (bspw. die biologische oder ethnologische Anthropologie) mit Hinblick auf einzelne deskriptiv feststellbare Facetten des menschlichen Daseins. Kurz gesagt erörtert sie nicht nur, was der Mensch ist bzw. bislang war, indem sie die Ergebnisse der empirischen Anthropologien bündelt und zu einer umfassenderen Gesamtschau zusammenstellt, sondern in ihren genuin philosophischen Aufgabenbereich fällt die Frage danach, was der Mensch sein *sollte*, sofern er sich als Mensch verstehen will. Den Menschen bspw. als „zoon politikon" zu begreifen, wie es Aristoteles in seiner *Politik* auf den Punkt bringt [1], sieht nur auf den ersten Blick wie eine bloße Beschreibung des Tatsächlichen aus. Dieser Kurzdefinition liegt die Vorstellung von einem guten Leben zugrunde, die (in Aristoteles' Fall) Ethik und politische Reflexion fundamental an das menschliche Dasein knüpft. Will sich der Mensch auch weiterhin als Mensch verstehen können, so Aristoteles sinngemäß wiedergegeben, hat er sich als guter Polis-Bürger in die Belange der öffentlichen Sphäre einzubringen, da nur ein politisches Leben (neben dem kontemplativen) Glückseligkeit („eudaimonia") garantiert.

Insbesondere diejenigen technischen Unterstützungssysteme werden in den Blick genommen, die die Menschen aus Sicht der phA nicht wollen *sollten*. Der grundsätzliche Einwand, den die technikkritische phA gegen technologische Entwicklungen in Anschlag bringen kann, lautet:

> Durch die Technik „entmenschlicht" sich der Mensch selbst, d.h. er beraubt sich grundlegender Eigenschaften oder Möglichkeiten bzw. transformiert sich in ein anderes Wesen. Manche technologischen Errungenschaften entpuppten sich bei genauerer Betrachtung als Gefährdungen der genuin menschlichen Bestrebungen, ein gelingendes Leben zu führen (Tugendethik, bspw. Aristoteles), sie verringerten die ‚Menge' an Glückspotenzial auf Erden (Utilitarismus, bspw. Jeremy Bentham) bzw. griffen die Würde des Menschen und damit seine Autonomie als fundamentales Kriterium des menschlichen Daseins an (deontologische Ethik, bspw. Immanuel Kant).

Die folgenden Überlegungen nehmen davon ihren Ausgang, dass geläufige technikkritische Argumente de facto zumindest implizit auf philosophisch-anthropologischen Prämissen darüber, wie der Mensch ist und sein sollte, beruhen. Insofern dient der folgende Beitrag insbesondere dazu, unsere Intuitionen darüber, was den Menschen ausmacht, freizulegen und kritisch zu überprüfen.

Zur groben Ordnung technikkritischer Argumente aus Sicht der phA werden die drei von Hannah Arendt in der Einleitung zu ihrem Werk *Vita activa oder Vom tätigen Leben* [2] formulierten Vorwürfe gegenüber dem technologischen Fortschritt in Form dreier Emanzipationsbewegungen des Menschen genutzt. [3] Mit Emanzipation meint Arendt, dass uns jeweils eine bestimmte konstitutive Kompetenz oder Eigenschaft gänzlich verloren geht. Erstens wolle sich der Mensch durch die Technik von der Erde emanzipieren, was eine Konsequenz seines Wunsches nach einer Emanzipation vom Körper darstelle. Diese Überlegungen werden im folgenden Abschnitt übersetzt in den Vorwurf der phA, durch technologische Entwicklungen laufe der Mensch Gefahr, sich der körperlichen Seite seines genuin menschlichen Daseins zu berauben. Zweitens gebe der Mensch durch die Technik letztlich sein Denkvermögen preis, also seinen Geist und andere mentale oder kognitive Kompetenzen. Diese Emanzipationsbewegung wird schließlich als Kritik an extended-mind-Technologien besprochen. Drittens versuche der Mensch, über die Technik eine Emanzipation von der Arbeit zu erreichen, was allgemeiner als Emanzipation von spezifisch menschlichen Praktiken reformuliert wird.

2.3.2 Die Emanzipation des Menschen vom Körper

Da die Menschen seit jeher den Körper als eine Last angesehen haben und seit dem 20. Jahrhundert sogar darauf verfallen sind, Körper und Erde unmittelbar miteinander zu verknüpfen, betrachten sie nun nicht mehr nur „den Körper als ein Gefängnis für Geist und Seele" [4], sondern halten Arendt zufolge ebenso „die Erde für ein Gefängnis des menschlichen Körpers". Es scheint, als könne eine „Emanzipation des Menschengeschlechts von der Erde" auch das Versprechen einer Lossagung vom ach so lästigen Körper einlösen [5]. Alle Unternehmungen zur Besiedelung des Weltraums sind deshalb so problematisch, da eigentlich nur die Erde den Menschen die Grundlagen für ein genuin menschliches Leben bereitstellt. Als lebende Organismen, die Luft und Nahrung bedürfen, sind sie auf die Erde angewiesen. Darüber hinaus bauen sie auf der Erde einerseits eine gemeinsame Welt aus menschengemachten Gegenständen (Artefakte) und andererseits aus menschlichen Handlungen und Bezügen (Praktiken). Nur in der menschlichen Welt können sie eine Heimat finden und sich zumindest bedingt auch um Unsterblichkeit bemühen, nämlich in Form dauerhafter Gegenstände und erinnerungswürdiger Taten. Erde und Welt gehen den Menschen Arendt zufolge bei einer Besiedelung des Weltraums verloren. Zieht der Mensch hinaus in den Weltraum, entmenschlicht er sich selbst. Im Weltraum lebende Menschen wären fundamental andere Wesen. Dabei hat sie einen zweiten Raum menschlichen Daseins, der sich neben dem Weltraum im 20. Jahrhundert etablierte, noch gar nicht in den Blick genommen: die Virtualität.

Dass erst die Virtualität und nicht bereits der Weltraum die von Arendt befürchtete Körperlosigkeit mit sich bringt, kann im Folgenden nicht diskutiert werden. [6] Der Kerngehalt der Arendtschen These einer Emanzipation des Menschen von der Erde durch die Tech-

nik besagt, dass der Mensch im Grunde ein körperliches Wesen ist, das, schiebt man seinem unermüdlichen Entdeckergeist keinen Riegel vor, insbesondere seine körperliche
Seite durch die Technik auf kurz oder lang destruiert. In einer längeren Textstelle zeichnet
sie den bedenklichen Weg nach, den die Naturwissenschaften in dem Versuch eingeschlagen haben, gegebene Bedingungen des menschlichen Daseins zu verändern:

> „Schon seit geraumer Zeit versuchen die Naturwissenschaften, auch das Leben
> künstlich herzustellen, und sollte ihnen das gelingen, so hätten sie wirklich die Na-
> belschnur zwischen dem Menschen und der Mutter alles Lebendigen, der Erde,
> durchschnitten. Das Bestreben, ‚dem Gefängnis der Erde‘ und damit den Bedingun-
> gen zu entrinnen, unter denen die Menschen das Leben empfangen haben, ist am
> Werk in den Versuchen, Leben in der Retorte zu erzeugen oder durch künstliche
> Befruchtung den Übermenschen zu züchten oder Mutationen zustande zu bringen,
> in denen menschliche Gestalt und Funktionen radikal ‚verbessert‘ werden würden,
> wie es sich vermutlich auch in den Versuchen äußert, die Lebensspanne weit über
> die Jahrhundertgrenze auszudehnen.“ [7]

Die Krise der Naturwissenschaften besteht laut Arendt darin, dass diese, einen Weg einmal
eingeschlagen, aus sich heraus keinen Grund definieren, ihn nicht bis zu seinem womöglich bitteren Ende zu verfolgen. Naturwissenschaftliche Forschung kann die Ziele dieser
Forschung nicht wissenschaftsimmanent reflektieren und zeigt sich in dieser Hinsicht eigenen Ergebnissen gegenüber nicht kritikfähig. Über Arendt lässt sich damit die erste
Technikkritik aus Sicht der phA wie folgt wiedergeben:

> Technische Unterstützungssysteme, die gravierenden Einfluss auf die Körperlich-
> keit des Menschen haben, sind zu vermeiden, da die menschliche Körperlichkeit ge-
> nuiner Bestand einer Definition des Menschen ist.

Dies betrifft, folgt man der oben zitierten Textstelle, (1) die durch Technik evozierte „Herstellung" menschlicher Körper, (2) „radikale" Formen von Human Enhancement sowie
(3) die Verlängerung des menschlichen Lebens bis in die Unsterblichkeit. Die genannten
Sorgen der phA ergänze ich durch eine vierte, die ich oben bereits mit dem Verweis auf
die Virtualität angedeutet habe: (4) die gänzliche Loslösung von der menschlichen Körperlichkeit durch einen Einzug in die Virtualität.

(1) Die künstliche Herstellung von Leben und „in der Retorte" betrifft den Eintritt des
Menschen ins Dasein, wobei unklar bleibt, was sich Arendt darunter genau vorstellt; ob
künstliche Befruchtung, In-Vitro-Fertilisation, Embryotransfer, Klonen, allgemeiner alle
reproduktionsmedizinischen Verfahren, Methoden der Präimplantationsdiagnostik (PID)
oder sogar die Erschaffung humanoider autonomer Systeme. Alle diese technischen Entwicklungen lassen sich auch als Unterstützungssysteme des Menschen lesen. In diesem
Zusammenhang stellt ihre philosophisch-anthropologische Kritik, nur das dürfe mit Fug
und Recht „Mensch" genannt werden, was auf ‚natürlich-menschliche‘ Weise ins Leben
gerufen wurde, zunächst eine These, doch noch kein Argument dar. Was soll bspw. „natürlich" überhaupt bedeuten? Warum sollte Natürlichkeit einen Maßstab für gutes menschliches Leben bilden? Und was hat Natürlichkeit mit der Weise, in der menschliche Wesen
gezeugt werden und ins Dasein treten, zu tun? Schließlich: Selbst wenn man mit guten
Gründen bestreiten könnte, dass gleichwie ‚künstlich‘ erzeugte oder gar ‚hergestellte‘ Wesen Menschen sind, welche Bedenken sollten uns davon abhalten, diese Nicht-Menschen

zu erschaffen? Was wäre aus philosophischer (bspw. ethischer) Sicht dagegen einzuwenden? Diese Frage kann zwar mit Recht gestellt werden, doch lässt sie sich nicht mehr im Rahmen der phA allein, sondern nur innerhalb je eigener bereits bestehender philosophischer Konzeptionen des Menschen (z.B. ethischer, politischer oder sozialer) beantworten. Jürgen Habermas könnte bspw. einwenden, dass Menschen dazu neigen, ‚gemachten' – also erschaffenen – Wesen weniger Respekt angedeihen zu lassen, ihnen schlimmstenfalls ihre Würde abzusprechen. Darüber hinaus verfallen die Entwickler im Zweifel einem Narzissmus, dass sie in der Lage seien, Menschen zu erschaffen, und ihre Schöpfungen laufen Gefahr, unter einem gestörten Selbstverständnis zu leiden. [8] Für diese Position muss jedoch eigens argumentiert werden; wir begegnen in ihr also einer ethischen Technikkritik unter Indienstnahme eines philosophisch-anthropologischen Gewands von einem guten menschlichen Leben und Dasein.

(2) Radikale Weisen des Human Enhancements beziehen sich (auch) auf die Spanne des menschlichen Lebens selbst – bis hin zu einer Beeinflussung zukünftiger Generationen durch genetisches Enhancement. Für gewöhnlich wird zwischen verschiedenen Enhancement-Formen differenziert; neben den Weisen körperlicher ‚Verbesserung' des Menschen können auch seine geistigen Kapazitäten (durch Neuroenhancement) betroffen sein. Arendt scheint mit ihrem Einwand gegen radikale Verbesserungen der menschlichen Gestalt und Funktion einen aufklärerisch-humanistischen Standpunkt zu vertreten, insofern der Mensch mit seiner gegebenen Leibgestalt zufrieden zu sein habe [9]. Auch in diesem Fall bleibt mein Zweifel bestehen, ob die philosophisch-anthropologische Position eines Aufklärungshumanismus', die einer eigenen Begründung bedürfte, gegen die körperliche Veränderung des menschlichen Daseins durch technologische Unterstützungssysteme tatsächlich so viel auszurichten hat. Wieder muss die phA auf bspw. Argumente der politischen Philosophie zur Verteilungsgerechtigkeit von Ressourcen zurückgreifen oder ihren Ansatz mit ethischen Überlegungen, dass z.B. nur das als eigenes Werk anerkannt zu werden verdiene, das selbst durch Training und Leistung erlangt wurde, unterfüttern, ein Argument, das gerne gegen Doping im Sport und die geistige Leistung steigernde Enhancement-Mittel bemüht wird. So diskutiert bspw. Eric T. Juengst in seinem klassischen Text, inwiefern manche Mittel für das Erreichen von Zielen als natürlich und damit erlaubt, andere hingegen als künstlich und damit verwerflich interpretiert werden. Thomas H. Murray setzt sich damit auseinander, inwiefern der zusätzliche Vorteil, den die Einnahme von Medikamenten wie bspw. Antibiotika im Hochleistungssport verschafft, nachvollziehbar, tolerierbar oder unmoralisch ist. [10]

(3) Die Verlängerung des menschlichen Lebens bis in die Unsterblichkeit hinterfragt den Tod als natürlichen Endpunkt alles Organischen. Unsterblichkeit ist seit den ersten schriftlichen Zeugnissen des Menschen, wie bspw. das *Gilgamesch-Epos* (ca. 2.400-1.800 v. Chr.) belegen, immer das oder zumindest eins der bedeutsamsten erklärten Ziele des Menschen gewesen. Bis zu einigen Auslegungen der christlichen Auferstehungslehren kannte die philosophische und theologische Reflexion auch immer eine körperliche Deutung dieses Unterfangens. Die offensichtliche Herausforderung gegenwärtiger technologischer Errungenschaften besteht darin, das menschliche Leben immer weiter zu verlängern und da-

bei auch ein hohes Niveau an Lebensqualität sicherzustellen. Diesem impliziten Forschungsziel wird – wie Arendt an den Naturwissenschaften kritisiert – keine ethische Grenze gesetzt. Vielmehr wird grundsätzlich die Gewährleistung körperlicher Unsterblichkeit angepeilt. In diesem Zusammenhang kommen direkt mehrere technologische Unterstützungssysteme in den Sinn, angefangen bei Serviceleistungen (teil-)autonomer Systeme in Medizin und Altenpflege, über Formen des Human Enhancements zur Unterstützung eines gesunden Körpers, bis hin zu transhumanistischen Projekten im Bereich der Kryonik. Bezüglich der beispielhaft genannten Gewänder, in die sich der technologische Fortschritt in diesem Fall kleiden mag, ist nicht auszumachen, was Arendt diesbezüglich vorschwebte. Und wie zuvor stellt auch jetzt die Aussage, dass der Körper und damit auch Sterben und Tod Teil einer Definition von „Mensch" ist, erst den anthropologischen, noch nicht aber den philosophischen Begründungsanteil dar. [11]

(4) Die Möglichkeiten des virtuellen Raums, die von Arendt noch nicht antizipiert wurden, bringen dann auch endlich die von einigen populären Posthumanisten bereits lang ersehnte Körperlosigkeit und damit – quasi en passant – Unsterblichkeit des menschlichen Geistes mit sich. Die Pioniere und Verfechter des sogenannten Uploadings aus Robotik (Hans Moravec), Physik (Frank Tipler) und KI-Forschung (Marvin Minsky) verfolgen dieses Projekt mit der Übertragung des menschlichen Geistes auf ein Computer-Interface („Whole Brain Emulation" oder „Mind uploading") seit den 70er Jahren des 20. Jahrhunderts. Die technikkritische phA würde gegen solche und ähnliche Versuche einer Auflösung des Cartesischen Substanzdualismus' zugunsten des rein Geistigen, losgelöst von jeglicher organischer oder maschineller ‚Hardware', wieder nur bemerken können, dass dem Menschen auch weiterhin an seiner Körperlichkeit gelegen sein sollte, wollen wir ihn nicht bis zu seiner absoluten Unkenntlichkeit deformieren. Insbesondere diese letzte Sorge gegenüber technischen Unterstützungssystemen scheint mit den Intuitionen vieler Menschen zusammenzuklingen: Wir sind mehr als nur ein körperloses mentales Vermögen, irgendwie gehört der Körper doch zu dem, was wir als Mensch begreifen wollen. Doch auch wenn diese Intuitionen noch so stark sein mögen, stellen sie für sich genommen noch kein Argument dar. Gesetzt den Fall, man könnte tatsächlich gute Gründe dafür anführen, dass der Mensch mehr als nur sein Geist ist, warum sollte mit dem Einzug in die Virtualität die Erschaffung ‚posthumaner Wesen' in irgendeiner Weise problematisch sein? Vielleicht sollten wir erst einmal sicherstellen, dass uns diese Posthumanen auch tatsächlich wohl gesonnen wären? Oder umgekehrt – vielleicht sollten wir zunächst mit unserem anthropozentrischen Speziesismus aufräumen, dass dem Menschen ein besonderer Status gegenüber anderen Arten zukommt [12]?

2.3.3 Die Emanzipation des Menschen vom Geist

Die zweite durch Arendt prognostizierte technikgeleitete Emanzipation des Menschen von seinem menschlichen Wesen betrifft die Befürchtung, der Mensch könnte sein Denkvermögen, seinen Geist, also die andere Seite des Cartesischen Substanzdualismus, an Maschinen abgeben. Aufgrund einer generellen Unfähigkeit der Naturwissenschaften, sich den eigenen Forschungsergebnissen gegenüber kritisch zu positionieren, wird der Mensch auf kurz oder lang nicht mehr befähigt sein, ihren technologischen Entwicklungen geistig

zu folgen, sie also nicht mehr „verstehen, d.h. denkend über sie […] sprechen" [13] können. Der Mensch versteht die Technik einfach nicht mehr, eine Entwicklung, die schon
längst eingesetzt hat. Irgendwann nehmen die Maschinen ihren Schöpfern auch die genuin
menschlichen Fähigkeiten des Denkens und Sprechens ab. Pointiert gelangt Arendt zu
dem Schluss, dass wir in einem solchen Fall nur mittelbar Sklaven unserer eigenen Erfin-
dungen sind, wie aus technikkritischem Mund häufig mit schneller Zunge behauptet wird.
Im eigentlichen Sinne sind wir Sklaven unseres Erkenntnisvermögens, d.h. der naturwis-
senschaftlichen Theoriebildung und unseres technologischen Know-hows. Wir können
uns dann nur noch darauf verlassen, dass die Maschinen, ausgerüstet mit unseren kognitiven Kompetenzen, an unserer Stelle schon wissen werden, was zu tun ist. Der Mensch ist
dann ganz Homo Faber geworden, unter Verlust seiner spezifisch menschlichen Seite,
nämlich zu denken. Arendt sieht einen direkten Zusammenhang zwischen der spezifisch
menschlichen Tätigkeit, nämlich dem Handeln und Sprechen, und dem geistigen Vermögen, dem Denken. Das innere Denken stellt die Entsprechung des äußeren Handelns und
Sprechens dar. Die Tätigkeit des Herstellens (die Tätigkeit des Homo Fabers), die oben
mit dem Erkennen, als Ausdenken, und Ersinnen, gleichgesetzt wird, ist eine durchaus
wichtige Kompetenz, denn sie dient u. a. dem Bau der Welt, aber sie ist nicht das, was das
spezifisch Menschliche ausmacht. [14]
Der auf die Spitze getriebene Homo Faber hat sich in der erfolgreichen Entledigung seiner
Denkfähigkeit durch den technologischen Fortschritt quasi selbst maschinisiert – er ist zu
einem hohlen Apparat ohne menschliche Substanz geworden. Dies stellt laut Arendt ein
Defizit dar. Mit dem Körper beraubt er sich seiner menschlichen Bedingtheiten, was
schlimm genug ist, denn damit geht ihm das natürliche Setting verloren, in das eingerahmt
Menschen sich zu Menschen erst entwickeln können. Mit dem Denken (und Handeln, das
wird im folgenden Abschnitt näher in den Blick genommen) hat er sich nun seine genuin
menschliche Weise, tätig und damit Mensch zu sein, genommen, ohne, dass an ihre Stelle
etwas anderes getreten wäre. Damit lässt sich über Arendt die zweite Technikkritik aus
Sicht der phA formulieren:

> Technische Unterstützungssysteme, die gravierenden Einfluss auf spezifisch geis-
> tige Vermögen des Menschen haben, sind zu vermeiden, da diese – und insbesondere
> die Denkkapazität – genuiner Bestand einer Definition des Menschen sind.

Arendt zielt in diesem kurzen Abschnitt der Einleitung zur *Vita acitva* maßgeblich auf
einen vollständigen Verlust mentaler Kompetenzen, wobei die extended-mind-Kritik traditionell weiter zu fassen ist. Unter „extended mind" fallen alle zu beobachtenden Ent-
wicklungstendenzen, Fähigkeiten aus dem menschlichen Körper auszulagern, ob nun über
Taschenrechner, Navigationssysteme, Computer, Handys oder andere Geräte. Arendt geht
davon aus, dass in dem Maße, in dem wir menschliche Fähigkeiten (wobei sie hier explizit
nicht von Praktiken und Tätigkeiten spricht, sondern zunächst von mentalen Kompetenzen) externalisieren, sie uns zumindest auf lange Sicht vollständig verloren gehen. Nutzen
wir bspw. nur noch Navigationssysteme, um von A nach B zu gelangen oder uns in unbe-
kannten Gegenden zurechtzufinden, werden wir auf kurz oder lang unserem Orientie-
rungsvermögen komplett verlustig gehen und schließlich gänzlich auf nicht-menschliche
organische oder maschinelle Hilfestellung angewiesen sein.

In ihrer starken und umfassenden Interpretation beklagt die extended-mind-Kritik die Übertragung jeglicher menschlicher Tätigkeiten, Fähigkeiten, Fertigkeiten, Kompetenzen, Vermögen und Techniken auf Maschinen, ganz gleich, welcher Stellenwert diesen in der Entwicklungsgeschichte der Spezies Mensch insgesamt zugesprochen werden mag. Insbesondere auf den Verlust von Tätigkeiten und Praktiken wird im folgenden Abschnitt noch eingegangen. An dieser Stelle geht es insbesondere um geistige Kapazitäten und Vermögen. Dabei gerät gerne aus dem Blick, dass Menschen immer schon neue Techniken entwickelt, Werkzeuge erfunden, Kompetenzen erworben und auch immer wieder verloren haben, da diese entweder nicht mehr benötigt wurden (wie bspw. das Aussterben vieler traditioneller Handwerksberufe zeigt) oder aber durch andere ersetzt wurden (wie z.B. das Reiten durch das Autofahren). In einem schwächeren und engeren Sinn nimmt die extended-mind-Kritik im Sinne Arendts die technologischen Entwicklungen in den Blick, die nicht den Verlust irgendwelcher Vermögen nach sich ziehen, sondern menschlicher Kernkompetenzen (wie in ihren Augen das Denken).

Beide Versionen gründen auf der Vermutung einer Emanzipation von den fraglichen Eigenschaften im Sinne eines vollständigen Verlusts. Tatsächlich bedürfte es einer eigenen Untersuchung darüber, welche Kompetenzen in dem hier vorgestellten Sinne als spezifisch menschlich zu nennen wären, so dass ihr Verlust eine wie auch immer geartete entmenschlichende Funktion hätte [15]. Daran müsste sich die Frage anschließen, ob wir besagte Vermögen überhaupt vollständig abgeben können. Doch selbst wenn letzteres der Fall sein sollte, bleibt dahingestellt, ob die abgegebenen Fähigkeiten nicht damit auch Raum für neue schaffen oder vielleicht gar nicht verlustig gehen, sondern quasi eine Kompetenz-Transformation durchlaufen, wie man bspw. an Kindern der neuen Generation in ihrem kreativen Umgang mit digitalen Medien nachvollziehen kann. Die Sorge der phA einer tatsächlichen Beraubung des Menschen durch technologische Unterstützungssysteme um elementare geistige Vermögen bleibt ihre Begründung noch schuldig. Alle anderen Techniken und Handwerke betreffend konnte bislang noch nicht hinreichend dargelegt werden, warum ein Verlust für den Menschen als Menschen tatsächlich so tragisch sein sollte. Wendel Wallach und Colin Allen stellen in ihrem im Bereich der Roboterethik bereits klassisch zu nennenden Werk *Moral Machines* den Ansatz der funktionalen Äquivalenz vor. Kurz zusammengefasst wollen sie damit den implizit metaphysischen Charakter, der zahlreichen geistigen Kompetenzen wie u.a. Willensfreiheit, Bewusstsein und Geist zugesprochen wird, durch ein graduelles Zuschreibungsmodell ersetzen. Maschinen können Wallach und Allen zufolge in einem funktional äquivalenten Sinn über dieselben Vermögen verfügen, ohne, dass dem Menschen dadurch etwas Substanzielles genommen würde. [16]

2.3.4 Die Emanzipation des Menschen von menschlichen Praktiken

Dieser Abschnitt behandelt die letzte von Arendt beklagte Emanzipationsbewegung des Menschen durch den technologischen Fortschritt, nämlich seine Emanzipation von der Arbeit. In mehrerlei Hinsicht ähnelt ihre Kritik der im vorherigen Abschnitt bereits vorgestellten Sorge bezüglich um sich greifender extended-mind-Technologien – hier jedoch

weniger den Verlust mentaler Kompetenzen betreffend (insbesondere das Denkvermögen), sondern menschliche Tätigkeiten und Praktiken [17]. Der Wunsch nach einem sor-
genfreien Leben ohne Arbeit ist, das gesteht Arendt ein, zwar so alt wie die Menschheit
selbst, und doch erst für die moderne Gesellschaft prekär, da erst diese in der Arbeit ihren
wesentlichen Lebenssinn gefunden hat. Ähnlich wie bezüglich der ersten zwei Technik-
kritiken geht es Arendt weniger darum, jede Erleichterung des Menschen von der Arbeit
zu problematisieren, ebenso wenig wie sie generell jeden Gebrauch von extended-mind-
Technologien kritisiert oder jeden Ausflug in den Weltraum per se als Gefährdung der
menschlichen Natur einschätzt – solange ein bestimmtes Maß nicht überschritten wird.
Als „ein Grundaspekt menschlichen Daseins" [18] insbesondere für die gegenwärtige „Arbeitsgesellschaft" [19] müsse der generelle Verlust der Arbeit, der sich in der „Ausbrei-
tung der Automation" [20] Mitte der 60er Jahre des 20. Jahrhunderts drohend ankündigt,
die Sinnentleerung des menschlichen Lebens schlechthin bedeuten. Doch eigentlich, so
Arendt, arbeitet der Mensch nur um der Notwendigkeit der Lebenserhaltung willen; die
Arbeit als Subsistenzsicherung verbindet ihn auf eine ganz spezifische Weise mit der Natur, der er das tägliche Brot abringen muss. Ihr kommt damit ein ähnlicher Stellenwert zu
wie dem Planeten. Wie die Erde stellt auch die Arbeit die Bedingungen dafür bereit, dass
wir unsere eigentlich menschlichen Kompetenzen und Fähigkeiten, nämlich denken, sprechen und handeln, ausüben können. Insofern bewegt Arendt sich in ihrer Kritik am technologischen Fortschritt im Rahmen der dritten Emanzipationsbewegung argumentativ in
zweierlei Hinsicht auf zwei Ebenen: (a) Eine Emanzipation von der Erde sowie von der
Arbeit greift die Grundlagen menschlicher Existenz an – ohne einen gemeinsamen Da-
seinsraum, ohne die Möglichkeit, sich am Leben zu erhalten, gäbe es den Menschen
schlicht nicht. Die Emanzipation vom Denkvermögen betrifft darüber hinaus die genuin
menschlichen Kompetenzen (und letztlich Tätigkeiten) selbst, für die der Mensch erst
dann Zeit hat, wenn Umwelt und Lebensgrundlagen bereits gesichert sind. Die Emanzipationsbewegungen eins (von der Erde) und drei (von der Arbeit) stehen also auf einer anderen Ebene als die Emanzipationsbewegung zwei (vom Denkvermögen).
(b) Die Konstatierung einer Transformation der modernen Gesellschaft zu einer Gesellschaft des Animal laborans, in der der Raum zum Handeln und Sprechen auf ein Minimum
reduziert bzw. sogar in den Privatbereich verschoben wird, trifft einen wesentlichen Kern
von Arendts Kritik am Stand der Dinge bzw. am Stand des Menschen. Um dieses Thema
(nicht um das unter a beschriebene) wird es ihr in *Vita activa* u.a. gehen. Die Arbeit hat
nicht nur den ihr zustehenden Platz im menschlichen Leben (die Privatsphäre) bei weitem
überschritten, sondern hat das spezifisch Menschliche (das sich eigentlich im Öffentlichen
abspielt) regelrecht ersetzt. In Arendts Worten bezieht sich diese Emanzipation von der
Arbeit durch technische Entwicklungen – ähnlich der im zweiten Abschnitt diskutierten
Emanzipation von der Erde bzw. vom Körper – auf das natürliche Rahmengerüst menschlicher Bedingtheiten, denn die Arbeit stellt nichts genuin Menschliches dar wie das Handeln, Sprechen und Denken (auch Tiere müssen gewissermaßen „arbeiten", um ihr Über-
leben zu sichern). Es ist also bereits an sich eine pathologische Entwicklung moderner
Gesellschaften, sich nur noch über die Tätigkeit des Arbeitens zu definieren [21]. Das

Animal laborans der Arbeitergesellschaft entpuppt sich also bereits als quasi entmensch-
lichter Mensch, es ist der Mensch minus seine genuin menschlichen Fähigkeiten des Denkens, Sprechens und Handelns, und kommt doch in seiner ,Reinform' eigentlich nicht vor.
Normalerweise ist der Mensch sowohl handelndes, als auch herstellendes Wesen (Homo
faber) und Animal laborans (indem es arbeitend seine Lebensgrundlagen garantiert). Unter
(b) sind also die Ebenen der antiken Welt, die noch zwischen Privatsphäre (Arbeit) und
öffentlichem Raum (Handeln) zu differenzieren wusste und damit das genuin Menschliche
im Öffentlichen garantierte, von der modernen Welt, die das eigentlich Private der Arbeit
in die öffentliche Sphäre zerrt und dem Menschen damit seine spezifisch menschliche
Weise des Tätigseins nimmt, zu unterscheiden.

Wir fühlen uns intuitiv an das Handeln, Sprechen und Denken erinnert – die den Leser
bereits im zweiten Abschnitt begegnet sind. Dort ging es Arendt vornehmlich um die
Sorge eines Verlusts mentaler und kognitiver Kompetenzen am Beispiel des Denkvermö-
gens. Nun wird diese Kritik in ähnlicher Weise an menschlichen Tätigkeiten und Praktiken
wiederholt, wobei sich an der Arbeit zeigt, dass Arendt keine philosophische Anthropologin war und dass es ihr in der Einleitung zur *Vita acitva* nicht primär um eine differenzierte
Technikkritik aus Sicht der phA ging. Abrückend vom Arendtschen Begriffsverständnis
der Arbeit als Tätigkeit, die sowohl von Menschen als auch von Tieren ausgeübt wird (und
somit in einem philosophisch-anthropologischen Ansatz zu menschlichen Praktiken ihrer
Ansicht nach nicht viel zu suchen hätte) sowie dem Denken, Sprechen und Handeln als
der (den) spezifisch menschlichen Aktivität(en) (die also erst an dieser Stelle und nicht
bereits im vorherigen Abschnitt Aufmerksamkeit finden dürften), werden Tätigkeiten –
ähnlich wie vom Anthropologen Arnold Gehlen – als weder rein geistige noch als rein
körperliche Phänomene betrachtet. Gehlen zufolge ist es insbesondere das Handeln, das
den Menschen und nur diesen auszeichnet und eine Brücke über den Dualismus zwischen
Geist und Körper zu schlagen einlädt. [22] Weiter unten kommt deshalb noch einmal die
von Arendt implizit befürchtete Gefahr einer zu starken Entlastung des Menschen durch
extended-mind-Technologien zur Sprache – nicht nur (wie bereits oben veranschaulicht),
da wir dadurch unserer geistigen Kernkompetenzen verlustig gehen, sondern da wir
menschlicher Tätigkeiten und Praktiken beraubt werden. Über Arendt lässt sich auf diese
Weise die dritte Technikkritik aus Sicht der phA wie folgt zusammenfassen:

> Technische Unterstützungssysteme, die gravierenden Einfluss auf Praktiken und Tä-
> tigkeiten des Menschen haben, sind zu vermeiden, da diese genuiner Bestand einer
> Definition des Menschen sind.

Im schlimmsten Fall zeigt sich eine Emanzipation von Aktivitäten, die die Menschen ausführen, in einem vollständigen Verlust derselben, ohne, dass an ihre Stelle etwas anderes
treten würde. Es bietet sich hier ein Vergleich mit den im vorigen Abschnitt erläuterten
Versionen der extended-mind-Kritik an, denn wie bereits dort deutlich geworden ist, konzentriert sich diese traditionell nicht allein auf mentale oder kognitive Kompetenzen, sondern bezieht ebenso Handwerke, Techniken und Praktiken mit ein. Auch das Handeln lässt
sich als menschliche Fähigkeit hierunter fassen, was sicherlich eine starke Intuition bezüglich des technologischen Fortschritts und seiner befürchteten Auswirkungen auf die
Gesellschaft aufgreift: Nicht nur wird der Mensch bald nichts mehr zu arbeiten haben

(entgegen der Arendtschen Differenzierung zwischen diesen beiden Weisen des Tätigseins wird für gewöhnlich das Arbeiten als eine Form zu handeln begriffen), sondern darüber hinaus nehmen ihm ‚die Maschinen‘ bald jegliche Autonomie und Würde – und bringen damit die Grundlagen der menschlichen Handlungsfähigkeit selbst ins Wanken. Wenn
wir uns nicht mehr als Personen und Akteure deuten können, wenn wir nicht mehr in der
Lage sind zu handeln, haben wir durch den Luxus technologischer Unterstützungssysteme
das Subjekt, das diesen Luxus als solchen wird genießen können, vollständig nivelliert:
den Menschen.

Ohne an dieser Stelle die Bemerkungen aus dem zweiten Abschnitt zu einer Auseinandersetzung mit den verschiedenen Versionen der extended-mind-Kritik zu wiederholen, darf
man dennoch nicht aus den Augen verlieren, dass die Angst vor einem Verlust an Autonomie und Handlungsfähigkeit de facto zunächst nur eine psychologische Tatsache darstellt. Ob diese begründet ist – ob sich der Mensch also tatsächlich von seiner Autonomie
und Handlungsfähigkeit „emanzipieren" kann in dem Sinne – und ob dies als negativ bewertet werden sollte, bedarf einer eigenen Begründung, die die phA aus anderen philosophischen Disziplinen wie bspw. der Ethik, Kultur- oder Sozialphilosophie zu rekrutieren
hat. Insbesondere die Abgabe von Arbeit an Maschinen wurde im 20. Jahrhundert als
große Errungenschaft des technologischen Fortschritts gefeiert [23]. Andere haben indes
darauf verwiesen, dass durch die Abgabe von Arbeit für den Menschen entweder neue
Arbeit entstehen kann, oder Zeit für andere Aktivitäten [24]. Man sieht, dass auch in dieser
Hinsicht ein Vergleich mit den im vorherigen Abschnitt diskutierten Versionen der extended-mind-Kritik angebracht ist.

2.3.5 Schluss

Ein anthropologischer Essenzialismus kann aus sich heraus, d.h. nur unter dem Verweis
darauf, welche körperlichen, geistigen, biologischen, organischen oder kulturellen Eigenschaften sich der Mensch selbst zuschreibt, keine Einhegung des technologischen Fortschritts und keine Kritik technischer Unterstützungssysteme definieren. Auch aufkläre-
risch-humanistische Positionen, die auf der jetzigen Leibgestalt beharren, da diese bislang
dem Menschen so und nicht anders gegeben war, müssen, um keinen naturalistischen
Fehlschluss zu begehen, begründen, warum die Leibgestalt nicht zur Disposition stehen
darf. In den vorausgegangenen Überlegungen hat sich gezeigt, dass die technikkritische
phA allein auf der Grundlage anthropologisch-essenzialistischer Intuitionen über das
menschliche Wesen – und seien diese auch noch so stark – nichts gewinnt. Sie muss generell eine spezifische Konzeption eines guten bzw. gelingenden menschlichen Lebens in
Anspruch nehmen, das einer ethisch-moralischen Begründung bedarf. In den hier vorgestellten technikkritischen Positionen aus den drei gewählten Perspektiven Körper, Geist
und Praktiken bedarf es einer sauberen Differenzierung von Ebenen, nämlich der Ebenen
der

1. Intuitionen: Welche meiner Annahmen gehen zwar in mein persönliches Menschenbild mit ein, bedürfen allerdings einer eigenen Begründung? Was entspricht dabei ei-

ner subjektiven (oder sogar objektiven) psychologischen Tatsache, ohne, dass sich daraus bereits en passant ein normativer Gehalt ergäbe (was sonst den oben angesprochenen naturalistischen Fehlschluss zur Folge hätte)?

2. Empirie: Was lässt sich deskriptiv über den Menschen feststellen? Wie haben wir den Menschen bislang verstanden, wie definieren ihn die unterschiedlichen Bereichswissenschaften wie z.B. die Biologie oder Ethnologie? Wieder: Die unterschiedlichen Menschenbilder der verschiedenen anthropologischen Disziplinen generieren aus sich heraus noch keinen Einwand gegen technische Unterstützungssysteme, sondern können nur beschreibend wiedergeben, wie sich der Mensch entwickelt hat, auch wenn die verschiedenen Fächer mit konnotierten und moralisch aufgeladenen Begriffen arbeiten, die implizit normative Aspekte über den Menschen transportieren.

3. Philosophie: Welche Vorstellungen von einem guten Leben bzw. von dem Ziel des menschlichen Daseins können mit welchen guten Gründen untermauert werden? Normative Aussagen darüber, wie der Mensch sein sollte, nehmen implizit Maß an einem ethischen Konzept gelingender Lebensführung, das die phA nicht aus sich heraus gewinnt. Sie ist eine Patchwork-Disziplin, die ihre anthropologische Basis um normative Argumente aus der Sozialphilosophie, politischen Philosophie oder Ethik erweitert. Abhängig davon stellt sie den empirischen Wissenschaften ein normatives Menschenbild in einem je sozialen, politischen oder ethischen Gewand gegenüber.

Die Aufgabe der technikkritischen phA kann nicht darin bestehen, ein „objektiv" schlüssiges und begründbares Menschenbild zu liefern, sondern die Wege der Argumentation, seien diese nun utilitaristische, tugendethische, deontologische, diskursethische, essenzialistische, deliberative, sozialkonstruktivistische, poststrukturalistische oder andere zu entschlüsseln, und denjenigen, die eines solchen normativen Menschenbildes bedürfen, vorzustellen.

Literatur und Anmerkungen

[1]   Aristoteles: Politik, übersetzt und mit erklärenden Anmerkungen versehen von E. Rolfes, Felix Meiner Verlag, 1981; hier Erstes Buch, 2. Kapitel, 1253 a2.

[2]   Arendt, H.: Vita activa oder Vom tätigen Leben, 10. Auflage. Piper 2011; im Folgenden abgekürzt wiedergegeben mit VA.

[3]   Arendt war weder genuine Technikphilosophin noch Anthropologin. Sie bietet sich für das Anliegen dieses Beitrags an, da sie die klassischen Sorgen bezüglich des technologischen Fortschritts der 60er Jahre, die 2015 ihre Aktualität noch nicht eingebüßt haben, bündelt.

[4]   VA, S. 8.

[5]   Alle in ebd., S. 9.

[6]   Die Problematik der Körperlosigkeit ergibt sich in der von Arendt gedachten radikalen Weise erst mit den Möglichkeiten des virtuellen Raums – vor allem im Sinne des von R. Kurzweil propagierten Anbruchs der Ära der Singularität; vgl. sein Buch The Singularity is Near. When Humans Transcend Biology. Penguin Books, 2005.

[7]   VA, S. 9.

[8]   Vgl. hierzu Habermas, J.: Die Zukunft der menschlichen Natur. Auf dem Weg zu einer liberalen Eugenik? Suhrkamp, 2001 (insbesondere der Abschnitt Das Gewachsene und das Gemachte, S. 80-93), aber auch Karafyllis, N. C.: Biofakte – Grundlagen, Probleme, Perspektiven. In: Erwägen, Wissen, Ethik 17(1), 2006, S. 547-558. Vgl. darüber hinaus Karnein, A.: Warum dürfen wir unsere Kinder nicht klonen? Habermas und seine Kritiker in der bioethischen Debatte, in: Forschung aktuell 2, 2009, S. 68-71, online verfügbar unter URL: http://www.forschung-frankfurt.uni-frankfurt.de/36050561/11_Anja_Karnein.pdf? [Stand: 25.11.2014].

[9]   Vgl. Kettner, M.: Humanismus, Transhumanismus und die Wertschätzung der Gattungsnatur, in: Die menschliche Natur. Welchen und wieviel Wert hat sie? Mentis, 2005, S. 73-96; hier S. 89: „Humanisten im engen Sinne […] beschränken die zulässigen Ideen der verwirklichbar möglichst guten Lebensform […] durch die Bedingung […] der Leibgestalt des heutigen Menschen. (Unsere jetzige Leibgestalt ist gut genug, basta.)".

[10]   Juengst, E. T.: What Does Enhancement Mean?, in: Enhancing Human Traits. Ethical And Social Impliactions, Georgetown University Press, 2007, S. 29-47 sowie Murray, T. H.: Zwangsaspekte beim Sport-Doping, in: Enhancement, Die ethische Debatte, Mentis, 2009, S. 75-92.

[11]   H. Jonas sieht in der menschlichen Praxis des Begrabens einen „Beweis des Transanimalischen" (S. 45). Nur der Mensch wisse, dass er sterben muss und habe eine Vorstellung von Zeitlichkeit; Jonas, H.: Philosophische Untersuchungen und metaphysische Vermutungen, Insel Verlag, 1992; darin insbesondere die Abhandlung Werkzeug, Bild und Grab. Vom Transanimalischen im Menschen.

[12]   Das zeigt J. Savulescu anschaulich in dem Text The Human Prejudice and the Moral Status of Enhanced Beings: What Do We Owe The Gods?, in: Human Enhancement, Oxford, 2010, S. 211-247.

[13]   VA, S. 10.

[14]   „Sollte sich herausstellen, dass Erkennen und Denken nichts mehr miteinander zu tun haben, dass wir erheblich mehr erkennen und daher auch herstellen können, als wir denkend zu verstehen vermögen, so würden wir wirklich uns selbst gleichsam in die Falle gegangen sein, bzw. die Sklaven – zwar nicht, wie man gemeinhin glaubt, unserer Maschinen, aber – unseres eigenen Erkenntnisvermögens geworden sein, von allem Geist und allen guten Geistern verlassene Kreaturen, die sich hilflos jedem Apparat ausgeliefert sehen, den sie überhaupt nur herstellen können, ganz gleich wie verrückt oder wie mörderisch er sich auswirken möge." (VA, S. 11).

[15]   Wie uns bspw. bereits Michel de Montaigne an zahlreichen Stellen seiner *Essais* vorführt, verfügen zahlreiche Tiere über dieselben Fähigkeiten wie Menschen, nur in sehr viel schwächerem Maße; vgl. dazu auch Wild, M.: Michel de Montaigne und die anthropologische Differenz, URL: http://www.buendnis-mensch-und-tier.de/pages/bibliothek/texte/Wild_Michel_de_Montaigne.pdf   [Stand: 23.11.2014].

[16]   Im Detail nachzulesen in Wendel, W. und Collin, A.: Moral Machines. Teaching Robots Right from Wrong. Oxford University Press, 2009; bspw. S. 69: „Just as a

computer system can represent emotions without having emotions, computer systems may be capable of functioning as if they understand the meaning of symbols without actually having what one would consider to be human understanding."

[17]   Arendt differenziert in VA drei Weisen des menschlichen Tätigseins, nämlich das Arbeiten (der Mensch als Animal Laborans), das Herstellen (der Mensch als Homo Faber) und das Handeln. Nur das Handeln (gekoppelt mit dem Sprechen und Denken) ist spezifisch menschlich.

[18]   VA, S. 12.

[19]   Ebd., S. 13.

[20]   Ebd., S. 12.

[21]   „Was uns bevorsteht, ist die Aussicht auf eine Arbeitsgesellschaft, der die Arbeit ausgegangen ist, also die einzige Tätigkeit, auf die sie sich noch versteht. Was könnte verhängnisvoller sein?" (VA, S. 13).

[22]   Vielleicht würde Arendt dem sogar folgen, dass das Denken ein geistiges Vermögen darstellt und das Handeln eine Tätigkeit, die sowohl geistige als auch körperliche Aspekte aufweist. Das Arbeiten würde sie dennoch nicht an dieser Stelle behandelt sehen wollen, da es keine spezifisch menschliche Praktik darstellt. Gehlen zeigt in seinem Werk *Anthropologische Forschung* (Rowohlt Taschenbuch Verlag, 1961), dass sich der Mensch insbesondere durch seine Handlungsfähigkeit auszeichnet, was ihm zufolge den Geist-Körper-Dualismus als Fundament philosophisch-anthropologischer Überlegungen aufhebt; vgl. z.B. S. 17.

[23]   Vgl. bspw. die Positionen von Nikolaj Berdjajew, Henri Bergson, Friedrich Pollock und Vilém Flusser.

[24]   Ähnliches ließe sich bspw. bei Fritz Giese, Sybille Krämer und Eberhard Zschimmer nachlesen.

2.4 Hermeneutik der Mensch-Maschine-Schnittstelle

K. Liggieri

2.4.1 Inter-Face – Zur Problematik des Zwischengesichts

„Hier konnte niemand sonst Einlaß erhalten, denn dieser Eingang war nur für dich bestimmt. Ich gehe jetzt und schließe ihn." (Franz Kafka, *Vor dem Gesetz*)

Janus, der Doppelköpfige (*biceps*) oder Zweigesichtige (*bifrons*), ist der Gott der Durchgänge. In der antiken Mythologie schützte er Ein- und Ausgang. Wie die Tür hat auch er zwei Seiten – eine nach außen und eine nach innen gerichtete. In den *Fasti* Ovids sagt Janus von sich selbst: „Über des Himmels Portal wach' ich mit den huldigen Horen, Ein- oder Ausgang hat Jupiter selber durch mich. Janus heißt ich darum." Seine Hand erst „vollzieht aller Eröffnung und Schluss […]. Und wie bei euch der Pförtner vorne an der Schwelle eures Hauses seinen Platz hat und den Ein- und Ausgang überwacht, so sehe ich, als Pförtner an der Himmelshalle, Ost und West zugleich." [1]

Janus (Dianus) verkörpert wie Jupiter den Himmelsgott und gilt wohl als eine der rätselhaftesten Göttergestalten des alten Roms. Als Gott des Anfangs begleitet er den Menschen, wenn dieser etwas Neues beginnt und dabei ungeahnte Wege beschreitet. Mit seiner bipolaren Art agiert Janus dialektisch als Symbol aller Gegensatzpaare: innen und außen, Mythos und Vernunft, rechts und links, konservativ und progressiv. Dieser doppelgesichtige Gott ist nur scheinbar verbannt aus unserer säkularisierten Zeit, denn auch die technologisierte Moderne hat ihre eigene mythische Gottheit des Ein- und Ausgangs, des Zu- und Aufschließens sowie des Ein- und Umschreibens: Das Zwischengesicht (*Inter-face*).

Das Interface ist seinem Namensgeber dem Ingenieur James Thomson zufolge ein Gebilde zwischen dynamischen Begrenzungen, das erst durch die einsetzende Differenzierung Liquidität und Bewegung ermöglicht: „[It is] as if the fluid everywhere possesses an expansive tendency, so that pressure must everywhere be received by the fluid on one side of a dividing surface (or as I call it *interface*) from the fluid, or solid, on the other side, to prevent the fluid from expanding indefinitely, or to balance its expansive force." [2] Das Interface definiert und separiert 1869 für Thomson somit Bereiche des ungleichen Energievertriebs innerhalb einer Flüssigkeit in Bewegung und einem statischen Objekt. Diese Macht der Trennung sowie des Zusammenfügens, welches nur im Tun Wirklichkeit beansprucht, wohnt auch modernen Interfaces inne.

Interfaces sind vielseitig, es können zum einen Ausgabesysteme in allen Varianten sein (Bankautomaten, Computerbildschirme, Telefontastaturen, etc.), so verstanden bilden sie ein Netzwerk von „bedeutenden Flächen"[3], die für den User bestenfalls intuitiv und benutzerfreundlich sein sollen, zum anderen sind es aber auch Durchgänge, die durch Kontrolle und Macht Zugänge ge- oder verwehren. Schnittstellen sind allgemein gesprochen dazu da, eine Kommunikation zweier sich fremder Systeme überhaupt erst zu ermöglichen. Das kann die angesprochene Bedieneinheit zwischen Mensch und Maschine sein oder eine Maschine-Maschine-Kommunikationsschnittstelle zwischen zwei unterschiedlichen Kommunikationsstandards, die ihre Daten (z.B. bits im digitalen Fall) auf verschiedene Weise verpacken/anordnen/strukturieren und so nicht vom anderen Standard interpretiert werden können. Man denke für die Hauptaufgabe eines Interfaces vereinfacht an das Beispiel eines menschlichen Übersetzers zwischen zwei Menschen, die nicht dieselbe Sprache sprechen.

Will man Hookway folgen, so umfasst eine Theorie des Interface immer eine Theorie der Kultur. „If culture is an enacted reconciliation of human beings with the social, biological, material, technological, and other realism, the interface describes a cultural moment as much as it does a specific relationship between human users and technological artifact." [4] Die Benutzung eines Interfaces ist somit gleichbedeutend mit der Partizipation an Kultur.

Im Folgenden soll im ersten Schritt eine systematische Beschreibung des Interfaces bei Mensch-Maschine-Interaktionen vorgenommen werden, darauf aufbauend muss sich die epistemologische Frage nach der besonderen Schnittstelle zwischen Mensch und Maschine (sowie der Akzeptanz technischer Artefakte) gestellt werden. Hierbei muss berücksichtigt werden, dass gerade das Interface als Leitbegriff für eine bestmögliche Gestaltung beim Zusammenwirken von Mensch und Maschine durch Anpassung der Maschine an den Menschen hinsichtlich Leistung, Zuverlässigkeit und Wirtschaftlichkeit Wichtigkeit erlangt. Schaut man auf die Beschreibung von Mensch-Maschine-Schnittstellen des Bundesministeriums für Bildung und Forschung von 2014, so erkennt man, dass „[d]ieses Zukunftsfeld neuen Zuschnitts [Mensch-Maschine-Kooperation] [...] eine integrierte Forschungsperspektive auf das komplexe Zusammenspiel menschlichen und technischen Wandels [liefert]. Angesichts immer unmittelbarer an den Menschen heranrückender Technologien und einer fortschreitenden Technisierung der Lebenswelt gilt es, neuartige Konstellationen von Mensch und Technik in ihrer ganzen Vielschichtigkeit in den Blick zu nehmen." Dabei soll der Mensch als Maßstab jedoch nicht aufgeben werden. Vor allem für die Gegenwart ergibt sich durch einen epistemologischen Blick auf die Bedeutung und Gestaltung des Interfaces ein ungeahntes Potenzial in der Interaktion von Mensch und Technik in Bezugnahme auf Technikwissenschaft und -geschichte. Neben der Frage welche Problematisierungsdiskurse sich bei diesem in den 1960er Jahren verstärkt aufkommenden ‚Dialog' zwischen Mensch und Maschine ergeben und wie sich dabei *akzeptable* Interfaces gestalten, muss ebenso nach der Rolle des technischen Objekts gefragt werden, dessen sozialer Status sich durch optimierende Schnittstellen immer mehr modifiziert.

2.4.2 Eine theoretische Betrachtung des Interface

In der postkybernetischen Wissensordnung nach 1960 wird gerade von der anthropotechnischen Ergonomie (Rainer Bernotat/Rüdiger Seifert) angestrebt einen gemeinsamen Code für Menschen und Maschinen als Handlungsaktanten zu finden [5], denn nur Gleiches kann mit Gleichem kommunizieren. Als Unterschied zur Kybernetik der 1940-1960er Jahre erkennt die arbeitswissenschaftliche Anthropotechnik allerdings die Verschiedenheit der beiden Entitäten Mensch und Maschine und eröffnet so den Diskurs um die komplexe Schnittstellengestaltung. Weder darf die Maschine zu anthropomorph noch der Mensch als Maschine zu reduktionistisch gesehen werden. Vielmehr muss man beide

– und das zeigt das Interface in Reinkultur – von der Interaktion her denken. Demnach definiert und annulliert die Schnittstelle Differenzen, indem sie zwei Bereiche trennt und wieder verbindet. Sie stellt hierbei eine besondere Ausformung der technologischen Entwicklung dar, weil sie den Menschen weder schlicht prothetisch kompensiert (traditionelle Organprojektion der Technik), noch ihn einfach in der Maschine verschwinden lässt (trans- und posthumane Tendenzen). Man kann das Interface demnach eher als technologische Relation verstehen, die die Zugangsweise ermöglicht wie Menschen mit Maschinen und vice versa umgehen, und diese wie auch sich selbst definieren. Die ,Definitio', die als ,Abgrenzung' lesbar ist, wird allerdings von der Schnittstelle evoziert wie subvertiert, womit die statisch gedachten Größen Mensch/Maschine bzw. Subjekt/Objekt ins Wanken geraten und ihre Zuschreibung nur in der prozessualen Relation des Interfaces besitzen. Nur in diesem fluiden Raum werden Mensch und Maschine zu Handlungsträgern sowie Subjekten der Interaktion. Die Frage nach Machtverhältnissen stellt sich in dieser Konstellation nun neu, da durch das Interface einseitig dichotome Machtstrukturen aufgrund von Subjekt-Objekt-Auflösung zerfallen, denn „[w]o es kein Objekt gibt (und daher kein Subjekt), ist die Macht machtlos." [6] Gibt es somit eine Machtverlagerung in das ,Zwischenstadium' des Interfaces? Das Durchgangsstadium der Schnittstelle bleibt als epistemisches Ding selbst nicht einsehbar für den Akteur, da hier etwas ,zwischen' (*inter*) zwei Systemkomponenten ,getan' (*facere*) wird, welches einer Black-Box anheimfällt. Das Interface ist ein Gesicht, welches sich uns auf dem ersten Blick zwar lesbar zeigt, am Ende aber – wie unser eigenes Gesicht – immer entzogen und unzugänglich ist. „[...] gewisse Körperteile kann ich nur in eigentümlicher Verkürzung sehen, und andere (z.B. der Kopf) sind überhaupt für mich unsichtbar. Derselbe Leib, der mir als Mittel aller Wahrnehmungen dient, steht mir bei der Wahrnehmung seiner selbst im Wege und ist ein merkwürdig unvollkommen konstituiertes Ding." [7] Auch das Interface ist für den Nutzer das „Mittel aller Wahrnehmung", es selbst jedoch invisibilisiert sich, löst sich auf als reines Medium, Kanal und Übermittler. Es zeigt sich nur als Drittes, welches zwischen Mensch und Maschine scheinbar neutral Informationen prozessiert und damit ,Dialoge' evoziert. Für den reibungslosen Dialog (im Sinne eines gemeinsamen Codes und vielleicht nicht grundlos auch als διάλογος/ein ,Fließen von Nachrichten' übersetzbar) muss der Mensch wie die Maschine aneinander angepasst werden. Daher müssen Nachrichten und Informationen so codiert und decodiert werden, dass sie für Empfänger und Sender beidseitig lesbar werden. Damit ist das Interface neben Janus als Türöffner auch der Götterbote Hermes, der als mythologischer Nachrichtenübermittler die Beschlüsse von Zeus an die Menschen überbringt und übersetzt. Er symbolisiert als Gott der Wege den heiligen Kanal zwischen unsterblichen Göttern und dem sterblichen Mensch. Schon hier erkennt man die problematische Aufgabe eines Datenverkehrs, der von zwei vollkommen unterschiedlichen Systemen ausgeht. Die übermittelten Botschaften sind folglich keine bloßen Mitteilungen, sondern fordern Einsicht und Verständnis: *Hermeneutik* – klassisch verstanden als vermittelnde „Kunst" einen „andern richtig zu verstehen". [8] Die Nachrichten müssen demnach für die Gegenseite verständlich und lesbar gemacht werden. Das hermeneutische Interface ist folglich jenes co- und decodierbares Tableau auf dem Information erst lesbar gemacht wird. Kommunikation (lat. *Communicatio*: Mitteilung, aber noch mehr *communicare*: gemeinsam machen, vereinigen) als Verbindung, Zusammenhang oder Verständigung ist stets wechselseitig zu denken, da ein Kreislauf zwischen mindestens zwei Systemen (hier Mensch/Maschine), die aktiv am Prozess beteiligt sind, stattfindet. Information muss für eine Übertragbarkeit oberhalb des „reinen Zufalls wie dem weißen Rauschen" [9] liegen und ist (nach der ‚Mutter aller Informationstheorien' von Shannon/Weaver) das Entgegennehmen einer Nachricht von einem Sender, der den gleichen Zeichensatz zur Informationsübertragung benutzt, wie der Empfänger [10]. Für eine gelungene Kommunikation muss auf beiden Seiten, die Information *sinnvoll* eingeordnet und interpretiert werden. Die Basis hierfür liefert jedoch erst das akzeptable und zu akzeptierende Interface.

Die zentrale Frage, die schon seit dem Ende des 19. Jahrhundert immer mehr in den Fokus rückt, bündelt sich besonders in der Ergonomie nach 1960: Wofür muss der Mensch, wofür die Maschine eingesetzt werden und wie gestaltet man die Schnittstelle im Gesamtsystem möglichst effektiv? Wie gelingt es zwei scheinbar vollkommen unterschiedlichen Entitäten so miteinander zu kommunizieren, dass es zur optimalen Schnittstelle zwischen Effizienzsteigerung, Akzeptanz technischer Artefakte und Benutzungsfreundlichkeit kommt?

Schaut man auf die Probleme der Kommunikation, die mit selbstregulierten und informationsverarbeitenden Maschinen aufkommt, so stellt sich die Frage nach einer gemeinsamen Sprache und die Suche nach Vereinbarkeiten zwischen Menschen und Automaten verschärft. Der Kybernetiker Karl Steinbuch verwies mit Hinblick auf diese Problematik 1968 noch darauf, dass die „Grundlagen für das Zurechtfinden in der zukünftigen […] Welt", „eine Erziehung [bietet], die auf Logik, Semantik und Kybernetik aufgebaut ist." [11] Der Mensch müsse sich durch kybernetische Pädagogik auf die Maschine „einstellen", um ihre Verfahrensweisen lesen und in einen reziproken Austausch mit ihr einsteigen zu können. Diese kybernetische Annahme, dass der Mensch sich als komplexe Funktionsmechanik nicht prinzipiell von Maschinen unterscheidet, wird in den 1960er Jahren als problematisch oder zumindest verbesserungswürdig betrachtet (vgl. die Bergedorfer Gespräche 1963-1965). Die kybernetische Vision, in der „Lebewesen in einer Systemarchitektur verortet werden", kein „Objekt, Raum oder Körper […] mehr heilig und unberührbar [ist]", und jede „beliebige Komponente mit jeder anderen verschaltet werden [kann], wenn eine passende Norm oder ein passender Kode konstruiert werden kann, um Signale in einer gemeinsamen Sprache auszutauschen", wird immer vehementer kritisch hinterfragt. Der Gedanke, dass der Wissende schlicht zur „Rechenmaschine" wird und „Schaltkreise des Denkens" im „Fleisch" bestimmt werden können, folglich Zahl und Mensch überlappen und eine Physiologie des Berechenbaren entsteht, in der das Nervensystem zur „logische[n] Maschine par excellence" heran wächst [12], war für eine empirische Ergonomie nicht nachvollziehbar bzw. in Experimenten problematisch verifizierbar. Es kann hier nicht weiter ausgeführt werden, dass Mechanisierung und Kybernetisierung, im Allgemeinen die technologisierte Steuerbarkeit des Menschen, im Hinblick auf eine reibungslose Integration in den ‚Regelkreis' bei der veränderten Mensch-Maschine-Stellung der 1960er Jahre defizitär bleiben musste. Das Interface agiert im Unterschied zum materialistischen Blick der Kybernetik zwischen einer zu einseitigen Anpassung des

Menschen an die Maschine (*human factor*) und einer einseitigen Anpassung der Maschine an den Menschen (*Anthropotechnik*) [13]. Damit ist das Interface als dritter, scheinbar externer Vermittler mehr in den epistemischen und praktischen Prozess involviert, als es auf den ersten Blick scheint. Will man mit Serres argumentieren, so ist das Interface der Parasit, dessen anwesende Abwesenheit erst den Dialog möglich macht. Ähnlich wie der Parasit ist auch das Interface ein Mittler, den man notwendigerweise für jede Intersubjektivität einschließt, um ihn auszuschließen: „Es gibt ein Drittes vor dem Zweiten; es gibt einen Dritten vor dem anderen. [...] Ich muss durch eine Mitte hindurch bevor ich ans Ende gelange. Es gibt stets ein Medium, eine Mitte, ein Vermittelndes." [14] Ein erweitertes Beispiel wäre ein Gateway, welches Informationen zwischen zwei unterschiedlichen Protokollen vermittelt. Die Aufgabe ist ähnlich zu Schnittstellen, da jeder Kommunikationsstandard sein eigenes Protokoll sowie seine eigene Struktur, wie die Bits angeordnet werden, besitzt. Ein Gateway kann Informationen entsprechend in andere Protokolle konvertieren und lesbar bzw. interpretierbar machen.

2.4.3 Bestmögliche Gestaltung von Schnittstellen

Ähnlich wie ein Paratext (als unbestimmte Zone zwischen innen und außen) wirkt auch das Interface im Unsichtbaren, im Selbstverständlichen. Diese intuitive Selbstverständlichkeit ist jedoch ein aufwändiger und komplexer Prozess, der die problematische Verbindung zwischen Mensch und Maschine einfach – und das meint in diesem Kontext *natürlich* – aussehen lassen will. Die Unmöglichkeit den Anderen zu verstehen, wird beim Mensch-Maschine-Dialog nochmals auf eine höhere Ebene gehoben, da hier zwei vollkommen unterschiedliche Systeme miteinander kommunizieren müssen. Diese Unmöglichkeit wird jedoch vom Interface nicht eingestanden und bestmöglich kompensiert, da eine Schnittstelle umso besser ist, je weniger sie auffällt.

Da bei der Interface-Gestaltung meist Hersteller und User auseinandertreten, greift der Designer (oft Ingenieure) nur noch auf reine (normierte) Daten des Benutzers zurück, wobei selbst durch die Laborexperimente (Simulation) der praktische Bezug zur Lebenswelt des Users fehlt. Ergonomische Mensch-Maschine-Systeme werden daher konzipiert, indem man Konzepte und Methoden benutzerzentriert entwickelt, diese prototypisch realisiert und sie unter Beteiligung der Nutzer in Feld- sowie Laborstudien evaluiert. Der Benutzer bleibt zwar im Modus eines *rapid prototyping* scheinbar im Zentrum und arbeitet in zahlreichen Experimenten an der Entwicklung mit, ist jedoch praktisch nur in Form abstrakter Datenmenge vorhanden. „Die Entwicklung und Gestaltung von Schnittstellen für Mensch-Maschine-Systeme erfordern, neben der Kenntnis der Aufgabe und der Arbeitsumgebung, auch eine Vorstellung über die kognitiven Anforderungen an zukünftige Benutzer. Ein Grund dafür liegt in der zunehmenden Informationsdichte und dem ansteigenden Automatisierungsgrad von technischen Systemen. Daraus ergibt sich die Frage, welche Art von Schnittstelle die kognitiven Prozesse bei der Interaktion am besten unterstützt und wie diese prospektiv gestaltet werden kann." [15] Diese für Interface bekannte Benutzermodellierung macht den Menschen auf der einen Seite für das Interface als Vermittler lesbar, somit berechenbar, auf der anderen Seite optimiert es aber auch die Interaktion mit der Maschine (als Eingabe durch bzw. Ausgabe an den Menschen), da diese mögliche Optionen des Menschen eher voraussagen und analysieren bzw. sich dazu verhalten kann. In der Entwicklung von Mensch-Maschine-Interaktionen stellen folglich die Gestaltung, die Analyse sowie Optimierung der Benutzungsoberflächen eine wichtige Aufgabe dar. Das Ziel hierbei ist eine adäquate Unterstützung der Entwicklungs- und Entscheidungsprozesse, da eine erhöhte Automatisierung sowie Komplexität technischer Systeme eine Verlagerung der Handlungsebene menschlicher Tätigkeiten zur Folge hatte. Das Werkzeug modifizierte sich zum Denkzeug und der Operateur (lat. „Arbeiter"; „Verrichter") wurde im Diskurs einer ergonomischen Effektivität zum Überwacher und Vermittler im Interface, der nur noch in kritischen Fällen eingreift. Für genau diese kritischen Kausalitäten muss jedoch die Schnittstelle optimal gestaltet sein. In diesem Sinne stellen moderne Interfaces eine Vielzahl von graphischen Anzeigen und Interaktionselementen zu Verfügung, um den User bei seiner Aufgabenbearbeitung zu unterstützen. Diese Unterstützung ist jedoch zweischneidig, da sie den Menschen zwar ergänzt, aber zugleich aus dem System mangels fehlendem Prozesswissen exkludiert (*Out-of-the-loop-Problem*). Die Aufgabe der Informationsverarbeitung und -sichtbarmachung stellt dazu noch hohe Anforderung an die menschliche Kognition, da der Mensch nur eine bestimmte Zahl unterschiedlicher Signale selektiv wahrnehmen und verarbeiten kann. Das Ermöglichen eines Verstehens und Aufnehmens ist dabei die zentrale Aufgabe des Interfaces, welches Signale nach ihrer Wichtigkeit anordnen und ausgeben muss. Der menschliche Wahrnehmungsapparat (z.B. visuelle Informationsaufnahme und -verarbeitung) ist hierbei stark vom Interface und Surface sowie dessen übersichtliche Gestaltung abhängig. Wenn man über eine bestmögliche Gestaltung nachdenkt, muss man vom Interface, welches wie oben erwähnt, für den User meist unzugänglich oder zumindest invisibel ist, zur Materialisierung der Schnittstelle hinübergehen: *Der Benutzeroberfläche*. Dieses Surface soll gebrauchstauglich (d.h. technisch, ökonomisch, ökologisch und ergonomisch) sein.

Im Folgenden soll der Problemstellung entsprechend nur auf die zu gestaltenden Elemente des technischen Systems (also der Ergonomie) konzis eingegangen werden, da diese im engeren Sinne die Interaktion zwischen Mensch und Maschine ermöglichen. Bei dieser Interaktion wird neben der übenden Anpassung, die der Mensch den Maschinen entgegenbringt, auch die Maschine auf die Berücksichtigung der menschlichen Leistungsfähigkeiten und -grenzen ‚eingestellt', folglich stellt die sichere und verlässliche Handhabung zentrale Faktoren dar. Die Schnittstelle und damit die Bedienelemente werden einem *User-centered design* unterstellt, wobei in der Entwicklung iterativ-inkrementell vorgegangen wird. Dieses *Usability Engineering* der Geräte arbeitet u. a. mit Metaphern und Visualisierung zu bekannten lebensweltlichen Aktivitäten (z.B.: Schreibtisch-Metapher, Papierseite, etc.). Durch diese Benutzbarkeit wird nicht nur die Handhabung des technischen Artefaktes einfacher, sicherer und zuverlässiger, auch die Akzeptanz und das menschliche Vertrauen in die Maschine wächst: Es entstehen adaptive Mensch-Maschine-Systeme.

Nach diesen kurz anzitierten Gestaltungskriterien von Schnittstellen soll ein kleiner (wenn auch sehr schematisierter) Überblick über die Stationen der Mensch-Maschine-Schnittstelle nach Sheridan gegeben werden [16]. Wissenshistorisch betrachtet, wird deutlich wie der „Mensch" noch in den 1950er Jahren mit sensomotorischer Koordination als Regler von Anzeigen und Bedienelementen auftrat, schon in den 70er Jahren kamen Überwachungsfunktionen dazu, die sich in den 1980er Jahren zu einer Stellung als Dialogpartner bezüglich Schnittstellengestaltung, Fehlervermeidung und Anforderungssimulation erweiterten. Der Mensch, der mit der Maschine interagiert, hat sich also vom Handwerker, Regler über den Überwacher bis zum heutigen interaktiven Problemlöser und kognitiven Partner autonomer Agenten und semantischer Technologien ebenso verändert wie die Maschine. Durch das Interface und dessen reibungslose Verbesserung der Mensch-Maschine-Schnittstelle, sowie durch das (arbeits- und datenaufwendige) selbsterzeugte ‚Verschwinden' dieses heiligen Verbindungskanals als Medium, kamen sich Mensch und Maschine notwendigerweise immer näher. Subjekt und Objekt wurden nicht nur durch das Interface bestmöglich verbunden, sie wurden immer mehr auch in ihren Handlungen voneinander abhängig.

Zusammenfassend lässt sich konstatieren, dass die anthropologischen wie technischen Grenzen subvertiert werden und es zu Quasi-Objekten (Mensch-Maschine-Systemen) kommt. „Dieses Quasi-Objekt ist kein Objekt, und es ist dennoch eines, denn es ist kein Subjekt […]; es ist zugleich auch ein Quasi-Subjekt, weil es Subjekte markiert oder bezeichnet." [17] Obwohl das vom Interface produzierte Mensch-Maschine-System in diesem ontologischen Zwischenstadium *handelt*, kommt es bei den technischen Quasi-Objekten nicht zu einer naiven Hybridisierung zwischen Mensch und Maschine, sondern eher zu einer Relation der Gleichheit und des reziproken Austauschs, wobei Mensch und Maschine als gleichwertige Handlungsaktanten entworfen werden. „The hope is that, in not too many years, human brains and computing machines will be coupled together very tightly and that the resulting partnership will think as no human brain has ever thought and process data in a way not approached by the information-handling machines we know today." [18] Anders jedoch als der Pionier der Mensch-Maschine-Interaktion Joseph C.R. Licklider hier in seiner *Man-Computer Symbiosis* (1960) die Verschmelzung von Mensch und Maschine prognostizierte, vollzieht sich mit immer effektiver und optimaler gestaltenden Interfaces eine wortwörtliche Medialisierung im Zuge des Usability Engineering, da das nicht mehr spürbare Medium die vorhandene Differenz zwischen den beiden konträren Akteuren (Mensch/Maschine) einebnet, indem es zum einen Mensch wie Maschine komplementär gestaltet, und zum anderen die Interaktion von beiden störungsfrei (scheinbar ‚von selbst' und vielleicht sogar ‚als Selbst') geschehen lässt. Durch Effektivität und Effizienz stellt sich beim User Zufriedenheit und damit Akzeptanz (Identifikation mit dem Objekt, Abbau von ‚Fremdheit' des technischen Artefaktes) ein, folglich wird durch Usability Engineering das technische Objekt nicht mehr als solches wahrgenommen und bekommt neben seinem Aktantenstatus (als Handlungsträger) auch noch Subjektstatus (als Emotionsträger) zugesprochen (die *Apple*-IPhones sind nur eines der Beispiele hierfür); Artefakte habitualisieren damit in bestimmter Weise auch unsere Gefühle. [19]

2.4.4 Janus und Hermes als Aktanten des Medialen

Das Interface als Medium, Mitte und Vermittler agiert in einem Zwischenraum, wobei es nicht nur einfach Informationen durchlässt, sondern hermeneutisch *über-bringt*, wodurch sich die übermittelten Signale transformieren: Das Interface selbst ist kein passiver Durchgang/Oberfläche, sondern im etymologischen Sinne als ‚Hinführer' produktiv: Es ist ein „fruchtbare[r] Nexus." [20]

Um den Bogen zum Anfang zu schlagen, ließe sich sagen, dass Mythos und Moderne sich in einem Punkt zu ähneln scheinen: Mythologie ist ein Herrschafts- und Ordnungsinstrument zur Generierung von Sicherheit und Vertrautheit. Auch das Interface bietet durch ein benutzerfreundliches Design eine vertraute – nicht mehr ‚un-heimliche' – Oberfläche an. „Ein benutzerfreundlicher Computer läßt mich vergessen, daß ich es mit einem Rechner zu tun habe; sein Interface-Design schirmt mich ab gegen die Technologie des Digitalen." [21] Obwohl Bolz zurecht fragt, ob es sich hier um ein Verstehen *oder* ein Funktionieren handelt, muss man die Begriffe wie Funktion/Gebrauch und Verstehen vielleicht weiter und weniger als Gegensatzpaare fassen, wenn man über Mensch-Maschine-Kommunikation spricht: Understanding is doing. Wie weit diese perfekt gestaltete Schnittstelle nun negativ konnotiert eine „Vertrautheitsselbsttäuschung" [22] oder doch das hermeneutische Medium zur Verständigung mit etwas ‚Fremden' ist, bleibt der Kompetenz des jeweiligen Users überlassen.

Um am Ende nochmals Hookway aufzugreifen, kann man sagen, dass auf der einen Seite die Benutzung eines Interfaces gleichbedeutend mit der Partizipation an Kultur ist, auf der anderen Seite ist das User-Subjekt immer auch Unter-Worfenes (*subicere*); es ist abhängig vom Output der Benutzeroberfläche, die das Interface ihm bereitstellt. Damit ist das Interface jedoch nicht einfach ein Objekt, sondern ein Effekt: Die Relation geht den Entitäten voraus. Der User erfährt seine Subjektivation erst durch diesen prozessualen Effekt eines Hindurch-Schreitens und Benutzens, erst hierdurch wird er User und Akteur. Wir haben es also beim Interface nicht mit einem harmlos neutralen Mittler zu tun, sondern selbst mit einem Agenten, der Sinn stiftet und so die Bedingung der Möglichkeit von Kommunikation zwischen zwei unterschiedlichen Systemkomponenten generiert, damit ist das Interface gleichzeitig Janus der Türöffner und Hermes der Nachrichtenbote: Beides – das sollte man mit bedenken – sind Götter in der antiken Mythologie.

Literatur

[1]   Ovid: Die Fasten, herausgegeben, übersetzt und kommentiert von Bömer F. Band I: Einleitung, Text und Übersetzung, Heidelberg, 1957, S. 67.

[2]   Thomson, J.: Notes and Queries – On Gases, Lquids, Fluids: Unpublished notes bearing on [chemist and physicist Thomas] Andrew`s experiments, 10. Mai 1869, S. 327.

[3]   Flusser, V.: Für eine Philosophie der Fotografie, Göttingen, 1983, S. 8.

[4]   Hookway, B.: Interface, Cambridge, 2014, S. 15.

[5]   Vgl. Liggieri, K: Mensch-Maschine-Systeme. Das Wesen der Technik im arbeitswissenschaftlichen Milieu, in: M. Grandt und S. Schmerwitz (Hgg.): Der Mensch zwischen Automatisierung, Kompetenz und Verantwortung, (DGLR-Bericht 2014-01), Deutsche Gesellschaft für Luft- und Raumfahrt e.V., Bonn, 2014, S. 17-30.

[6]   Flusser, V.: Vom Subjekt zum Projekt, Frankfurt a. M., 1998, S. 145.

[7]   Husserl, E: Ideen zu einer reinen Phänomenologie und phänomenologischen Philosophie. Zweites Buch, Hrsg. von Marly Biemel. Haag, 1952, S. 159.

[8]   Schleiermacher, F.: Hermeneutik und Kritik 1838, in: Ders.: Hermeneutik und Kritik, hrsg. von Manfred Frank, Frankfurt a. M., 1977, S. 69-306, hier S. 75.

[9]   Simondon, G.: Die Existenzweise technischer Objekte, Zürich, 2012, S. 124.

[10]   Shannon, C.: A Mathematical Theory of Communication, in: Reprinted with corrections from The Bell System Technical Journal, 27, 1948, S. 379-423, S. 623-656.

[11]   Steinbuch, K: Falsch programmiert. Über das Versagen unserer Gesellschaft in der Gegenwart und vor der Zukunft und was eigentlich geschehen müsste, Stuttgart, 1968, S. 146.

[12]   Vgl. Haraway, D.: Ein Manifest für Cyborgs. Feminismus im Streit mit den Technowissenschaften", in: Dies. Die Neuerfindung der Natur. Primaten, Cyborgs und Frauen, Frankfurt a. M., 1995, S. 33-72, hier S. 50, McCulloch, W: Warum der Geist im Kopf ist, 1951, in Ders., Verkörperungen des Geistes, Wien, 2000, S. 93-158, hier. S. 94, sowie Ders. Durch die Höhle des Metaphysikers, 1948, in: Ders., Verkörperungen des Geistes, S. 67-80, hier S. 72.

[13]   Bernotat, R.: Das Forschungsinstitut für Anthropotechnik – Aufgaben, Methoden und Entwicklung, in: R. Bernotat, K.-P. Gärtner; H. Widdel (Hrsg.). Spektrum der Anthropotechnik. Beiträge zur Anpassung technischer Systeme an menschliche Leistungsbereiche, Meckenheim, 1987, S. 7-21.

[14]   Serres, M.: Der Parasit. Die fünf Sinne. Eine Philosophie der Gemenge und Gemische, Frankfurt a. M., 1993, S. 97.

[15]   Dzaack, J.: Analyse kognitiver Benutzermodelle für die Evaluation von Mensch-Maschine-Systemen, Düsseldorf DISS, 2008, S. III.

[16]   Sheridan, T. B.: Supervisory control, in: G. Salvendy (Hrsg.), Handbook of human factors, New York, 1997, S. 1295-1327.

[17]   Serres: Der Parasit, S. 346.

[18]   Licklider, J. C. R.: Man-Computer Symbiosis, in: Wardrip-Fruin, N.; Montfort, N. (Hrsg.), The New Media Reader, Cambridge, 2003, S. 74-82, hier: S. 74.

[19]   Meyer-Drawe, K.: Mein Leib als Schildwache. Merleau-Pontys Kritik am kybernetischen Mythos, in: R. Giuliani (Hrsg.): Merleau-Ponty und die Kulturwissenschaften. München, 2000, S. 227-242, hier: S. 230.

[20]   Dagonet, F: Faces, Surfaces, Interfaces, Paris, 1982, S. 49.

[21]   Bolz, N.: Das ABC der Medien, München, 2007, S. 108.

[22]   Schelsky, H.: Auf der Suche nach Wirklichkeit, Düsseldorf, 1965, S. 400.

2.5 The human in the loop – Konzeptualisierung hybrider Mensch-Maschine-Systeme

S. Buxbaum-Conradi, T. Redlich und J.-H. Branding

2.5.1 Einleitung

Der vorliegende explorative Abschnitt verfolgt das Ziel, die fortlaufende Verschmelzung von Menschen und technischen Elementen zu beschreiben und entsprechende konzeptuelle Gedanken abzuleiten. Der Fokus wird dabei sowohl auf die Formen möglicher Mensch-Maschine-Schnittstellen und die Multimodalität der Mensch-Maschine-Interaktion als auch auf die damit verbundene Verschiebung von Systemgrenzen gelegt. Wenn wir diesen kontinuierlichen Prozess der synthetischen Hybridisierung verstehen wollen, der auf unterschiedlichen Ebenen stattfindet und verschiedene wissenschaftliche Disziplinen umfasst, ist es notwendig eine stärker holistisch ausgerichtete, transdisziplinäre Perspektive einzunehmen. Sie ermöglicht, denkbare Interrelationen und Wechselwirkungen aufzudecken, zu verstehen und Synergien in Bezug auf das Design zukünftiger Maschinen herzustellen.

In der Entwicklung von technischen Unterstützungssystemen werden der Mensch und das technische Element (z.B. Maschine oder Werkzeug) oft als Teile zweier unterschiedlicher Systeme begriffen. Dieser Logik folgend, fokussiert der auf den Menschen zentrierte Design-Ansatz typischerweise die Frage, *wer* der Nutzer ist (ausgehend vom Individuum als sozio-kulturellem Akteur) anstatt sich damit auseinanderzusetzen, *was* der Nutzer ist (ausgehend vom Menschen als biologisches Wesen). Die steigende Konvergenz von Technologien unterschiedlicher Wissenschaftsfelder sowie Fortschritte in Bio-Engineering, Bio-Mechanik, Kognitions- und Neurowissenschaften, Genetik, Robotik und Nanotechnologie führen jedoch zu neuen Formen und Möglichkeiten von Mensch-Maschine-Interaktionen. Durch sich verschiebende Schnittstellen, bspw. deren Verortung innerhalb der menschlichen Physiologie [1, 2, 3], verschwimmen die Grenzen zwischen Mensch und Maschine deutlich stärker, als dies bei virtuellen, nach außen gelagerten Schnittstellen der Fall ist (z.B. Maus, 3D-Brille). Aktuelle Innovationen im Bereich multi-modaler Schnittstellen ändern daher die Formen der Zusammenarbeit und Interaktion zwischen Menschen und „Maschinen" [4, 5], die sich in neuen Möglichkeiten in unterschiedlichen Anwendungsbereichen, wie tragbarer Technologien, stimmen- oder gesten-basierte Systeme [6] oder neuen Möglichkeiten in der Emotionsanalyse äußern.

Die erwähnte Fusion oder Verschmelzung kann auf zwei Ebenen beobachtet werden. Beruhend auf den Fortschritten des *ubiquitous computing* werden technische Artefakte komplexer und kombinieren als hybride, physio-kognitive Artefakte oder cyber-physische Systeme (beispielsweise autonome Fahrzeugsysteme, verteilte Robotik oder *smart grid*) materiell-physische sowie immaterielle Komponenten und Funktionen (z.B. Information, Wissen). Dieses Zusammenspiel zwischen materiellen und immateriellen Komponenten macht die Wechselwirkungen und Abhängigkeiten zwischen der technologischen, sozialen und anthropologischen Sphäre besonders deutlich. Information und Wissen sind immer an einen spezifischen sozio-kulturellen Kontext gebunden und dessen (De-)Kodifizierung hängt von der kognitiven Fähigkeit und dem Deutungshorizont des Senders und des Empfängers ab. Deshalb sind virtuelle Schnittstellen der Mensch-Maschinen-Interaktion im Wesentlichen Räume der Kommunikation. In diesem Sinne dienen Sprache und Zeichen als (zwischengeschaltetes) Medium, um Kommunikation zu ermöglichen. Physische Mensch-Maschine-Schnittstellen stellen ebenfalls Kommunikationsräume dar, nur dass das Medium selbst sich verändert, da eine andere Art von Information übertragen wird (z.B. haptische, neuronale Informationen). Das ist der Bereich, in welchem der Mensch verstärkt auf einer physiologischen Ebene mit der Maschine verschmilzt. Diese steigende Konvergenz physiologischer, physischer, kognitiver und sozialer Aspekte wird in der neuen Generation multi-modaler Mensch-Maschine-Schnittstellen sichtbar [4]. Die Disziplin der Mensch-Maschine-Interaktion konzentriert ihre Aufmerksamkeit jedoch vorrangig auf Mensch-Computer-Interaktion [7, 8, 9] und entsprechend stärker auf kognitive als auf physiologische Aspekte [10]. Statt auf konzeptionellen und theoretischen Gedanken liegt der Fokus üblicherweise auf dem adäquaten Design von Schnittstellen, welche Interaktion bzw. Kommunikation zwischen der Entität der Maschine und der Entität des Menschen ermöglichen [11]. Aktuelle Modelle von Mensch-Maschine-Interaktion und -Integration beruhen zum Großteil auf Rechnerunterstützung und einer Auseinandersetzung mit Symbolen, Kognition und verwandten Disziplinen [12]. Physiologische Aspekte von Mensch-Maschine-Interaktion werden stärker im Feld von Ergonomie und Faktor Mensch (*Human Factors and Ergonomics*) behandelt [13, 14]. In der Biotechnologie, der Medizintechnik und der Neurobiologie werden physiologische und insbesondere neuronale Schnittstellen und Interaktionen untersucht [15, 16]. Die große Herausforderung für Ingenieure in diesem Kontext ist es, zwei Systeme unterschiedlicher Natur zu integrieren: das biologische System (Mensch) und das physio-kognitive System z.B. ein interaktives Artefakt [12].

Am Anfang dieses Abschnitts steht ein kurzer Überblick über die Evolution von Maschinen und der Mensch-Werkzeug- bzw. Mensch-Maschine-Interaktion. Dabei wird ein besonderes Augenmerk auf die steigende Verschmelzung von physischen, kognitiven und physiologischen Aspekten gelegt. Daran anknüpfend und basierend auf vorangegangenen theoretischen Überlegungen zu Wahrnehmung, Form, Varianten von Interaktionsmodalitäten, Aufgabenabhängigkeiten und verwandten Interaktionskreisläufen, verstehen wir Mensch-Maschine-Systeme begrifflich als aufgabenorientierte, verteilte, physio-kognitive Systeme.

2.5.2 Zur Evolution von Maschinen und Mensch-Werkzeug-Interaktion

"We use tools as naturally as our own body and build smartness in our tools to overcome our own shortcomings." [17]

Der Begriff eines *technischen Unterstützungssystems* ist breit angelegt und kann je nach Perspektive unterschiedlich aufgefasst werden. Allgemein betrachtet, dienen alle jemals vom Menschen erfundenen Werkzeuge dazu, ihn bei der Erfüllung spezifischer Aufgaben zu *unterstützen*. Anthropologen und Evolutionswissenschaftlern zufolge ist es die Fähigkeit Werkzeuge nicht nur zu nutzen sondern sie auch herzustellen, um sich den komplexen und ständig verändernden Bedingungen der Umwelt anzupassen, die uns maßgeblich von der Mehrzahl anderer Spezies unterscheidet. In vielen Fällen ersetzen unsere „Werkzeuge" die Anwesenheit, Fertigkeiten und Fähigkeiten des Menschen sogar vollständig (z.B. in der Automatisierung der Fertigung oder Montage). Die steigende Konvergenz von Technologien unterschiedlicher Wissenschaftsfelder bringt jedoch eine neue Art von „Maschinen" hervor, welche nicht den Zweck hat, den Menschen bei der Ausführung einer bestimmten Aufgabe zu ersetzen, sondern darauf abzielt, dessen kognitive und physikalische Fähigkeiten zu steigern. Dieses vergleichsweise neue Feld wird im englisch-sprachigen Raum als „human augmentation" [18], „human enhancement" [19] oder „human hybrid robot" [21] bezeichnet.

Ein genauerer Blick auf die Evolution von menschlichen Werkzeugen zeigt eine signifikante Steigerung sowohl hinsichtlich ihrer Komplexität als auch der betroffenen Anwendungsbereiche (**Abb. 2.6**) bis zum heutigen Zeitpunkt, wo der Mensch mit seinen Werkzeugen (z.B. Maschinen) zunehmend zu verschmelzen scheint. Neben ethischen Fragen, welche, obwohl von zentraler Bedeutung in diesem Artikel nicht behandelt werden, ergeben sich daraus auch Fragen nach dem wissenschaftlichen Verständnis einer Maschine. Die Unübersichtlichkeit und Unschärfe die aus der Existenz vielfältiger, unterschiedlicher Begrifflichkeiten (Maschine, Roboter, Hilfsmittel, Mensch-Maschine-System, Human Hybrid Robot, augmented human etc.) und dem Mangel an angemessenen Taxonomien in diesem Feld resultieren, sind auch ein Zeichen für einen stattfindenden Paradigmenwandel, in welchem neue Terminologien und konzeptuelle Rahmen notwendig werden.

Entlang einer klassischen mechanischen Definition ist eine Maschine „a device capable of overcoming a resistance at one point by the application of a force at some other" [22], oder spezifischer: „a combination of solid bodies, so arranged as to complete the mechanical forces of nature to perform work as a result of certain determinative movements" [23]. Es ist jedoch von zentraler Bedeutung zu erkennen, dass das Technologische sich nicht auf das Mechanische beschränkt, auch wenn das die Form ist, die es im Rahmen der Cartesischen Physiologie einnimmt; eine Vorstellung die nach wie vor prägend ist für unser allgemeines Bild und Verständnis von einer Maschine im Gegensatz zu etwas Natürlichem, Organischen, etwas „Lebendigen" [24]. In der historischen Betrachtung der Evolution von Technologie und Wissenschaft aus Sicht der Technikphilosophie wird deutlich, dass sich unser Verständnis änderte vom Mechanischen zum Elektrochemischen, von Automata zu Computern und von der Kybernetik hin zu modernen Informationssystemen [24, 25]. Die kognitive Verschränkung von Organismen und Maschinen wird anhand der engen Verflechtungen von Biologie und Informatik als auch von Physiologie und Elektronik sichtbar ganz besonders aber in der Herausbildung neuer Wissenschaftsdisziplinen wie Biomechanik, Bionik, Kybernetik, Mensch-Maschine-Interaktion oder Bioinformatik (**Abb. 2.6** stellt diese Entwicklung schematisch dar).

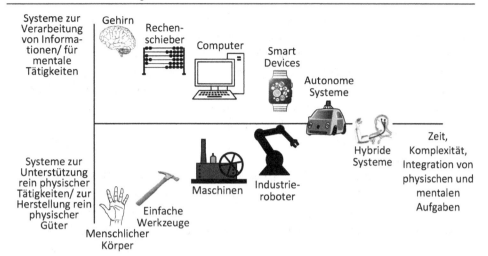

Abb. 2.6: Evolution technischer Unterstützungssysteme

Während zunächst stärker physische Aufgaben unterstützt wurden, rückt in jüngster Vergangenheit die Unterstützung kognitiver, mentaler Aufgaben stärker in den Vordergrund bis hin zu Maschinen, welche sowohl physische als auch mentale Aufgaben unterstützen. Festzuhalten ist, dass die Entwicklung unserer Werkzeuge hin zu „intelligenten" Werkzeugen wesentlich stattfand ab dem Punkt, als eine direktive Aktion und eine bezugnehmende Reaktion zwischen der Entität Maschine und der Entität Mensch möglich wurde und umso mehr, als diese zu einer wechselseitigen Interaktion wurde (z.B. im Fall von Computern, Neuroprothesen, „smart" devices etc.). In der aktuellen Epoche hat die metaphysische Verschmelzung zwischen dem Organismus und der Maschine eine neue spezifische Bandbreite an Konfigurationen erreicht [24]. Es ist eben diese Bandbreite an Konfigurationen, die von besonderem Interesse für die vorliegende Analyse ist und die in den vielfältigen Typen von Mensch-Maschine-Interaktionen und entsprechenden Mensch-Maschine-Schnittstellen sichtbar wird. Im Folgenden verstehen wir eine Maschine als physio-kognitives Artefakt auf unter Berücksichtigung sowohl der materiellen als auch der immateriellen (informationellen) Komponenten.

2.5.3 Konzeptueller Rahmen und begriffliche Bestimmung hybrider Mensch-Maschine-Systeme

Wie bereits herausgestellt wurde, ist die Gestaltung eines neuen epistemologischen Bezugssystems notwendig, welches den permanenten Prozess der synthetischen Hybridisierung einbezieht und die vielfältigen Möglichkeiten von Mensch-Maschine-Interaktionen und damit verbundenen Interaktionskreisläufen im Sinne des *human-in-the-loop* Gedanken spezifiziert. Dabei besteht die größte Herausforderung darin, zwei Systeme, die auf den ersten Blick sehr unterschiedlich erscheinen, miteinander zu verbinden: das biologische System (der Mensch) mit dem physio-kognitiven System (z.B. das interaktive Artefakt) [12]. Dieser Vorgang wirft unter Anderem Fragen danach auf, ob ein System als „offen" oder „geschlossen" aufgefasst wird, was in Anlehnung daran unter „internen" und

„externen" Systemelementen verstanden wird, und wie sich darauf aufbauend die Interaktion zwischen System und Umwelt gestaltet. Dementsprechend bezieht der nächste Abschnitt konzeptuelle Überlegungen zur Wahrnehmung (System und Umwelt) und zur Gestalt bzw. Form von Mensch-Maschine-Systemen ein. Nach einem kurzen Überblick über Varianten und Modi von Mensch-Maschine-Interaktionen wird ein konzeptueller Rahmen vorgestellt, innerhalb dessen Mensch-Maschine-Systeme als aufgabenorientierte, verteilte, physio-kognitive Systeme beschrieben werden.

Wahrnehmung

Aus phänomenologischer Perspektive betrachtet, liefert James Gibson, der visuelle Wahrnehmung studierte und den Ansatz der *ecological psychology* entwickelte, einen Ansatz zur Beziehung zwischen Mensch und Maschine (bzw. Werkzeugen) in seiner Arbeit zur Affordanz. Demnach ist den Merkmalen der Umwelt ein Aufforderungscharakter inhärent, der von einem Lebewesen für seine speziellen Bedürfnisse genutzt werden kann [26]. Am Beispiel eines Hammers erklärt er, dass dieser nur bei Benutzung zu einer Verlängerung der Hand wird, also zu einem Element welches vom Nutzer als Teil des Körpers wahrgenommen wird; im Gegensatz zum Hammer im *ungenutzten* Zustand, der aus der subjektiven Perspektive des Nutzers lediglich als Teil seiner Umgebung wahrgenommen wird [27]. Diese grundsätzliche Möglichkeit dem Körper etwas hinzuzufügen und dieses Element in die Wahrnehmung des Körperschemas einzubeziehen, stellt die generelle Annahme der Haut als fixe Grenze zwischen Mensch und Umwelt infrage. Vielmehr verschieben sich die Grenzen in Abhängigkeit der Affordanz oder dem Aufforderungscharakter eines Artefakts oder in anderen Worten in Abhängigkeit der zu erfüllenden Aufgabe und dem Zweck der Interaktion. Aktuelle neurowissenschaftliche Studien belegen diese Hypothese in Experimenten mit Makaken: Neuronen, die ein- und ausgehende Informationen verarbeiten, unterscheiden nicht zwischen Hand und Werkzeug. Solange das Werkzeug in Gebrauch ist, wird es vollständig in das Körperschema (also die Wahrnehmung unseres Körpers) integriert. Derselbe Effekt wurde in Experimenten mit Affen beobachtet, die nicht mit einem realen Werkzeug sondern einer virtuellen Realität (z.B. einem virtuellen Werkzeug) konfrontiert wurden. Der Grund für diese schnelle Assimilation in das Körperschema liegt in statistischen Gesetzmäßigkeiten der Interaktion begründet [28, 29]. Die Muskelkontraktion, die beispielsweise für das Heben der Hand notwendig ist, wird unmittelbar im Moment der Bewegung reflektiert. Sie erzeugt die Bewegung des Werkzeugs, wobei dieselbe Muskelkontraktion stets in derselben Handbewegung und derselben Bewegung des Werkzeugs resultiert. Diese statistische Regelmäßigkeit (oder Kontinuität der Interaktion) führt also dazu, dass wir das Werkzeug als Teil unseres Körpers wahrnehmen [28]. Die Fähigkeit zur Inklusion „externer" physischer als auch virtueller Artefakte in die Wahrnehmung unseres Körperschemas ist von essenzieller Bedeutung für die Konzeption eines Mensch-Maschine-Systems. Die Anwendung des Affordanz-Ansatzes auf den Designprozess (wie z.B. von Norman [8], und Maier et al. [30, 31] durchgeführt) bedeutet, dass das Artefakt Merkmale aufweisen muss, die für das Verhalten/die Performance des Nutzers zweckdienlich sind und (ohne großen Aufwand) direkt wahrgenommen werden können. Integriert in den Designprozess ist der Affordanz-Ansatz daher als komplementäre Beziehung zwischen zwei separaten Systemen zu verstehen [30, 31].

Allerdings zeigt das Beispiel auch, dass – obwohl das Werkzeug als Teil des Körperschemas wahrgenommen wird – die Mensch-Maschine-Schnittstelle selbst außerhalb der Physiologie des menschlichen Körpers liegt und die Haut lediglich berührt. Anders ist das bei Neuroprothesen oder Gehirn-Computer-Schnittstellen, innerhalb derer sich die Mensch-Maschine-Schnittstelle in die Physiologie des menschlichen Körpers verschiebt. In Anbetracht der direkten Verbindung und Interaktion mit dem neuronalen System wird die Frage danach, ob das Werkzeug als Teil des menschlichen Körpers wahrgenommen wird, obsolet. Der Unterschied besteht vielmehr darin, dass der eigentliche Prozess der Mensch-Maschine-Interaktion durch den Menschen nicht bewusst wahrgenommen und reflektiert werden kann.

Die Überlegungen zeigen, dass sich Mensch-Maschine-Schnittstellen und Systemgrenzen verschieben und auf neue Weise miteinander kombiniert werden können. Sie können innerhalb der menschlichen Physiologie verortet sein, an sie angefügt oder außerhalb in Form loser Verkoppelung über die kognitive Integration in das Körperschema. Darüber hinaus bleibt festzustellen, dass sich klassische Designansätze in der Regel auf abstrakte (System-)funktionen konzentrieren, welche die konkrete Interaktion zwischen Nutzer und Artefakt nicht berücksichtigen. Für die Entwicklung ergonomischer oder hybrider physio-kognitiver Artefakte ist dieser Aspekt jedoch von entscheidender Bedeutung [8, 32, 33].

Form

Im Rahmen der Konstruktion und Entwicklung einer Maschine, insbesondere im speziellen Fall eines aufgabenorientierten, technischen Unterstützungssystems, treten bezüglich ihrer Gestalt und Form häufig Fragen des Anthropomorphismus auf. Die Attribuierung menschlicher Züge und Merkmale (z.B. Aussehen, Verhalten) ist eng verbunden mit Fragen nach der individuellen und sozialen Akzeptanz von Maschinen, einem Gebiet mit dem sich insbesondere die Robotik, die Forschung zu künstlicher Intelligenz und verwandte psychologische Disziplinen beschäftigen. Der Schwerpunkt der Untersuchungen liegt in den meisten Fällen sowohl auf der Form als auch auf dem menschlichen Verhalten, welches durch die Maschine nachgeahmt werden soll. Demzufolge wäre die Humanisierung von Maschinen eine logische Konsequenz, sofern eine Entwicklung individuell und sozial akzeptierter Maschinen angestrebt wird. Es kann jedoch nicht angenommen werden kann, dass eine anthropomorphe Form oder anthropomorphes Verhalten einer Maschine effizienter in ihrer Performance ist, da die menschlichen Fähigkeiten und Sinne durchaus begrenzt sind (beispielsweise können wir keinen Ultraschall wahrnehmen, keine komplexen Rechenoperationen ohne Hilfsmittel durchführen etc.).

Descartes, Locke und James – als Vertreter einer dualistisch angelegten philosophischen Strömung, die als „Interaktionismus" bezeichnet wird – gingen davon aus, dass die Interaktion zwischen Mensch und künstlicher Entität (d.h. dem Artefakt) viele der Eigenschaften hervorbringt, die wir als „menschliche Natur" ansehen [35, 36]. Da wir also grundsätzlich dazu neigen, eine künstliche Entität entsprechend unseres (eingeschränkten) Bezugssystems zu interpretieren, tendieren wir stets auch zum Anthropomorphismus [37]. Uns sollte jedoch bewusst sein, dass jegliche Form der Mensch-Maschine-*Interaktion* durch die Anatomie des menschlichen Körpers und seiner sensorischen, kognitiven, skeletto-muskulären und endokrinen Systeme determiniert ist. Wenn in Anlehnung an das im vorangegangenen Abschnitt dargestellte Konzept Gibsons davon ausgegangen wird, dass Affordanz als komplementäre Beziehung zwischen zwei verschiedenen Systemen anzusehen ist, dann muss mindestens *ein* gemeinsamer Interaktionskanal zwischen beiden Systemen vorhanden sein. Aus dieser Perspektive ist Anthropomorphismus unvermeidlich, obwohl andere Mechanismen theoretisch denkbar sind, jedoch wäre eine Interaktion vermutlich nicht möglich aufgrund des Fehlens gemeinsamer Interaktionskanäle. Daher ist das vorherrschende anthropozentrische Design-Paradigma eine logische Konsequenz der Tatsache, dass jegliche Form der Mensch-Maschine-Interaktion grundsätzlich anthropomorph ist. Neuroprothesen und damit verbundene Gehirn-Computer-Schnittstellen sind nur möglich, weil die „Maschine" dazu in der Lage ist, die über das menschliche neuronale System übertragene Information zu decodieren bzw. Impulse zu geben, welche das neuronale System des Menschen übertragen kann. Visuelle, grafische Computer-Schnittstellen sind nur möglich, weil der zugrunde liegende numerische Code in eine Sprache übersetzt wird, die von einer großen Anzahl von Menschen decodiert und verarbeitet werden kann. Ein Exoskelett funktioniert nur, wenn der Computer in der Lage ist, die Ergebnisse der neuronalen Aktivität, die sich aus den Gedanken eines Individuums über die Bewegung seines Beines ergeben, zu entschlüsseln und weiter zu verarbeiten. Auch wenn wir die menschlichen Fähigkeiten steigern können bspw. durch die Verteilung von Wissen und Informationen auf externe Speicher, das Hervorbringen virtueller Realitäten zur Problemlösung und seine physiologischen Fähigkeiten erweitern können (z.B. durch Exoskelette und dazugehörige Technologien), ist die Mensch-Maschine-Interaktion immer durch die Grenzen der menschlichen Anatomie und ihre sensomotorischen Kapazitäten determiniert. Anthropomorphismus stellt daher eine notwendige Bedingung für die Gestaltung von Mensch-Maschine-Interaktionen und –Schnittstellen dar, weil er der Interaktion als solches inhärent ist. Wohingegen die „Vertrautheit" im Hinblick auf anthropomorphe Gestalt, Eigenschaften und Verhaltensformen eine erstrebenswerte, jedoch keine obligatorische Bedingung ist.

Für die folgenden Abschnitte bleibt festzuhalten, dass der Mensch die Fähigkeit besitzt externe physische Artefakte in die Wahrnehmung des Körperschemas genauso einzubinden wie virtuelle Artefakte und dass es in diesem Zusammenhang auf die komplementäre Beziehung bzw. die komplementären Eigenschaften zwischen zwei separaten Systemen (z.B. das menschliche skeletto-muskuläre System und die Materialhärte und Festigkeit des Hammers) ankommt. Darüber hinaus wurde in diesem Abschnitt festgestellt, dass Mensch-Maschine-Interaktion per se anthropomorph ist. Im Folgenden Abschnitt werden unterschiedliche Formen und Möglichkeiten der Mensch-Umwelt bzw. Mensch-Maschine-Interaktion skizziert.

Modalitäten und Formen von Mensch-Maschine-Interaktion
In der Interaktion mit ihrer Umwelt setzen Menschen multi-modale, sensomotorische Stimuli und Kombinationen davon ein. Diese umfassen Sehvermögen, vestibuläre Wahrnehmung, Propriozeption, Hörvermögen, Tastsinn, Geschmack und Geruch [38]. Die menschlichen Sinne bilden dabei jene Schnittstelle, die die Interaktion mit der Umwelt ermöglicht. Im Gegensatz zu einem mono-direktionalen Kausaleffekt, bezeichnet *Interaktion* einen Prozess, der sich in aufeinander bezogenen, wechselseitigen Effekten zweier oder mehrerer Objekte wiederspiegelt. Diese eher breite Definition von Interaktion berücksichtigt sowohl physiologisch-technische als auch soziale Interaktion und eignet sich daher dafür, unterschiedliche Formen von Mensch-Maschine-Interaktionen einzubeziehen.

Die „klassischen" menschlichen Sinne umfassen Seh- und, Hörvermögen, Geschmacks- und Geruchssinn sowie die Somatosensorik. Darüber hinaus wurden weitere Sinne entdeckt und analysiert, wie z.B. der Gleichgewichtssinn (vestibuläre Sinne), Thermorezeption, Propriozeption, Nozizeption (z.B. Schmerz), Chronorezeption (Wahrnehmung von Zeit) [39]. Davon sind einige multi-modale Kombinationen existierender Formen, andere hingegen stehen nicht in Beziehung zu Sinnesorganen, wie beispielsweise die Chronorezeption. Grundsätzlich bezieht sich Exterozeption (Außenwahrnehmung) im Wesentlichen auf die außenliegende Umwelt und Interozeption auf die Wahrnehmung interner Vorgänge des Körpers (z.B. Wahrnehmung von Hunger) [40]. Es handelt sich in beiden Fällen um Interaktionskanäle, die entweder nach innen oder nach außen gerichtet sind.

Die skizzierte multi-modale Interaktion des Menschen mit der ihn umgebenden Umwelt spiegelt sich zunehmend in multi-modalen Mensch-Maschine-Schnittstellen, z.B. in haptischen, visuellen, auditiven und haptisch-ostensiven Schnittstellen sowie damit verbundenen Technologien wieder [41, 42, 43]. Die meisten dieser Technologien konzentrieren sich bis heute auf die fünf klassischen Sinne der Exterozeption. Eine Ausnahme bilden die Gehirn-Computer-Schnittstellen [20, 16] beispielsweise in Exoskeletten [44] oder Neuroprothesen [3]. In ihnen offenbart sich das Potenzial zur Untersuchung und stärkeren Berücksichtigung interozeptiver Interaktionskanäle.

Dieser kurze Überblick zeigt, dass Mensch-Maschine-Interaktion nicht nur in zunehmendem Maße multi-modal ist sondern sich Schnittstellen innerhalb die menschliche Physiologie verschieben und dadurch neue Interaktionskanäle denkbar werden.

2.5.4 Hybride Mensch-Maschine Systeme als aufgabenzentrierte, verteilte, physio-kognitive Systeme

Wie bereits angeführt wurde, berücksichtigen „klassische" Designansätze, die sich in der Regel auf abstrakte Systemfunktionen beziehen, die konkrete Interaktion zwischen Nutzer und Artefakt gar nicht oder nur unzureichend. Im Forschungsfeld der Mensch-Maschine-Interaktion und der Robotik wird das Mensch-Maschine-System definiert als die Beziehung beobachtbarer, messbarer Prozesse, die während der Erfüllung bewusst kontrollierter (vorgegebener oder frei gewählter) Aufgaben in der Nutzung von Maschinen entstehen. Dementsprechend bestehen Mensch-Maschine-Systeme aus mindestens zwei Komponenten: dem menschlichen Agenten und der genutzten Maschine [45, 46]. Aus einer anderen Perspektive betrachtet, bestehen sie aus zwei verschiedenen Systemen, die bedingt durch ihre komplementäre Beziehung zueinander in Verbindung stehen. Im Rahmen des Designs von Mensch-Maschine-Systemen werden die zu erfüllenden Aufgaben, Aufgabenhierarchien und -wechselwirkungen analysiert, um die Systemperformance zu beschreiben und vorherzusagen. An dieser Stelle ist jedoch nur festzuhalten, dass die gemeinsame Aufgabe die Grenzen des Mensch-Maschine Systems determiniert. Eine ausführliche Auseinandersetzung mit Verfahren der Aufgabenanalyse (task analysis) findet sich beispielsweise bei Hollnagel [47]. Eine auf den Affordanz-Ansatz von Gibson bezogenes Verfahren wurde z.B. von Morineau beschrieben [32].

Bezugnehmend auf die oben eingeführte Definition von Mensch-Maschine-Systemen ist festzustellen, dass eine *bewusste Kontrolle* (durch den Menschen) vorausgesetzt wird. Dadurch werden neuronale Schnittstellen aus der Definition ausgeschlossen und die Mensch-Maschine-Interaktion weitestgehend auf grafische oder auditive Nutzer-Schnittstellen reduziert. Aus diesem Grund beabsichtigen wir die Herleitung einer breiteren Definition von Mensch-Maschine-Systemen, um verschiedene Formen von Mensch-Maschine- und Mensch-Werkzeug-Interaktion erklären und integrieren zu können.

Systemdefinition
Ausgehend von Erkenntnissen aus den Kognitionswissenschaften (insbesondere dem Gebiet der verteilten Kognition und der ökologischen Psychologie), den Computerwissenschaften sowie Erkenntnissen aus dem Bereich Menschliche Faktoren und Ergonomie (engl. HFE) leiten wir eine Definition so genannter **aufgabenzentrierter, verteilter, physio-kognitiver Systeme (AVPKS)** her. AVPKS sind Systeme, die aus physiologischen, physischen sowie kognitiven Komponenten bestehen. Sie sind insofern als „verteilt" zu bezeichnen, als sie über mehr als eine Entität (z.B. den Menschen und das Artefakt) verbreitet sind. Mit dem gemeinsamen Ziel eine spezifische Aufgabe auszuführen, sind sie über die Realisierung mindestens einer gemeinsamen Aufgabe und über mindestens einen gemeinsamen Interaktionskanal miteinander verbunden. Wenn wir den Menschen und das (interaktive) Artefakt als ein System betrachten und annehmen, dass jedes System zur Erfüllung mindestens eines gemeinsamen Zwecks existiert (z.B. Heben eines schweren Gewichts, Zeichnen einer Ellipse in Hypergravitation) so konstituiert die gemeinsame Aufgabe nicht nur den Systemzweck sondern definiert gleichzeitig die Systemgrenzen.

Relevante Sub-Systeme
Um Komplexität zu reduzieren und eine holistische Perspektive zu ermöglichen, wird die Darstellung von Sub-Systemen vereinfacht, indem interne Wechselwirkungen nicht betrachtet werden. Es wird zwischen menschenbezogenen Subsystemen und maschinen- oder werkzeugbezogenen Subsystemen unterschieden. Menschenbezogene Subsysteme umfassen das Sensorsystem (Exterozeption und Interozeption), das kognitive System (d.h. das Gehirn), das skeletto-muskuläre und das endokrine System (d.h. das Hormonsystem). Maschinenbezogene Systeme bestehen aus einem ausführenden System, das entweder eine Bewegung oder Handlung ausführt (basierend auf der Interpretation eines Impulses) oder eine Darstellung liefert (basierend auf der Übersetzung einer Information/eines Impulses in eine visuelle oder auditive Form, die der Mensch wahrnehmen/dekodieren kann),

einem Informationssystem (Informationsverarbeitung und -speicherung, Logiksystem, Regelbasen für Entscheidungsprozesse) und einem Sensorsystem. Die zentrale Frage lautet nun, welche der menschlichen und maschinell-künstlichen Subsysteme bei der Ausführung spezifischer Aufgaben miteinander interagieren?

Interdependenzen und Interaktionsschleifen
Im Forschungsfeld der Mensch-Computer-Interaktion wird der Begriff der Interaktionsschleife (engl. *loop*) als Fluss von Informationen zwischen Mensch und Computer definiert [48]. Die Idee der Interaktionsschleife ist jedoch nicht auf Mensch-Computer-Interaktionen allein begrenzt. Sie kann auf die Mensch-Maschine- bzw. die Mensch-Werkzeug-Interaktion im Allgemeinen übertragen werden, vor allem vor dem Hintergrund, dass physische Artefakte zunehmend Informationssysteme enthalten. **Abb. 2.7** zeigt Interaktionsschleifen in verschiedenen AVPKS. Sie zeigen die variierenden Positionen von Schnittstellen (innerhalb – aufgesetzt – außerhalb) ebenso wie die Art und Weise der Interaktion verschiedener Subsysteme.

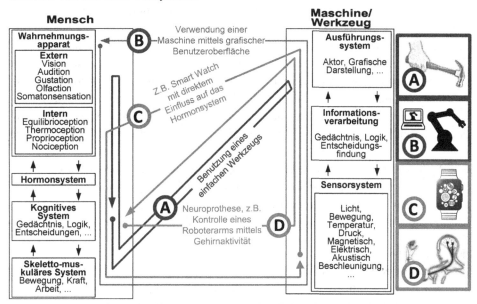

Abb. 2.7: Interaktionsschleifen und sich verschiebende Mensch-Maschine-Schnittstellen in aufgabenzentrierten, verteilten, physio-kognitiven Systemen

In der Interaktionsschleife A wird der Gebrauch des Werkzeugs (Hammer) durch den Agenten bewusst initiiert (kognitives System). Dies führt zur Bewegung der Hand und im weiteren Verlauf zur Bewegung des Werkzeugs (skeletto-muskuläres System). Aufgrund der zuvor beschriebenen statistischen Gesetzmäßigkeiten und der daraus resultierenden Kontinuität der Interaktion wird in diesem Fall das externe Werkzeug vom Nutzer als Teil des Körperschemas und entsprechend als eine Art Erweiterung des Körpers wahrgenommen (kognitives System).

Die Interaktionsschleife B beschreibt die Mensch-Maschine-Interaktion durch grafische Nutzerschnittstellen (graphical user interfaces/GUI) und/oder auditive Schnittstellen (voice user interfaces/VUI). Auf Basis der visuellen oder auditiven Wahrnehmung der Tätigkeit einer Maschine, die auf der GUI oder VUI durch das ausführende System repräsentiert wird, z.B. in Form eines Fehlerreports, wird die Information durch das kognitive System des Menschen verarbeitet und dient als Grundlage für Entscheidungsfindungsprozesse. Die Entscheidung wird dann durch Eingabe von Befehlen über eine haptisch-ostensive Schnittstelle wie bspw. durch Maus oder Tastatur (skeletto-muskuläres System und sensorisches System) an die Maschine transferiert. Der darauf folgende Informationsverarbeitungsprozess innerhalb der Maschine (Informationssystem) erfolgt in einer Aktion, die von der Maschine ausgeführt wird. Diese Aktion wird wiederrum vom menschlichen Kognitionsapparat interpretiert und übersetzt.

Die Interaktionsschleife C skizziert ein bislang fiktives Beispiel einer *smart watch* (oder eines vergleichbaren, tragbaren Gerätes), die beispielsweise ermittelt, wann die Obergrenze des Blutzuckerspiegels eines Diabetespatienten erreicht ist (Sensorsystem der Maschine) und sich dann entweder erwärmt oder aber die Ausschüttung von Hormonen durch den direkten Einfluss auf das endokrine System initiiert, indem beispielsweise Botenstoffe ausgeschüttet werden, die den Appetit auf kohlehydratreiche Ernährung reduzieren.

Die Interaktionsschleife D zeigt einen Menschen, der seine Motor-Neuroprothese in Form eines verlängerten Roboterarms über Elektroden in seinem Gehirn (kognitives System) steuert. Der Informationsverarbeitungsprozess wie auch die Regulierung der elektrischen und neuronalen Signale findet dabei nicht im Gehirn statt sondern in einem externen Prozessor (Informationssystem), welcher simultan den Roboterarm (ausführendes System) steuert.

Die aufgeführten Beispiele zeigen, wie vielseitig Mensch-Maschine- oder Mensch-Werkzeug-Interaktion ist und wie der Mensch nicht nur kognitiv, sondern auch physiologisch mit dem Artefakt in entweder loser (Beispiel A) oder eng gekoppelter Verbindung steht (Beispiel D).

2.5.5 Fazit und Ausblick

Sowohl aus der Kombination verschiedener Interaktionsformen, -typen und -kanäle als auch der Kombination interner, aufgesetzter und externer Schnittstellen erwachsen neue Möglichkeiten für das Design hybrider Mensch-Maschine-Systeme. Der vorgestellte konzeptionelle Rahmen liefert einen holistischen Überblick, der Entwicklern bei der Suche nach neuen Kombinationen und Wegen unterstützen soll, indem Analysen aufgabenzentrierter Interaktionsschleifen durchgeführt werden, die sich auf das Affordanz-Konzept stützen (z.B. komplementäre Eigenschaften verschiedener Systeme). Für Ingenieure besteht die große Herausforderung in der Integration dieser multi-modalen Interaktionsformen und -schnittstellen. Die neuen Möglichkeiten, die multi-modalen Mensch-Maschine-Schnittstellen bieten, bringen Herausforderungen in den folgenden vier Feldern mit sich: die Integration von Mensch-Maschine-Systemen (Systembiologie, ingenieurswissenschaftliche Systemintegration, integrative Psychologie), Epistemologie und MMI-Modellierung, Sicherheit (Systemkontrolle, numerische Modellierung) [12] und schließlich im

Bereich der Ethik, Technikfolgeabschätzung und Akzeptanzforschung. Die Kopplung multi-modaler Schnittstellen in AVPKS findet auf unterschiedlichen Ebenen statt und impliziert physiologisch/biologisches Koppeln (z.B. beinhaltet eine sensor-motorische Kopplung, die Transformation sensorischer Koordinaten in motorische Koordinaten), genauso wie die Herstellung logischer und informationeller Verknüpfungen (z.B. hinsichtlich der Wahl des logischen Referenz- oder „Wissenssystems"). Schnittstellen bedürfen einer Integration in die Dynamik menschlichen Handelns und Verhaltens, seine Kognition, Sensomotorik und Emotionen und dementsprechend in die strukturelle und funktionale Organisation des Körpers. In diesem Sinne, sollten wir uns bei der Entwicklung zukünftiger Maschinen und Mensch-Maschine-Schnittstellen stets beides fragen: *wer* und *was* ist der Nutzer.

Literatur

[1]   Wolpaw, J. R.; Birbaumer, N.; McFarland, D. J.; Pfurtscheller, G.; Vaughan, T. M.: Brain-computer interfaces for communication and control, in: Clinical Neurophysiology, Elsevier Science, Amsterdam, 2002, S. 767-791.

[2]   Vallabhaneni, A.; Wang, T.; He, B.: Brain-Computer Interface, in: Neural Engineering, Springer US, 2005, S. 85-121.

[3]   De Mauro, A.; Carrasco, E.; Oyarzun, D.; Ardanza, A.; Frizera-neto, A.; Torricelli, D.; Pons, J. L.; Agudo, A.G.; Florez, J.: Advanced Hybrid Technology for Neurorehabilitation: The HYPER Project, in: Advances in Robotics & Virtual Reality, Hrsg.: Gulrez, T. und Hassanien, A. E., Springer-Verlag, Berlin Heidelberg, 2012, S. 89-108.

[4]   Kraiss, K.-F.: Advanced Man-Machine Interaction. Fundamentals and Implementation, Springer, Berlin Heidelberg, 2006.

[5]   Großhauser, T.; Hermann, T.: Multimodal closed-loop human machine interaction, in: Proceedings of ISon 2010, 3rd Interactive Sonification Workshop, KTH, Stockholm, 2010.

[6]   Karpouzis, K.; Raouzaiou, A.; Drosopoulos, A.; Ioannou, S.; Balomenos, T.; Tsapatsoulis; Kollias, S.: Facial Expression and Gesture Analysis for Emotionally-Rich Man-Machine Interaction, in: 3D Modeling and Animation: Synthesis and Analysis Techniques for the Human Body, Hershey, 2004, S. 175-200.

[7]   Norman, D. A.: Stages and levels in human-machine interaction, in: International Journal Man-Machine Studies, Academic Press, London, 1984, S. 365-375.

[8]   Norman, D. A.: Psychology of Everyday Things, Basic Books, New York, 1988.

[9]   Zhang, J.; Norman, D. A.: Representations in Distributed Cognitive Tasks, in: Cognitive Science Journal, Elsevier, New York, 1994, S. 87-122.

[10]   Wright, P. C.; Fiels, R. E.; Harrison, M. D.: Analyzing human-machine interaction as distributed cognition: The resources model, in: Human-Computer Interaction, Philadelphia, 2000, S. 1-4.

[11]   Boy, G. A.: Orchestrating Human-Centered Design, Springer, London, 2013.

[12]   Fass, D.: Augmented human engineering: a theoretical and experimental approach to human system integration, in: System Engineering – Practice and Theory, Hrsg.: Cogan, B., Intech - Open Access Publisher, Rijeka, Croatia, 2012.

[13]   Meister, D.: The History of Human Factors and Ergonomics, Taylor and Francis, Hoboken, 1999.

[14]   Karwowski, W.: Ergonomics and Human Factors: The paradigms for Science, Engineering, Design, Technology, and Management of Human-Compatible Systems, in: Ergonomics, London, 2005, S. 436-463.

[15]   Kumar, S.; Marescaux, J.: Telesurgery, Springer-Verlag, Berlin Heidelberg, 2008.

[16]   Human enhancement and the future of work, Report from a joint workshop hosted by the Academy of Medial Sciences, the British Academy, the Royal Academy, 2012.

[17]   https://speakerdeck.com/maebert/what-philosophy-and-neuroscience-can-teach-us-about-ux-design (Zugang Juni 2015).

[18]   Engelbart, D. C.: Augmenting human intellect: a conceptual framework, AFOSR-3233 Summary Report, Stanford Research Institute, Menlo Park, 1962.

[19]   Brey, P.: Human Enhancement and Personal Identity, New Waves in Philosophy of Technology, Ed. Berg Olsen, J.; Selinger, E.; and Riis, S.; Palgrave, New York, 2008, S. 169-185.

[20]   Eckhardt, A.; Bachmann, A.; Marti, M.; Bernhard, R.; Telser, H.: Human Enhancement, vdf Hochschulverlag AG, Zürich, 2011.

[21]   Weidner, R.; Kong, N.; Wulfsberg, J. P.: Human Hybrid Robot: a new concept for supporting manual assembly tasks, in: Production Engineering 7(6), 2013, S. 675-684.

[22]   Dictionary of Science and Technology, Barnes and Noble, New York, 1971.

[23]   Strandh, S.: A history of the machine, A&W Publishers, New York, 1979.

[24]   Vaccari, A.: The body made machine, in: The Flesh Made Text: Bodies, Theories, Cultures in the Post-Millennial Era, Thessaloniki, Greece, 2003.

[25]   Reuleaux, F.: The kinematics of machinery. Outlines of a Theory of Machines, Dover Publications, New York, 2012.

[26]   Gibson, J. J.: The Ecological Approach to Visual Perception, Haughton Mifflin, Boston, 1979.

[27]   Gibson, J. J.: The Theory of Affordances, in: Perceiving, Acting, and Knowing: Toward an Ecological Psychology, Hrsg., Shaw, R. and Bransford, J., Lawrence Erlbaum, New York, 1977, S. 67-82.

[28]   Maravita A.; Iriki, A: Tools for the body (schema), in: Trends in Cognitive Science, Elsevier, Philadelphia, 2004, S. 79-86.

[29]   Iriki, A.: The neural origins and implications of imitation, mirror neurons and tool use, in: Current Opinion in Neurobiology, Elsevier, Philadelphia, 2006, S. 660-667.

[30]   Maier, J. R. A.; Ezhilan, T.; Fadel, G. M.: The affordance structure matrix – a concept exploration and attention directing tool for affordance based design, in: ASME Conference on Design Theory and Methodology, Las Vegas, 2007.

[31]   Maier, J. R. A.; Fadel, G. M.: An affordance-based approach to architectural the-
       ory, design, and practice, Design Studies, Elsevier, 2009, S. 393-414.

[32]   Morineau, T.: Turing machine task analysis: a method for modelling affordances
       in the design process, International Journal of Design Engineering, 2011, S. 58-70.

[33]   Galvao, A. B.; Sato, K.: Affordances in product architecture: linking technical
       functions and users' tasks, in: Proceedings of IDETC/CIE, Long Beach, Ca, USA,
       24.-28. September, 2005.

[34]   Duffy, B. R.: Anthropomorphism and The Social Robot, in: Special Issue on So-
       cially Interactive Robots, Robotics and Autonomous Systems, 2003, S. 170-190.

[35]   Descartes, R.: Discourse on Method and Meditations on First Philosophy, Cam-
       bridge Hackett Publishing, Indianapolis, 3. Ausgabe, 1993.

[36]   Duffy, B. R.; O'Hare, G.; Bradley, J. F.; Martin, A. N.; Schoen, B.: Future reason-
       ing machines: mind and body, in: Kybernetes, Ausgabe. 34, 2009, S. 1404-1420.

[37]   Dennett, D.: The Intentional Stance, MIT Press, Cambridge, 1993.

[38]   Sporns, O.; Edelman G.: Bernstein's dynamic view of the brain: the current prob-
       lems of modern neurophysiology (1945), in: Motor Control, 1998, S. 283-305.

[39]   Rao, S. M., Mayer, A. R.; Harrington D. L.: The evolution of brain activation dur-
       ing temporal processing, in: Nat. Neurosience, Ausgabe 4 (3), 2001, S. 317-323.

[40]   Craig, A. D.: Interoception: the sense of the physiological condition of the body,
       in: Current Opinions in Neurobiology, Ausgabe 13 (4), 2003, S. 500-505.

[41]   Schlömer, T.; Poppinga, B., Henze, N.; Boll, S.: Gesture Recognition with a Wii
       Controller, in: Proceedings of the 2nd international conference on Tangible and
       embedded interaction, ACM, New York, 2008, S. 11-14.

[42]   Giuliani, M.; Foster, M. E.; Isard, A.; Matheson, C.; Oberlander, J.; Knoll, A.: Sit-
       uated Reference in a Hybrid Human-Robot Interaction System, INGL, Trim, 2010.

[43]   Dorau, R.: Emotionales Interaktionsdesign Gesten und Mimik interaktiver Sys-
       teme, Springer-Verlag, Berlin Heidelberg, 2011.

[44]   Kazerooni, H.: Exoskeletons for Human Power Augmentation, in: International
       Conference on Intelligent Robots and Systems, IEEE, 2005, S. 3120-3125.

[45]   Sheridan, T. B.; Ferrell, W. R.: Man-Machine Systems: Information, Control, and
       Decision Models of Human Performance, MIT Press, Cambridge, 1974.

[46]   Salvendy, G. (Hrsg.): Handbook of Human Factors and Ergonomics, John Wiley
       & Sons, Inc., Hoboken, New York, 2012.

[47]   Hollnagel, E.: Task Analysis: Why, what, and how?, in: Handbook of Human Fac-
       tors and Ergonomics, Hrsg.: Salvendy, G., John Wiley & Sons, Inc., Hoboken, New
       York, 2012, S. 385-396.

[48]   Newell, A.; Simon, H. A.: Human Problem Solving, Prentice-Hall, Englewood
       Cliffs, New York, 1972.

2.6 Grundlagen einer Theorie und Klassifikation technischer Unterstützung

A. Karafillidis und R. Weidner

2.6.1 Einleitung: Die Heterogenität von Unterstützung

In den letzten Jahren ist eine Vielzahl von unterschiedlichen technischen Systemen entwickelt worden, um Menschen in verschiedenen Situationen des Alltags- und Berufslebens zu unterstützen. Entsprechend ist die Rede von Hilfsmitteln, Unterstützungs- oder Assistenzsystemen. Neben den bereits seit geraumer Zeit vorhandenen Expertensystemen zur Unterstützung von Entscheidungen [1] zählen aktuell hierzu unter anderem automatisierte Systeme mit Industrierobotern [2], Formen der Mensch-Maschine Kooperation, wie z.B. roboterbasierte Schweißsysteme [3], Roboter für den Pflegebereich [4], Exoskelette zur Rehabilitation [5] oder für militärische Anwendungen [6], Hebehilfen [7], elektrische Fahrräder [8], intelligente, elektrische Zahnbürsten [9], verschiedene Prothesen (z.B. für eine Hand [10]) sowie Apps oder webbasierte Navigationssysteme wie Google Maps.

Die durch solche und weitere Anwendungen erbrachte Unterstützung bezieht sich auf sehr unterschiedliche Bereiche und ist ferner mit zum Teil sehr unterschiedlichen Zwecken und Interessen verbunden. Unterstützung kann z.B. darauf abzielen, irgendeine Form von Entlastung herbeizuführen, verlorene Funktionalitäten wieder teilweise oder komplett herzustellen oder vorhandene Fähigkeiten oder Fertigkeiten zu verbessern. Formen der Unterstützung können ferner auf geistige oder körperliche Prozesse (oder eine Kombination davon) bezogen sein. Zwecke der Unterstützung und Entwicklungsmotive sind ebenfalls heterogen: es kann um die Prävention von Krankheiten gehen, um die Wiedereingliederung in Alltag und Beruf, um Qualitätssicherung oder die Steigerung der Produktivität in einer Organisation. Technische Unterstützung kann nicht zuletzt auch bloßem Komfort dienen oder neue Freizeitaktivitäten begründen.

Diese offensichtliche Tatsache der Heterogenität von Unterstützung – ihrer unterschiedlichen Motive, Zwecke, Interessen, konkreten Einsatzbereiche und Bezugsgrößen – wird üblicherweise ignoriert. Im Vordergrund steht bislang das Finden einer technischen Lösung für ein wohldefiniertes, abgegrenztes Problem. Das ist legitim, verhindert aber auch eine angemessene Einschätzung von Potenzialen, Entwicklungslücken und Kombinationsmöglichkeiten. Bislang ist es noch nicht einmal klar, was es eigentlich bedeutet, etwas oder jemand zu unterstützen. Man begnügt sich mit einem Alltagsverständnis. Das reicht aber nicht aus, wenn es darum geht, nicht nur an der technischen Machbarkeit, sondern vor allem auch an der Brauchbarkeit, Akzeptanz, Bedeutung, Alltagstauglichkeit und Verbreitungsmöglichkeit technischer Unterstützung zu arbeiten. Die gesamte Problematik wird darüber hinaus daran deutlich, dass es in der einschlägigen Literatur vollkommen an einer Differenzierung der unterschiedlichen Bedeutungen sowie operativen Unterschiede zwischen Unterstützung, Assistenz und Hilfe fehlt (siehe z.B. [11]). Die allgemeine Kategorie der Unterstützungssysteme hält mit der technischen Entwicklung nicht Schritt. Sie ist dementsprechend überfüllt und unübersichtlich. Das ist nicht nur wissenschaftlich unbefriedigend, es erweist sich auch als Hemmnis für die weitere technische Entwicklung nutzerfreundlicher Unterstützungsformen.

Aus diesen Gründen ist eine Klarstellung längst überfällig. Sie kann Systementwickler in die Lage versetzen, die zukünftigen Herausforderungen in Bezug auf Forschung zu (technischer) Unterstützung und Gestaltung entsprechender Anwendungen mit der erforderlichen Genauigkeit zu adressieren. Außerdem erleichtert eine Klärung den Vergleich und die Beurteilung aktueller Ansätze und Lösungen und erweist sich insbesondere als unabdingbar für die Entdeckung von Lücken und Defiziten in Forschung und Anwendung.

2.6.2 Zwei Herausforderungen: Interaktionsmuster und Einbettung

Ein solches Unterfangen steht vor zwei wesentlichen Herausforderungen, die in diesem ingenieurswissenschaftlich wachsenden Feld bislang kaum Beachtung finden. Zum einen ist eine Identifikation unterschiedlicher *Interaktionsmuster* zwischen einer fokalen Aktivität (einer bestimmten Arbeit, einer Aufgabe, einer Handlung, eines Verhaltens etc.) und einer entsprechenden Unterstützung dieser Aktivität erforderlich. Das ist kein triviales Unterfangen. Schon die Bestimmung der zu unterstützenden Aktivität ist alles andere als selbstverständlich. Nutzer können an ganzen Bündeln von Aktivitäten beteiligt sein. Nur auf Nutzer als kompakte Einheiten zu schauen, verschenkt demnach analytisches Potenzial. Eine höhere Auflösung des Problems wird erreicht, wenn auch die variable Beziehung eines Nutzers zu seinen verschiedenen Aktivitäten und ihrer jeweils möglichen Unterstützung in Betracht gezogen wird. Die Bestimmung der zu unterstützenden Aktivität eines Nutzers wird zudem dadurch erschwert, dass stets mehrere Beobachter mit unterschiedlichen Interessen beteiligt sind. Nutzer haben oftmals einen anderen Fokus auf das Problem als Entwickler und bisweilen auch eine andere als involvierte Freunde, Verwandte, Pfleger, Kollegen oder Vorgesetzte. Die Interaktion zwischen den Aktivitäten von Nutzern und ihrer Unterstützung multipliziert diese Konstellationen auf unvorhersehbare, aber womöglich dennoch kontrollierbare Weise.

Die zweite, eng damit verknüpfte Herausforderung besteht darin, die *Einbettung* der jeweiligen Kopplung von Aktivität und Unterstützung (was wie gesagt die Kopplung von Nutzer und Unterstützung oder auch: von Mensch und Maschine als besondere Spezialfälle dieser allgemeinen Unterscheidung mit einschließt) in ihre Nutzungskontexte zu berücksichtigen. Das betrifft vor allem auch Fragen der Akzeptanz derartiger Systeme, und zwar sowohl die Akzeptanz in ihrem lokalen Interaktionskontext als auch mit Blick auf darüber hinausweisende Umwelten. Lokale Akzeptanzfragen stellen sich insbesondere im Rahmen der Organisation von Arbeit und Produktion, werden aber darüber hinaus auch durch gesellschaftliche Diskussionen zu politischen, wirtschaftlichen, rechtlichen, gemeinschaftlichen (so genannten „sozialen"), ethischen oder bildungsbezogenen Fragen entscheidend beeinflusst. Dieser Einfluss reicht wiederum bis in die Bestimmung unterstützungswürdiger Aktivitäten hinein.

Jeder dieser in **Abb. 2.8** dargestellten zirkulären wechselseitigen Bestimmungen ist jeweils nach oben (*upstream,* hier: nach rechts) und nach unten (*downstream,* hier: nach links) in weitere Kontexte eingebettet, wobei die Form der Einbettung in jedem dieser

Fälle jeweils im Hinblick auf den Grad der Differenzierung, der Dependenz und der Involution (Spezialisierung) genauer untersucht werden kann [12].

Im weiteren Verlauf wird der Fokus auf der ersten Herausforderung liegen. Es geht also zunächst darum, verschiedene Interaktionsformen von Aktivität und Unterstützung zu bestimmen (die erste, linke Schleife in **Abb. 2.8**). Jede weitere Diskussion zu technischer Unterstützung, Unterstützungssystemen oder Mensch-Technik-Interaktion und ihrer jeweiligen Einbettung hängt davon ab, wie diese grundlegende Unterscheidung konzipiert wird. Insofern werden damit auch Richtungsentscheidungen in Bezug auf die zweite Herausforderung der Einbettung getroffen.

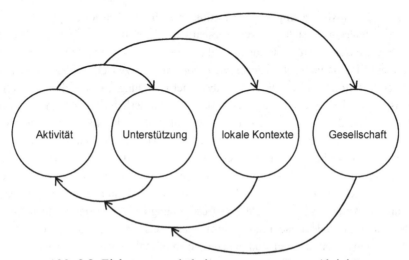

Abb. 2.8: Einbettungsverhältnisse von unterstützter Aktivität

2.6.3　Ansatz: Interdisziplinarität und Beobachter

Der in diesem Abschnitt dargestellte Ansatz setzt auf eine Verbindung von soziologischen und ingenieurswissenschaftlichen Perspektiven. Die Arbeit an Unterstützungssystemen in den Ingenieurswissenschaften hat eine technische Schlagseite. Die soziologische Auseinandersetzung mit „sozialer Unterstützung" [13] hat wiederum eine menschliche Schlagseite. Die augenblicklich zu beobachtenden und diskutierten Probleme und Anwendungen zeichnen sich jedoch im Gegensatz dazu durch Hybridität aus: es handelt sich um vermischte Arrangements aus technischen und menschlichen/organischen Komponenten.

Mögliche Beiträge der Soziologie beschränken sich allerdings nicht auf die soeben erwähnte Forschung zu „sozialer Unterstützung", die im Wesentlichen untersucht, welche Rolle die Integration in Gemeinschaften für das körperliche und psychische Wohlbefinden von Individuen spielt. Die Potenziale der Soziologie liegen eigentlich an ganz anderer Stelle. In den *Science and Technology Studies* und auch in der allgemeinen soziologischen Theorie ist man nämlich längst dazu übergegangen, Kommunikation in Netzwerken zu untersuchen, die aus heterogenen Komponenten bestehen [12, 14]. Diese Überlegungen sind für die Technikentwicklung von großem Interesse. Genau genommen kann man es sich nicht mehr leisten, auf diese Erkenntnisse zu verzichten.

Die angestrebte Interdisziplinarität läuft keinesfalls auf eine klassische Arbeitsteilung zwischen den Ingenieur- und Sozialwissenschaften hinaus. Üblicherweise wird vermutet, dass Soziologen sich um den „Faktor Mensch", die vorherige Ermittlung von Unterstützungsbedarf und die anschließende Untersuchung der Akzeptanz neuer Technologien kümmern, während Ingenieure die technischen Aspekte rund um die Gestaltung und den Aufbau übernehmen. Das ist natürlich auch der Fall, aber es würde die Möglichkeiten der hier angestrebten interdisziplinären Integration unnötig einschränken, wenn es dabei bliebe. Ein Rückgriff auf eine kognitionswissenschaftlich und kybernetisch orientierte Soziologie [15, 16, 17, 18] bedeutet nämlich darüber hinaus, zusätzliche Ressourcen für die Analyse und Konstruktion nichtlinearer, zeitvarianter Systeme zu aktivieren. Unterstützungssituationen sind vielschichtig und daher in der Regel komplex. Eine isolierte Betrachtung der daran beteiligten Organismen, kognitiven Prozesse, technischen Artefakte, von damit verwobenen Erwartungen und Geschichten, sowie von Softwareprogrammen oder kulturellen Institutionen ist immer noch möglich und manchmal notwendig, verfehlt aber das grundsätzliche Problem: dass diese unterscheidbaren Elemente *sozial* – also nichtlinear, nichtkausal und geschichtsabhängig – miteinander verbunden sind. Genauso wie technische Lösungen sich mittlerweile an biologisch entdeckten und beschriebenen organischen Strukturen orientieren, ist es im Rahmen der Forschung zur Interaktion von Mensch und Technik im Allgemeinen und zu technischen Unterstützungssystemen im Besonderen denkbar, sich für technische Lösungen an soziologisch entdeckten und beschriebenen sozialen Strukturen zu orientieren.

Bis dahin ist es trotz allem ein weiter Weg. Die folgenden Überlegungen deuten erste mögliche Synergien in Bezug auf das Thema Unterstützungssysteme an. Die Arbeit an einer allgemeinen Theorie der Unterstützung, die sowohl für die Soziologie als auch für die Ingenieurswissenschaft entsprechende Erkenntnisse liefert und unabhängig von spezifischen Sachbereichen empirisch brauchbar ist, darf das Konzept der Unterstützung nicht von vornherein ausschließlich auf „technische Unterstützung des Menschen" reduzieren. Das wäre eine bereits viel zu starke Einschränkung der Möglichkeiten. Der Ausgangspunkt ist deshalb sehr sparsam und einfach, dafür aber grundlegend: Unterstützung ist immer mit einer beobachtbaren oder wünschenswerten *Aktivität* verbunden, die über verschiedene organische, soziale oder technische Einheiten verteilt ist. Dieser Ausgangspunkt verschiebt die übliche Perspektive von festgelegten Komponenten wie „Mensch" oder „Technik" hin zu Operationen. Das Hauptziel ist dann nicht die Entwicklung von Managementwerkzeugen, Maschinen oder Software als isolierten Komponenten zur Lösung vordefinierter Probleme, sondern es läuft darauf hinaus, Beziehungsmuster zwischen Aktivitäten/Nutzern und ihrer Unterstützung als *Systeme-in-einer-Umwelt* zu untersuchen und zu gestalten [19], die sich immerzu vorübergehend an vorübergehende Lagen anpassen.

Auf diese Weise erweist sich nun die Annahme, dass es sich bei Unterstützungssystemen selbstverständlich um „Menschliche Aktivitäten plus technische Unterstützung" handelt, nur als eine Möglichkeit neben anderen. Empirisch ist mindestens auch der umgekehrte Fall zu beobachten, nämlich dass Menschen technische Aktivitäten unterstützen: Beispiele wären das Einlegen von Werkstücken in Maschinen oder das Eingeben von Daten für maschinelle Datenverarbeitung. Ebenso kann eine technische Aktivität organisatorisch unterstützt werden. Der Siegeszug der Automatisierung ist ohne die Unterstützung durch organisatorische Maßnahmen (Prozesse und Strukturen) kaum denkbar. Natürlich findet auch massenhaft Unterstützung von Mensch zu Mensch statt, sei sie nun moralischer, finanzieller oder emotionaler Art. Man kann ferner das Wachstum von Pflanzen unterstützen genauso wie Tiere Menschen bei der Orientierung (Blindenhunde), gegen Schmuggel (Drogenhunde) oder für Therapiezwecke (Delfine) unterstützen.

Die Liste der Kombinationsmöglichkeiten von verschiedenen Aktivitäten und ihrer Unterstützung ließe sich leicht fortführen. Sie verdeutlicht, dass die entscheidende Aufgabe nicht darin bestehen kann, sie alle zu benennen und dann sauber zu kategorisieren. Sie besteht vielmehr darin herauszufinden, wie unterschiedliche Formen der Unterstützung und Aktivität von verschiedenen *Beobachtern* spezifiziert werden. Wie sind diejenigen Situationen strukturell beschaffen, in denen Beobachter die Unterstützung anderer oder ihre eigene Unterstützung beobachten? Welche Unterscheidungen sind im Spiel, wenn Aktivitäten als unterstützend erkannt und bezeichnet werden? Lassen sich entscheidende Kriterien für die Klassifikation, Gestaltung und Bewertung technischer Unterstützungssysteme bestimmen? Das Resultat sollte unabhängig von bestimmten Systemen, Materialien, Kombinationen und Ebenen anwendbar sein und sowohl Entwickler als auch Forscher in die Lage versetzen, ihr Nichtwissen konkreter fassen zu können [20]. Das Verständnis von Unterstützung wird auf diese Weise weit höher aufgelöst, so dass dann neue technische Ansatzpunkte und Schnittstellen sichtbar werden, die bislang nicht aufgefallen sind oder vernachlässigt wurden und nun ingenieurswissenschaftlich erprobt werden können.

2.6.4   Ziel: Orientierung für technische Designentscheidungen

Das Ziel dieses Abschnitts ist es, die wichtigsten Determinanten zu identifizieren, die eine Spezifikation verschiedener Systeme der Unterstützung (darunter auch: Assistenz und Hilfe) ermöglichen. Genau genommen wird keine Klassifikation vorgestellt, sondern ein *Verfahren*, dessen Anwendung zu einer Klassifikation führt, und zwar immer abhängig von der Problemstellung, vom Interesse und vom Zeitpunkt des Technikeinsatzes. Ergebnis dieses Verfahrens kann folglich keine zeitinvariante Klassifikation sein, sondern vielmehr eine problem- bzw. lösungsorientierte und interessenabhängige Klassifikation zu einem konkreten Zeitpunkt. Eine derartige Klassifikationsmethode ist darüber hinaus auch für die Gestaltung und Einsatzplanung von Unterstützungssystemen und für die Verlaufskontrolle von technischen Entwicklungsprozessen einsetzbar. Sie dient generell als Grundlage der Klärung folgender Punkte, die für technisch relevante Entscheidungen unabdingbar sind:

- Die Entwicklung der konzeptuellen Systemstruktur sowie die allgemeine Gestaltung derartiger Systeme, z.B. die Art der Kooperation, Interaktion und/oder Verbindung entsprechender Komponenten (das betrifft Fragen wie die der Abgrenzung von Aktivität und Unterstützung oder dazu, ob ihre Kopplung seriell oder parallel erfolgt und ob technologische Komponenten des Systems entweder tragbar sind oder stationär installiert werden), sowie

- spezifische Designentscheidungen, z.B. zu den verwendeten Materialien technologischer Elemente, zum Grad der Unterstützung (was letztlich der Frage nach dem Verhältnis zwischen Unterstützung und Aktivität gleichkommt), zur Mobilität des Systems insgesamt oder zur Art der Programmierung (z.B. adaptive oder nicht-adaptive Programmierung, lernfähige Software).

Im Folgenden wird zunächst die Unterscheidung von Aktivität und Unterstützung als entscheidende Analyseeinheit näher vorgestellt. Anschließend werden drei Bestimmungsgrößen identifiziert, die eine Spezifikation möglicher Relationsmuster ermöglichen: das zeitlich-räumliche Verhältnis von (menschlicher) Aktivität und (technischer) Unterstützung, die Form ihrer gegenseitigen Integration sowie die Verortung der Kontrolle. Dies führt mitunter zu einem besseren Verständnis der Randbedingungen, die eine Verschiebung von der Unterstützung einer Aktivität hin zu einer Substitution dieser Aktivität (oder gar der Systemnutzer, z.B. der Mitarbeiter einer Organisation) wahrscheinlich machen. Organisationale Entscheidungen darüber, ob eine Aktivität technisch *unterstützt* oder vielmehr durch Technik *substituiert* wird, sind mit anderem Worten abhängig von spezifischen Kombinationen dieser Kriterien. Außerdem ermöglichen es diese Determinanten, zwischen Assistenz, Hilfe und Unterstützung zu unterscheiden, die bislang als synonym und austauschbar begriffen worden sind. Jede dieser drei Formen weist verschiedene Problembezüge auf. Sie sollten deshalb unterschieden werden, um ihre technischen und sozialen Bedingungen und Konsequenzen präzise adressieren zu können.

2.6.5 Das Dual „Aktivität-Unterstützung" als Untersuchungseinheit

Eine Theorie der Unterstützung darf sich nicht allein auf das Feld der Mensch-Technik-Interaktion (MTI) beschränken, weil sonst Strukturformen der Unterstützung, die in anderen Bereichen entdeckt werden und neue Schnittstellen der MTI andeuten, von vornherein ausgeschlossen sind. Dennoch bezieht sich dieser Beitrag vornehmlich auf die MTI. Diese Entscheidung führt zu einer scharfen, aber augenblicklich äußerst hilfreichen Selektion in Bezug auf die jeweiligen Beispiele und Erläuterungen. Sie dient darüber hinaus der Anschaulichkeit. Deshalb sei darauf hingewiesen, dass „Aktivität" aus Gründen der Einfachheit und Plausibilität hier vornehmlich „menschliche Aktivität" meint und „Unterstützung" vereinfachend auf „technische Unterstützung" hin zugespitzt wird. Das grenzt den Bereich so weit ein, dass eine angemessene Darstellung und Beurteilung dieses Ansatzes möglich wird.[1] Soll eine Klassifikation technischer Systeme der MTI vorgenommen werden, so ist diese Entscheidung implizit ohnehin bereits in dieser Form gefallen.

Im Grunde genommen kann jedes bislang erdachte und verwendete Werkzeug als Unterstützung einer Tätigkeit verstanden werden, die andernfalls zeitaufwändiger und/oder

---

1 Diese Entscheidung ist alltagssprachlich unproblematisch, aber soziologisch extrem verkürzt. „Menschliche Aktivität" bezeichnet einen Prozess, der sich stets in Situationen abspielt, sich also auf verschiedene Objekte, Artefakte, Institutionen und andere Menschen verteilt [21, 22, 23, 24]. Dem steht die in der Forschung zur MTI bislang gängige Vorstellung entgegen, dass Menschen individuelle, klar abgrenzbare Kompaktwesen sind, die für sich selbst transparente Intentionen haben und dadurch angetrieben werden.

kostspieliger und/oder weniger genau durchgeführt werden könnte. Dies kommt dem bekannten Technikverständnis der philosophischen Anthropologie Arnold Gehlens sehr nahe [25]. Seiner Ansicht nach sind Menschen aufgrund ihrer Instinktarmut dazu verdammt, Technologien zu erfinden bzw. zu entdecken. Der Einsatz von Technik dient dann der Organerweiterung, der Organentlastung oder dem Organersatz. So gesehen kann jede Technologie entweder als Unterstützung (durch Erweiterung oder Entlastung) oder als Substitution menschlicher Eigenschaften verstanden werden. Diese Unterscheidung zwischen Unterstützung und Substitution durch Technik gewinnt momentan in einer anderen Form und ganz ohne Bezug auf Gehlen wieder an Aktualität. Sie betrifft die mit ethischen und politischen Implikationen aufgeladene Diskussion im Bereich der Robotik, die sich der Frage widmet, ob die Technik menschliche Aktivitäten unterstützen oder sie vielmehr substituieren soll [26]. Diese Frage wird sich nicht abschließend klären lassen. Vielmehr wird sie in jedem Innovationsprozess immer wieder neu zu stellen und zu beantworten sein. Fest steht nur, dass sie im Nachklang eines Zeitalters der Automatisierung, das im Wesentlichen nur auf Substitution von Mitarbeitern gesetzt hat, überhaupt wieder gestellt wird, das heißt Automatisierung nicht automatisch als erstrebenswert gilt.

Gehlens Annahme ist auf jedes technische Artefakt anwendbar und daher zu umfassend, um für Designfragen und eine Klassifikation von Unterstützungssystemen brauchbar zu sein. Sie hält darüber hinaus einer genaueren Betrachtung nicht Stand. Gehlen ignoriert, dass jede Unterstützungsvorrichtung oder -handlung die Möglichkeiten der unterstützenden Aktivität und des Nutzers neu definiert. Es gibt keinen festgelegten, unveränderlichen Pool von Aktivitäten, die nur darauf warten, unterstützt zu werden. Formen der Unterstützung führen häufig zu neuen Formen der Aktivität, die nicht unbedingt intendiert waren.[2] Unterstützt ein Messer die Jagd oder erzeugt es eine neue Form von Jagdaktivität? Unterstützt es das Töten oder die Verarbeitung von Lebensmitteln? Solche Fragestellungen können nicht objektiv geklärt werden. Sie hängen ab von einem *Beobachter*, der in Abhängigkeit von seiner Einbettung in bestimmte Kontexte (also nicht: willkürlich) bestimmt, auf welche Aktivität er sich überhaupt diesbezüglich fokussiert und ob ein Ding oder eine Handlung diese Aktivität unterstützt oder nicht.

Die Beobachtung ist von großer Bedeutung im Rahmen eines vorzunehmenden Klassifikationsprozesses von Unterstützungssystemen. Sobald Beobachter als integraler Teil einer Klassifikation erkannt werden, kann das Resultat keine unbestreitbare, objektive Kategorisierung mehr sein, die es Entwicklern und Forschern erlauben würde, die Unterstützung sauber und zeitinvariant vom Unterstützten zu trennen. Ebenso wenig läuft es darauf hinaus, anschließend verschiedene technische Systeme eindeutig gegeneinander abgrenzen zu können. Was jedoch gewonnen wird sind die zentralen Unterscheidungen, die Situationen der Unterstützung konkret bestimmen. Das entspricht auch einer Identifikation von

---

2 Deswegen ist es so schwierig und vielleicht sogar irreführend, Nutzerintentionen zu erfassen, um sie in technische Steuerung von Maschinen übersetzen zu können [27]. In Auseinandersetzung mit der Technik entstehen nämlich typischerweise neue Intentionen, die den Nutzern nicht notwendig sofort bewusst sind und die auch von Entwicklerseite (schon aus Sicherheitsgründen) gar nicht vorgesehen sind (so in Bezug auf Prothesen [28]).

Kriterien zur Unterscheidung und Differenzierung technischer Systeme. Betrachtet werden können hierbei unterschiedliche Beobachter, Kontexte, Interessen und Zeithorizonte. Die Beobachtung von Unterstützung ist notwendig gebunden an die Unterscheidung zwischen irgendeiner Aktivität einerseits und der damit verbundenen Unterstützung andererseits. Obwohl es sich genau genommen in beiden Fällen um Aktivitäten handelt, wird im Folgenden die unterstützende Aktivität als „Unterstützung" und die unterstützte Aktivität als „fokale Aktivität" bezeichnet.

Ohne diese Unterscheidung ist eine Entwicklung von Unterstützungssystemen nicht möglich. Sie wird selten ausdrücklich und sichtbar getroffen. Jedoch ist sie alles andere als selbstverständlich. Vielmehr kann diese Unterscheidung eine umstrittene, unsichere und mithin sogar konfliktreiche Angelegenheit sein. Man denke z.B. an einen Manager, der die beteiligten Mitarbeiter im Rahmen einer gemeinschaftlich zu bewältigenden Aufgabe aufteilt in diejenigen Mitarbeiter, die die Aktivität ausführen und diejenigen, die sie dabei unterstützen. Diese Einschätzung kann (und wird) von der Wahrnehmung und Interpretation der Mitarbeiter abweichen. Sollte das der Fall sein, wird es die Art und Weise verändern, wie die Mitarbeiter in Zukunft wechselseitig ihre Arbeit beurteilen und wie sie zusammenarbeiten. Die Beziehungen zum Manager werden sich ebenso wandeln wie die Verteilung der Motivation innerhalb der Gruppe. Dies verweist auf eine allgemeine Eigenschaft dieser Unterscheidung: sie erzeugt und vermittelt Unterschiede in Bezug auf Kompetenz, Status oder hierarchischer Position. Die Unterstützung wir im Gegensatz zur Aktivität als minderwertig eingeschätzt. Diese mittransportierte unterschiedliche Bewertung der beiden Seiten dieser Unterscheidung ist kontingent, kann also unterschiedlich ausgeprägt sein. Diese Asymmetrie der Wertung von fokaler Aktivität und Unterstützung, die sich bereits auf dieser einfachsten Ebene der Form der Unterscheidung zeigt, wird für zukünftige Analysen der Akzeptanz von Unterstützungssystemen ein ausschlaggebender Punkt sein.

Strukturen der Aktivität

„Aktivität" betont den verteilten und verkörperten Charakter sozialer Operationen [21]. Aktivitäten sind zudem stets Teil von Situationen, in denen sie sich entfalten. Sie sind situiert [22]. Ein entsprechender Begriff von Aktivität schließt individuell zugerechnete Handlungen genauso ein wie unbewusstes Verhalten von Organismen, ist aber nicht darauf beschränkt. Auch Artefakte, lebende Körper und materielle Objekte sind typischerweise Teil situierter Aktivitäten.

Für die Entwicklung einer generellen Vorstellung von Unterstützung hat das Konzept der Aktivität mehr Potenzial als die klassischen soziologischen Begriffe der Handlung oder des Verhaltens. Das ist recht einfach zu illustrieren. Um Aktivitäten zu beobachten und zu beschreiben, muss z.B. nicht vorab geklärt werden, ob Computer, Roboter oder Muskeln sinnverstehend handeln oder nicht. Eine solche Frage führt nicht weiter, denn es steht außer Frage, dass auch nicht-menschlichen Einheiten oder einzelnen organischen Elementen (Nerven, Knie, Muskeln) Aktivitäten zugerechnet werden. Vor allem von informatisierten technischen Strukturen gehen massenhaft Aktivitäten aus. Das beweist schon ein rascher Blick auf High-Frequency-Trading. Der Begriff der Aktivität ist also weniger restriktiv als Handlung und Verhalten. Auf diese Weise können deshalb die Aktivitäten eines Computers, einer Gesellschaft, einer Gruppe, eines Roboters, eines Tieres, eines Menschen, eines Knies, eines Muskels oder eines Nervensystems allesamt als komplexe Bündel von Operationen untersucht werden, die verkörpert und auf verschiedene Einheiten verteilt sind.[3]

Das Fahren eines modernen Autos ist ein einfaches Beispiel. Autofahren ist eine Aktivität, die über unterschiedliche, teilnehmende Einheiten verteilt ist, unter anderem einen Motor, Prozessoren, den Fahrer und verschiedene assistierende Systeme. Normalerweise ist man geneigt, die Aufmerksamkeit nur auf den Fahrer als „Nutzer" zu legen. Schon hier wird zu selten berücksichtigt, dass nicht nur der Fahrer als Mensch eine Rolle spielt, sondern sein Handeln und Erleben eine Dynamik aufweist, die weniger von seinen psychischen und körperlichen Befindlichkeiten abhängt, als von seiner situativen Einbettung in soziotechnische Netzwerke. Handeln und Erleben werden beim Autofahren durch weitere technische Systeme wie den Bremsassistenten, Navigationssysteme oder die Abstandsregelung unterstützt. Ein Beobachter dieser spezifischen Einheit aus einer bestimmten Aktivität (also z.B. „Abstand halten" oder „navigieren") und ihrer Unterstützung kann diese Einheit wiederum als eigene Aktivität betrachten und beobachten, so dass für ihn die entscheidende Unterstützung dieser Aktivität nicht durch die Technik, sondern durch die Anweisungen des Beifahrers oder seine ruhige Stimme erfolgt. Die Verteiltheit und Komplexität von Aktivitäten erlaubt verschiedene Möglichkeiten der Beobachtung von Unterstützung. In praktischen Anwendungskontexten zählt eben nicht nur die von Entwicklern zum Zeitpunkt des Designs intendierte Unterstützung. Ob sie alle für die Konstruktion von Unterstützungssystemen unmittelbar relevant sind, bleibt zunächst freilich offen. Allerdings kann ein anpassungsfähiges Klassifikationsverfahren eine entsprechende Beurteilung erleichtern und auf diese Weise unterstützen.

Um Form, Ausmaß und Einsatzbereich von Unterstützung bestimmen zu können, müssen Beobachter (z.B. Ingenieure, interessierte Zuschauer, Nutzer, Journalisten, Roboter oder Unternehmen) zunächst eine Aktivität aus dem laufenden sozialen Prozess herauslösen. Die dadurch hervorgehobene Aktivität kann z.B. eine Handlung sein, einen Verhaltensausschnitt beschreiben, eine Aufgabe benennen oder eine Bewegung beschreiben. Sie steht dann im Fokus der Beobachtung. Sowohl kognitions- als auch kommunikationstheoretisch ist eine solche Selektion (Herauslösung, Einklammerung) unausweichlich, das heißt es handelt sich um eine notwendige Bedingung für Beobachtung und die davon abhängige Erzeugung von Information [16, 17, 30, 31, 32, 33]. Auf Grundlage dieser Selektion können Beobachter erkennen, dass die im Fokus befindliche (fokale) Aktivität in irgendeiner Weise unterstützt wird oder sie können sich (aus welchen Gründen auch immer) auf die Suche nach Unterstützungsmöglichkeiten begeben. So werden für bestimmte Beobachter in bestimmten Situationen Unterstützungsbedarfe erkennbar. Das kann z.B. ein Bedarf nach moralischer, finanzieller, emotionaler oder eben technischer Unterstützung sein. Jedenfalls wird es nun möglich zu fragen, ob eine bestimmte Form der Unterstützung

---

3 Die soziologisch gewonnene Beobachtung, dass Aktivitäten Bündel von Operationen beschreiben, die in Situationen über mehrere Einheiten verteilt sind, korrespondiert mit Beschreibungen von *distributed actuators* [29].

gewünscht oder erforderlich ist, um eine bestimmte Aktivität zu realisieren, zu erleichtern oder zu optimieren.

Die Beobachtung von Unterstützung

Ist die Unterscheidung zwischen Aktivität und Unterstützung erst einmal getroffen – und es ist keinesfalls eine Notwendigkeit, soziale Prozesse[4] mit Hilfe dieser Unterscheidung zu beobachten –, wird Unterstützung zu einer Aktivität, die ausschließlich auf die Intention, den Zweck oder den Verlauf der fokalen Aktivität ausgerichtet ist. *Unterstützung ist also eine Aktivität, die keinen eigenen Zweck setzt, keiner eigenen Intention folgt und auch keinen selbstbestimmten Verlauf aufweist.* Zweck, Intention und Verlauf sind jeweils vollkommen durch die fokale Aktivität bestimmt. Es ist wichtig, diesen Punkt sehr genau zu betrachten, um Missverständnisse zu vermeiden. Natürlich kann jemand eine Person oder eine bestimmte Sache aus strategischen Gründen unterstützen und eigene Ziele verfolgen, die von denen abweichen, die die unterstützte Aktivität zu erreichen versucht.[5] Allerdings muss die unmittelbare Unterstützungsoperation selbst effektiv funktionieren – das heißt sie muss unabhängig von womöglich zugrunde liegenden Interessen und Gründen als Unterstützung erkennbar und wirksam sein. Sie wird sonst nicht als Unterstützung beobachtet. Dieses Verständnis von Unterstützung ist also an der Frage orientiert, *wie* Unterstützung erfolgt und nicht, *warum* sie erfolgt. Nur in diesem Sinne muss Unterstützung ohne eigene Zwecksetzung und Intention auskommen: es wird erwartet, dass sie ausschließlich auf die Aktivität ausgerichtet ist, die unterstützt werden soll. Unterstützungsleistungen können durchaus eine Art Eigenleben entwickeln. Das ist häufig der Fall. Aber dann werden sie entweder nicht mehr als Unterstützung beobachtet oder als problematisch markiert. Man denke beispielsweise an manche IT-Abteilungen in Organisationen, die häufig eigene Strategien ausbilden und deshalb Konflikte erzeugen.

Zusammenfassend lässt sich festhalten, dass jede Aktivität entweder mit oder ohne Unterstützung durchgeführt werden kann. Wie beschrieben handelt es sich hierbei um eine komplizierte Angelegenheit: Es hängt von der Interpretation eines Beobachters ab, ob (a) eine fokale Aktivität aktuell durch davon unterscheidbare Komponenten unterstützt wird oder nicht und (b), sofern davon ausgegangen wird, dass Unterstützung vorliegt, wo exakt die Linie zwischen der fokalen Aktivität und ihrer Unterstützung verläuft.

Es ist in einem technischen Kontext zunächst wenig befriedigend, sich von solch vagen empirischen Aspekten wie „Interpretation von Beobachtern" abhängig zu machen. Aber

---

4 Es ist außerhalb soziologischer Forschung nicht immer ganz klar, was mit „sozial" gemeint ist. Deshalb sei daran erinnert, dass ein sozialer Prozess nicht auf besondere Fürsorge oder Geselligkeit abzielt, sondern Prozesse der interaktiven Relationierung von prinzipiell unabhängigen Einheiten bezeichnet. Das kann sich klassisch auf Interaktion zwischen Menschen beschränken, geht aber heute weit darüber hinaus und schließt die Interaktion heterogener Einheiten mit ein, also z.B. auch die Interaktion zwischen Menschen und Maschinen. Die Beobachtung entsprechender Relationen ist zunächst unabhängig davon, wie wir sie im Alltag bewerten. Ein gewaltsamer Konflikt ist nicht weniger sozial als eine liebevolle Umarmung (ganz im Gegenteil). Die Politik ist genauso sozial wie die Klärung von Rechtsfragen, ethische Bedenken sind es ebenso wie die Organisation von Arbeit.
5 Man beachte, dass die meisten Aktivitäten unseres Alltagslebens gar keine vorgefassten Ziele haben, sondern situationsabhängige, lokale Handlungen sind [34].

daraus ergibt sich ein reichhaltigeres Bild der praktischen Situation, in der mögliche Unterstützungssysteme zum Einsatz kommen sollen. Entscheidend ist letzten Endes, dass
diese erste Unterscheidung im Alltags- und Arbeitsleben tatsächlich so getroffen wird und
die notwendigen Randbedingungen für die Gestaltung von Unterstützungssystemen liefert. Für jede Gestaltung technischer Unterstützungssysteme ist die Differenz von Aktivität und Unterstützung die untrennbare, grundlegende Gestaltungs- und Untersuchungsein-
heit. Es ist deshalb mindestens hilfreich, wenn nicht sogar notwendig, ihre strukturellen
Eigenheiten zu berücksichtigen und damit rechnen zu können.

2.6.6 Die Bestimmung von Relationen in Aktivitäts-Unterstützungs-Einheiten
Die allgemeinen Erwägungen werden nun näher spezifiziert. In diesem Abschnitt werden
dazu weitere Unterscheidungen eingeführt, die Entwickler und Nutzer in die Lage versetzen, Unterstützungssysteme beobachterabhängig zu klassifizieren. Es werden drei grundlegende Determinanten identifiziert, nämlich die *raum-zeitliche Relation*, die *Form der
Kopplung* sowie die *Verortung von Kontrolle*. Mit ihnen lassen sich Einheiten aus Aktivität und Unterstützung näher charakterisieren. Nimmt man es wissenschaftstheoretisch genau, ist das Ergebnis keine Klassifikation mit starren Grenzlinien und eindeutigen Zuord-
nungen, sondern ein Vergleichsschema, mit dem sich die empirischen Unterschiede diverser technischer Systeme weitaus elastischer und feiner bestimmen lassen [35].
Diese minimale Liste von Determinanten ist keinesfalls vollständig. Aber diese drei Aspekte sind aus Sicht der Autoren unerlässlich, wenn es um die Entwicklung und Untersuchung von Unterstützungssystemen geht. Man beachte, dass jede dieser Determinanten
sich auf die *Relation* zwischen fokaler Aktivität (eines Nutzers) und ihrer Unterstützung
bezieht. **Abb. 2.9** gibt einen Überblick über drei mögliche Pfade und bildet die Grundlage
für das weitere Vorgehen, das auf jeden dieser Schritte etwas ausführlicher eingehen wird.
Die dargestellten Pfade beschreiben drei mögliche Formen der Unterstützung vom allgemeinen Ausgangspunkt bis hin zu detaillierteren Fragen. Die anderen Positionen, von denen in der Abbildung keine weiteren Aufspaltungen ausgehen, lassen sich auf die gleiche
Art und Weise differenzieren, das heißt die Unterscheidungsmuster sind auf jeder Position
(auch mehrfach bzw. verschachtelt) anwendbar. Aus Gründen einer möglichst einfachen
Darstellung werden in diesem Beitrag lediglich drei Pfade aufgezeigt. Die erste Unterscheidung aus **Abb. 2.9** ist bereits ausführlich beschrieben worden. Es folgen nun im Einzelnen die drei genannten Determinanten, um die Grundidee hinter diesem Klassifikationsverfahren deutlich werden zu lassen.

Die zeitlich-räumliche Relation zwischen Aktivität und Unterstützung
Jede Aktivität (von Nutzern) steht grundlegend in einem näher bestimmbaren zeitlich-
räumlichen Verhältnis zu ihrer Unterstützung. Einerseits können eine Aktivität und ihre
Unterstützung *kopräsent* ablaufen, was zunächst auf einen geringen räumlichen und zeitlichen Abstand hinweist. Körperliche Unterstützung in Pflegesituationen gehört dazu, aber
auch das Führen der Hand eines Kindes, das gerade das Schreiben lernt. Andererseits kann
es sich um eine räumlich und zeitlich *verstreute* Relation handeln. Beide Klassen können

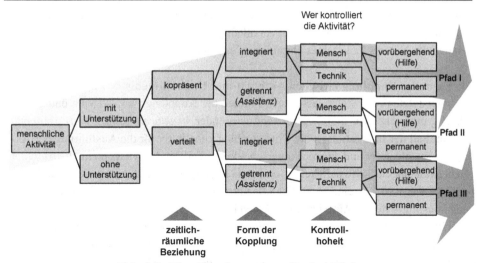

Abb. 2.9: Klassifikationsprozess für drei Pfade

natürlich weiter differenziert werden, aber hier (ebenso wie bei der Vorstellung der beiden folgenden Determinanten) geht es zunächst darum, die grundlegende Idee zu illustrieren. Eindeutige Formen verstreuter Unterstützung finden nicht zeitgleich zur fokalen Aktivität und/oder an einem anderen Ort statt. Unterstützung kann im Allgemeinen über große, nicht wahrnehmbare Entfernungen hinweg erfolgen. Zwischen einer Aktivität und ihrer Unterstützung kann sogar eine längere Zeitspanne liegen. Das ist z.B. der Fall bei automatisierten Lösungen mit Industrierobotern, bei Haushaltsrobotern, beim IT-Support per eMail, bei finanzieller und moralischer Unterstützung, bei virtuellen Teams oder bei bestimmten Experten-/Entscheidungsunterstützungssystemen.

Kopräsenz bedeutet, dass die Unterstützung einer Aktivität für involvierte Beobachter, also z.B. für einen Nutzer, für Familienangehörige oder für Kollegen im Prinzip in der Situation unverzögert und unmittelbar wahrnehmbar ist. Aktivität und Unterstützung werden *situativ synchronisiert*. Der zeitlich-räumliche Abstand kann in gewissem Grad variieren, aber sobald die Grenzen der Wahrnehmung bzw. der Situation überschritten werden, liegt keine Kopräsenz mehr vor. Situationen der Kopräsenz zeichnen sich nämlich dadurch aus, dass eine wechselseitige Wahrnehmung des Wahrgenommenwerdens vorliegt [36].

Für Zwecke der Klassifikation technischer Unterstützung kann diese starke Einschränkung verallgemeinert und etwas gelockert werden. Kopräsenz von Aktivität/Nutzer und technischer Unterstützung setzt nicht automatisch durch räumliche Nähe ein, sondern ist nur dann gegeben, *wenn die Technik über Sensoren verfügt, die auf Aktivitäten eines Nutzers selbst und nicht auf die bloße Bedienung durch den Nutzer reagiert*. Hebehilfen oder Personenlifter verfügen meistens über keine Sensorik, sondern nur über Bedienelemente, so dass es sich dabei um eine Form von verteilter Unterstützung handelt, obwohl es unmittelbaren Kontakt mit Objekten bzw. Personen gibt. Bei Exoskeletten oder Implantaten

hingegen ist nicht nur der räumliche Abstand minimal, sondern Aktivität und Unterstützung laufen synchronisiert und es gibt vor allem eine entsprechende Sensorik, die auf Aktivitäten des Nutzers bzw. seines Organismus' reagiert.

Die Form der Kopplung zwischen Aktivität und Unterstützung

Bei unterstützten Aktivitäten lassen sich Formen der Kopplung von Aktivität und Unterstützung unterscheiden, die *integriert operieren* oder *strukturell (kontextuell) gekoppelt*
sind. Im Fall der Integration ist die Unterstützung konstitutiv für die Ausführung der Aktivität – ein integraler und dennoch unterscheidbarer Teil der Aktivität. Wenn die Aktivität
„Gehen mit einer Geschwindigkeit x" und ohne irgendeine Unterstützung nicht ausgeführt
werden kann, weil z.B. eine körperliche Beeinträchtigung vorliegt, dann ist die Unterstützung konstitutiv für die Aktivität und folglich integriert. Dazu zählen auch Fälle, in denen
Aktivität und Unterstützung über materielle Pfade direkt gekoppelt sind. So kann die Aktivität „Ruhiges Sitzen" für Parkinson-Patienten durch entsprechende Hirnimplantate unterstützt werden, die Neuronen und eingesetzte Sonden über elektrischen Strom operativ
koppeln, also integrieren. Darüber hinaus sind sie offensichtlich konstitutiv für diese Aktivität des ruhigen Sitzens.

Strukturell gekoppelte Formen der Unterstützung verändern dagegen die Kontextbedingungen der Aktivität und erleichtern dadurch ihre Ausführung oder fördern die damit verbundene Leistung. Es handelt sich so gesehen um Formen, in denen Aktivität und Unterstützung zwar kopräsent, aber letztlich in gewisser Weise getrennt sind. Beispiele dafür
sind die Assistenz in einem Labor oder das Assistieren eines Managers. Es werden strukturelle Begebenheiten, z.B. durch Vor- und Nachbereitung, so manipuliert, dass bestimmte
Aktivitäten im Labor oder einer Führungskraft erleichtert werden. Das muss natürlich
nicht gleichzeitig passieren und kann auch räumlich getrennt erfolgen. Das zeigt, dass die
Unterscheidungen nicht einfach in linearer Abfolge verstanden werden dürfen, sondern
verschachtelt sind. Es handelt sich um fraktale Unterscheidungen [37]. Sie sind, wie bereits erwähnt, jeweils auf alle Ebenen anwendbar. Im Sinne eines Klassifikationsverfahrens ist es hingegen sinnvoll, die hier vorgeschlagene Reihenfolge zu wahren.

Man gelangt mit dieser Unterscheidungen an eine wichtige Stelle, weil es nun möglich
wird, Assistenz und Unterstützung zu unterscheiden (Hilfe ist wiederum ein Fall für sich,
auf den wir weiter unten zurückkommen). Assistenz und Hilfe sind beides spezielle Formen von Unterstützung. Entscheidendes Kriterium für Assistenz ist die soeben vorgestellte kontextuelle Form von Unterstützung. Der andere Pol, die konstitutive Integration,
entspricht eher dem, was viele Entwickler technischer Unterstützungssysteme oftmals im
Sinn haben. Jedenfalls kann man hier unterscheiden zwischen Service-Robotern, die assistieren, wenn sie Wasser auf einem Tablett reichen oder Dinge aus dem Schrank holen,
und Unterstützungssystemen, die Menschen beispielsweise dabei unterstützen, aus einem
Becher zu trinken. Darüber hinaus unterscheidet sich bei Assistenz die Art, insbesondere
die Richtung, der Interaktion. Bei integrierten Lösungen ist die Interaktion bidirektional
(z.B. vom Nutzer zum technischem System und umgekehrt), im anderen Fall unidirektio-
nal (z.B. vom technischen System zum Nutzer).

Ebenso wie die kopräsente Unterstützung von Aktivitäten kann auch die verstreute Form der Unterstützung eine integrierte und separierte (kontextuelle) Form annehmen. Die Unterteilung einer Aktivität in Teilaktivitäten ist ein Fall von Separierung bei gleichzeitiger räumlicher Nähe. Diese Teilaktivitäten werden dann entsprechend ihrer Eigenschaften entweder der Unterstützung oder der Nicht-Unterstützung (Aktivität) zugeordnet. Ein Beispiel hierfür sind Systeme, die auf dem Ansatz der Mensch-Maschine-Kooperation basieren. Dabei werden die Teilaktivitäten entsprechend der Fähigkeiten und Fertigkeiten des Menschen und der Maschine aufgeteilt. Mensch und Maschine sind dann nicht operativ, sondern strukturell gekoppelt. Der Unterschied in Bezug auf die kopräsente Unterstützung liegt auch in der Art der Interaktion: ihre Intensität ist niedrig. Es kooperieren „zwei Systemteile" – aber nicht in „einem System".

Die zugeschriebene oder intendierte Verortung von Kontrolle
Die Verortung von Kontrolle entweder bei der Aktivität/dem Nutzer oder der Unterstützung nimmt in der MTI eine kritische Position ein. Es kommen bisweilen ethische Bedenken auf, weil es dort schließlich um die Frage geht, ob die Kontrolle des Systems beim Menschen (und den von ihm ausgeführten Aktivitäten) liegt oder die technische Unterstützung vielmehr die menschlichen Aktivitäten kontrolliert. Es wäre jedoch naiv zu glauben, dass es prinzipiell gut und ethisch unbedenklich sei, wenn die Kontrolle immer und ausschließlich bei den Menschen verbleibt.

Von Kontrolle zu sprechen ist missverständlich, weil es einen einseitigen Zugriff suggeriert. Die Kybernetik hat Kontrolle dagegen immer als wechselseitig verstanden [38, 39, 40]. Sie ist nicht nur in jeder Interaktion vorhanden, sondern sie auszuüben heißt immer auch, sich durch das kontrollieren zu lassen, was kontrolliert werden soll. Die Erziehung von Kindern veranschaulicht das Problem. Ein beliebtes technisches Beispiel ist der Thermostat. Kontrolliert die Temperatur den Thermostat oder der Thermostat die Temperatur? Was ist mit Menschen, die steuernd über Regler Einfluss zu nehmen versuchen? Selbstverständlich wird ihr Verhalten durch die Temperatur und durch die Art des Reglers (drehen, tippen etc.) kontrolliert. Es wäre vorschnell und darüber hinaus sehr bedenklich, das sogleich für einen Verlust an menschlicher Autonomie zu halten. Vielmehr zeigt sich hier eine Besonderheit jeder Interaktion, nicht nur von MTI. Schon in solchen sehr einfachen Systemen mit Feedback *kann eine Verortung der Kontrolle nur durch die Festlegung eines Beobachters erfolgen.* Für bestimmte Beobachter, insbesondere für Entwickler von Maschinen im Rahmen der MTI, ist diese Festlegung mit einer Intention verbunden. Maschinen können so geplant und gebaut werden, dass Menschen die Operationen von Maschinen und ihren Ablauf kontrollieren können (ein- und ausschalten ist eigentlich keine Kontrolle der Operationen Systems, sondern nur ein Eingriff, der das System startet oder stoppt).

Bei jeder Form der Unterstützung stellt sich also die Frage danach, ob die Kontrolle bei den menschlichen Aktivitäten liegt oder sich vielmehr bei der Unterstützung verorten lässt. Sie stellt sich vehement bei der Gestaltung entsprechender technischer Systeme. Auf der einen Seite kontrolliert die Aktivität (des Nutzers) die Unterstützung. Der Unterstützungsgrad lässt sich individuell bestimmen (z.B. durch die Möglichkeit zum Hinzuschalten der Unterstützung, durch Verlassen des Raumes oder Ändern des Arbeitsplatzes). Auf der anderen Seite kann die Unterstützung die Aktivität (und damit: die Nutzer) kontrollieren. Das wäre eine (quasi-) autonome technische Unterstützung, z.B. wenn jemand zum Gehen gebracht wird, der es eigentlich nicht kann. *Hilfe* erweist sich vor diesem Hintergrund als eine Form der Unterstützung, die die Kontrolle über eine Aktivität für eine bestimmte Zeit übernimmt (das kann für Sekunden oder auch Monate sein), von der aber gleichzeitig miterwartet wird, dass sie die Kontrolle auch wieder abgibt. Beispiele dafür sind Ess-Assistenzroboter und Spurhalteassistenzsysteme. Sobald die Unterstützung dauerhaft die Kontrolle über Aktivitäten von Nutzern hat, ist der Übergang zu einer Substitution zwar nicht zwingend, aber gerade in organisierten Produktionsverhältnissen wahrscheinlich.

2.6.7 Unterstützungssysteme vs. Substitution

In der **Abb. 2.9** sind scheinbar nicht nur drei, sondern vier Determinanten zu sehen. Die Frage nach der *Dauer der Unterstützung*, die hier vereinfacht die dichotome Form vorübergehend/permanent einnimmt, ist für die Spezifikation von (technischer) Unterstützung genauso unerlässlich, wie die Fragen nach der raum-zeitlichen Konstellation, der Kopplungsform und der Kontrolle. Sie wird vorerst jedoch nicht als vierte Determinante eingeführt, weil sie hier nur auf Kontrolle bezogen ist und deshalb einfach als eine Konkretisierung dieser Determinante erscheint. Jedoch ist im Verlauf weiterer Forschung zu technischer Unterstützung ohnehin mit einer Verfeinerung und Erweiterung dieser Überlegungen auszugehen, so dass es sich womöglich empirisch als sinnvoll herausstellt, bei der Dauer der Unterstützung von einer vierten Determinante auszugehen.

Der entweder vorübergehende oder permanente Charakter von Kontrolle ist zum einen entscheidend dafür, ob die Unterstützung die Form der *Hilfe* annimmt. Hilfe ist eine Form der Unterstützung, bei der die Kontrolle über die Aktivität durch das Hilfsmittel oder den Helfenden nur temporär übernommen wird. Zum anderen ist diese Betrachtung der Dauer wichtig, weil sich damit konkret die Stelle benennen lässt, an der Unterstützung kippen kann und dann menschliche Aktivität nicht mehr unterstützt, sondern vollkommen übernimmt und ersetzt.

Sofern die Kontrolle dauerhaft beim Menschen lokalisiert ist, kommt es zu einem Feedback auf die unterstützte Aktivität, das heißt: der Beobachter (Nutzer) kontrolliert seine Aktivität, und zwar vermittelt über die Technik. Das macht die technische Lösung zu einem Unterstützungs*system*, weil es zu einer selbstbeobachteten Reproduktion der Aktivität führt. Liegt die Kontrolle dagegen zu irgendeinem Zeitpunkt dauerhaft bei der Technik, kann es zu einer *Substitution* der Aktivität kommen, was auch die Substitution des Nutzers wahrscheinlicher macht.

An diesem Punkt wird noch einmal deutlich, weshalb es aus empirischen Gründen sinnvoll ist, bei Überlegungen zur Unterstützung in erster Linie von Aktivität auszugehen und nicht den allzu kompakten Begriff des Nutzers zu verwenden. Es ist nämlich durchaus üblich, dass eine Aktivität ersetzt wird, an der ein Nutzer beteiligt ist (oder die sogar ihm allein als Handlung zugeschrieben wird), ohne dass dieser Nutzer in seinem lokalen Kontext komplett überflüssig wird. Solche Fälle können nur mit Hilfe der Unterscheidung von Aktivität und Mensch (Nutzer) beobachtet und angemessen beschrieben werden. Es wird ferner möglich darauf zu achten, welchen Effekt die Substitution einer Aktivität dieses Nutzers auf den Nutzer hat. Wenn z.B. die Aktivität „Aufstehen" bei einem alten Menschen dauerhaft durch ein Exoskelett kontrolliert wird, dann läuft das auf eine Substitution dieser Aktivität hinaus. Das kann positive, belanglose oder auch negative Effekte haben. Wenn die Unterstützung den höchstmöglichen Grad erreicht, obwohl der Nutzer noch eigene Kapazitäten hat, dann findet womöglich eine Entwöhnung statt und es können z.B. Muskelgruppen degenerieren, die für das Aufstehen erforderlich sind, was wiederum die Bewegungsautonomie des Nutzers eigentlich schwächt anstatt sie zu stärken. Andere Beobachter (das heißt auch: andere Nutzer) können diese Substitution hingegen als Bedingung der Möglichkeit ansehen, wieder an bestimmten anderen Aktivitäten teilzuhaben. Substitution muss also nicht unter allen Umständen ein Problem sein. Es geht hier nicht um eine Bewertung, sondern nur darum dafür zu sensibilisieren, dass bei der Gestaltung, Konstruktion und Akzeptanz von technischer Unterstützung diese Möglichkeit des Kippens von Unterstützung in Substitution (und wieder zurück) berücksichtigt werden muss.

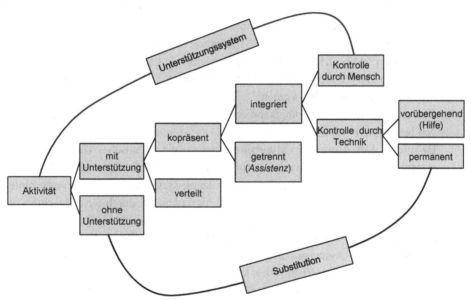

Abb. 2.10: Erklärung von Unterstützungssystemen und Substitution
durch Feedback-Schleifen

In Bezug auf das in vorgestellte Klassifikationsverfahren entspricht das zwei Feedback-Schleifen, die in der **Abb. 2.10** dargestellt werden. Ein System der Unterstützung entsteht dann, wenn die Kontrolle über die Unterstützung beim Menschen liegt und er seine Aktivität über die Kontrolle der Unterstützung kontrolliert – wenn es also zu einer doppelten Schließung der Kontrolle kommt: „...the control's control is the system." (Seite 39 in [41]). Dagegen kommt es zur Substitution wenn die Kontrolle *dauerhaft* bei der Technik liegt.

Im Grunde genommen entsteht dann keine Feedback-Schleife, sondern nur ein moment-
hafter Kurzschluss. Sobald die Substitution einsetzt, kippt die ganze Unterstützung. Es
entsteht eine neue Aktivität – ohne Unterstützung. Das schlichteste Beispiel ist die klassische Automatisierung. Eine menschliche Aktivität wird durch Maschinen unterstützt bis
es an einem bestimmten Zeitpunkt zu einer Entscheidung kommt, den Mitarbeiter durch
die Maschine zu ersetzen. Hier kippt die Unterstützung in Substitution und die Aktivität
ist keine unterstützte Aktivität mehr, sondern nur noch eine Aktivität der Maschine, und
zwar ohne Unterstützung. Dieses Feedback ist deshalb keine Schleife, sondern eine Art
Reset. Das hindert das Management einer Organisation freilich nicht daran, diese Automatisierung als Unterstützung unternehmerischer Produktionsaktivitäten zu beobachten.
Es gibt eben keine objektive, zeitinvariante Einteilung von Unterstützung und Aktivität.
Es gibt nur laufend mit ihren Wünschen, Intentionen und Bedürfnissen intervenierende
Beobachter dieses Zusammenhangs.

Die Differenz zwischen individueller und organisationaler Beobachtung
Wie in den vorherigen Abschnitten beschrieben, sind zum einen unterschiedliche Formen
der Unterstützung möglich und zum anderen spielen Beobachter eine zentrale Rolle. Um
dies zu verdeutlichen wird exemplarisch ein konkretes Szenario aus der Produktion betrachtet: Eine Organisation instruiert einen Mitarbeiter, eine Aktivität auszuführen, die ein
Produkt produziert (**Abb. 2.11**). Dieses schlichte Szenario kann verwendet werden, um
die Bedeutung des Beobachters und seiner Interpretation zu demonstrieren. Zwei wesentliche Fälle können unterschieden werden:

1. Eine technische Unterstützung kann etwas oder jemanden stärken (durch Hinzufü-
   gen benötigter Funktionalität/en)
   Beispiel 1: Der Anwender (Mitarbeiter) benutzt ein technisches Unterstützungssystem, um seine Tätigkeiten auszuführen. Funktionelle Defizite oder andere Bedarfe werden durch das technische Unterstützungssystem kompensiert. Seine Rolle
   in der Organisation wird gestärkt und gefestigt, ohne ihn durch eine Maschine zu
   substituieren, weil er in der Organisation als jemand beobachtet wird, dem ein Er-
   messensspielraum für bestimmte Entscheidungen zur Verfügung steht.
   Beispiel 2: Eine Organisation nutzt automatisierte Systeme, z.B. mit Industrierobotern. Aus Sicht der Organisation können beispielsweise die Anzahl der produ-
   zierten Güter oder die Produktqualität durch entsprechende Systeme gesteigert
   werden. Das kann wiederum zu einer verbesserten Marktposition führen. Hier
   nimmt die Organisation technische Unterstützung in Anspruch.
2. Die technische Unterstützung kann eine Position schwächen, indem etwas oder jemand ersetzt wird.
   Beispiel 1: Implementierung eines automatisierten Systems, z.B. mit Industrierobotern. Aus der Perspektive der Nutzer (hier: Mitarbeiter) werden durch entsprechende Systeme die individuellen Positionen geschwächt, da sie durch technische
   Systeme ersetzt werden. Die relevante Aktivität wird dann komplett durch eine
   Maschine ausgeführt und nicht mehr durch den Mitarbeiter. Die Schwächung wird
   z.B. sichtbar an der geringeren Wertschätzung der eigenen Arbeit im Vergleich zu

vorher, an einer Versetzung auf weniger anspruchsvolle Positionen bis hin zur Entlassung.

Beispiel 2: Die Organisation setzt ein automatisiertes System ein, das für Produkt- oder Prozessänderungen nicht flexibel genug ist. Die anfängliche Stärkung der Position einer Organisation (siehe auch Beispiel 2 oben) erweist sich als temporär. Wenn die Organisation nicht mehr auf bestimmte Kundenwünsche reagieren kann, ist sie in einer schwächeren Position. Das kann so weit gehen, dass ihre Marktposition durch eine andere Organisation übernommen wird.

Diese Beispiele zeigen mögliche Resultate einer technischen Unterstützung. Sie illustrieren auf einfache Art und Weise mögliche Beziehungen zwischen Unterstützung und Aktivität im Hinblick auf die verschiedenen Interessen und/oder Positionen von Beobachtern. Auch mögliche Zustandsänderungen sind mitbedacht. Technische Systeme können die jeweilige Position schwächen oder stärken, was sich im Zeitverlauf wiederum ändern kann. Eine Hypothese dieses Beitrags lautet: Nur technische Systeme, die auf eine Art und Weise unterstützen, die es den verschiedenen beteiligten Beobachtern erlaubt, zu einer gemeinsamen Beschreibung zu kommen (wenn also z.B. Nutzer und Organisation die Position bzw. Bedeutung der Unterstützung teilen), werden sich als tragfähige Unterstützungssysteme erweisen. Alle anderen Systeme können Personen, Organisationen oder Netzwerke jeweils nur für sich, das heißt allenfalls partikularistisch unterstützen. So geraten die Einbettungsverhältnisse der Einheit von (menschlicher) Aktivität und (technischer) Unterstützung aus dem Blick (**Abb. 2.11**). Eine Schwächung von Beobachtern in Netzwerken anderer Beobachter – seien es individuelle Nutzer oder Organisationen – wird dadurch wahrscheinlicher, was die Implementierung technischer Systeme erschwert und die Zufriedenheit und Akzeptanz mindert.

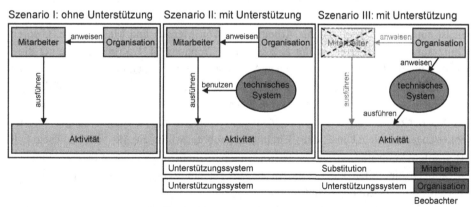

Abb. 2.11: Mögliche Szenarien für Unterstützungssysteme oder Substitution in Bezug auf unterschiedliche Beobachter

2.6.8 Eine Klassifikation exemplarischer Fälle

Aufbauend auf den bisherigen Beschreibungen wird abschließend das hier entwickelte Klassifikationsverfahren in Bezug auf drei exemplarische Lösungen aus dem Stand der

Technik kursorisch beschrieben. Dabei werden auch Gründe für bestimmte Pfade sichtbar, die die Autoren als Beobachter nachzeichnen. Einige dieser Fälle sind im Text bereits erwähnt worden. Hier werden nun aber jeweils alle drei Determinanten kompakt darauf angewendet. Bei der kurzen Vorstellung der Fälle kann ein Hinzuziehen der **Abb. 2.9** hilfreich sein.

Das Verfahren macht es möglich, unterschiedliche Formen technischer Unterstützung zu vergleichen. Es handelt sich jeweils nicht um eine feste, unveränderliche Zuordnung, sondern vielmehr um eine Einschätzung, die auch diejenigen Stellen sichtbar macht, an denen andere Beobachter aus verschiedenen Gründen (und vor dem Hintergrund technischer Unterschiede innerhalb dieser Fälle) womöglich anders optieren würden.

Fall 1: Automatisierte Applikationen

Durch automatisierte Applikationen wie Industrieroboter können Teile menschlicher Aktivitäten bis hin zu einer kompletten Aktivität unterstützt werden. Da automatisierte Applikationen in der Regel getrennt vom Menschen in Betrieb sind, handelt es sich hierbei um eine räumlich und zeitlich verstreute Beziehung zwischen menschlicher Aktivität und technischer Unterstützung. Die Form ihrer Kopplung ist getrennt, das heißt die Unterstützung erfolgt in diesem Fall eher in einer Art Arbeitsteilung. Sie ist nicht konstitutiv für die menschliche Tätigkeit (auch wenn sie konstitutiv für die Produktion ist). Die Kontrolle der Aktivität obliegt permanent der Technik. Die Mitarbeiter können allenfalls darauf reagieren. Automatisierung ist letztlich: Substitution.

Fall 2: Mensch-Maschine-Kooperation

Unterstützung die auf dem Konzept der Mensch-Maschine-Kooperation basiert, teilt die Komponenten einer Aktivität entsprechend der erwarteten Fähigkeiten und Fertigkeiten auf Mensch und Maschine auf [42]. Aufgrund der direkten Kooperation steht die Sicherheit des Menschen im Vordergrund. Eine übliche Lösung zur Gewährleistung der Sicherheit ist eine strikte Trennung der Arbeitsräume von Mensch und Maschine (z.B. durch Schutzzäune) oder aber es erfolgt eine zeitliche Trennung [42]. Konkret bedeutet dies, dass die Unterstützung der menschlichen Aktivität verteilt erfolgt und dass es sich um eine Form der strukturellen Kopplung zwischen Mensch und Maschine handelt, weil die Maschine nicht mit der menschlichen Aktivität synchronisiert wird. Das ist ein typischer Fall von Assistenz. Wo die Kontrolle der Aktivität verortet wird, ist stark abhängig von der konkreten technischen Umsetzung. Ein Industrieroboter würde die Aktivität in diesem Fall z.B. insofern kontrollieren, als der Nutzer während Kooperation nicht in die maschinellen Operationen eingreifen kann, sondern sich in seinem Verhalten vom Output und Geschwindigkeit des Roboters kontrollieren lässt.

An Stelle einer strikten räumlichen oder zeitlichen Trennung können beispielsweise auch globale, stationäre Sensoren zur Beobachtung der Umgebung eingesetzt werden. Durch optische Verfahren oder eine Trennung des Arbeitsraumes durch Lichtschranken kann die Sicherheit ebenfalls gewährleistet werden. Wird eine bestimmte zeitliche oder räumliche Grenze überschritten, stoppt die Unterstützung durch die Technik. Mit Einführung dieser technischen Differenz wird die Form der Unterstützung transformiert – der Mensch kontrolliert in Teilen die Aktivität. Es handelt sich noch immer um Mensch-Maschine-Kooperation, aber um eine andere Kategorie oder Klasse der Form technischer Unterstützung. Darüber hinaus kann auch Systemtechnik eingesetzt werden, die die Umgebung in unterschiedliche Zonen ohne physikalische Barrieren einteilt [43]. Fortschrittliche Systeme gehen inzwischen sogar so weit, dass die Mensch-Roboter-Kooperation gar nicht mehr zeitlich oder räumlich getrennt erfolgt. Mensch und Technik führen gemeinschaftlich Aufgaben aus, sie können z.B. vollständig synchron gemeinsam Schweißen [44]. Das würde bedeuten, dass es sich hier sogar um eine kopräsente Unterstützung handelt, die ferner integriert gekoppelt erfolgt. Selbst eine Anpassung der Trajektorie von Industrierobotern ist inzwischen möglich, sobald eine Gefährdung der beteiligten Menschen registriert wird. Dann kontrolliert der Mensch vorübergehend die Aktivität.

Fall 3: Tragbarer Montagesitz
Technische Systeme zur Unterstützung menschlicher Aktivitäten können auch fest mit dem Nutzer verbunden sein. Ein Beispiel ist ein Montagesitz, den Nutzer sich anziehen können [45]. Hierbei handelt es sich um eine kopräsente Synchronisation und darüber hinaus um eine integrierte Lösung (Form der Kopplung), die durch den Menschen kontrolliert wird.
Wenn der Sitz allerdings durch Knopfdruck aktiviert wird, dann handelt es sich trotz der unmittelbaren Anpassung an den menschlichen Körper um eine verteilte Unterstützung – die aber dennoch integriert (also operativ gekoppelt) ist und vom Nutzer kontrolliert wird. Sie wäre ferner zeitlich beschränkt, weil das System passiv ist und durch Knopfdruck vorübergehend zugeschaltet wird. Verfügt der Montagesitz jedoch über integrierte Sensoren, mit deren Messwerten die Sollwertvorgabe für die Antriebe berechnet wird, dann ist es eine kopräsente Unterstützung, die unter Umständen permanent mitläuft. Hier ist an die Funktionsweise eines klassischen Exoskeletts zu denken, das jederzeit eine Kraftunterstützung ermöglicht.
Nicht alle „Montagesitze" fallen folglich in die gleiche Klasse technischer Unterstützung. Ein mit Sensoren operierender Sitz ist einem Exoskelett *strukturell* ähnlicher als einem per Knopfdruck aktivierten Montagesitz. Letzterer ist wiederum im Hinblick auf die Lösung des Problems der *Unterstützung* (also nicht in Bezug auf seinen Zweck oder seine technische Komplexität) eher mit einem klassischen Werkzeug vergleichbar.
Die Anwendung des Klassifikationsverfahrens lenkt die Aufmerksamkeit ohne Zweifel auf Vergleiche, die kontraintuitiv sind, die sich also nicht mit den üblichen Perspektiven decken, die unhinterfragt die Betrachtung von technischer Unterstützung leiten. Aber das treibt nicht nur den Erkenntnisgewinn nach oben, sondern vermehrt auch die möglichen Ansatzpunkte für Entwickler technischer Unterstützungssysteme.

2.6.9   Fazit
Die Grundlagen für eine Theorie technischer Unterstützung (darunter auch: Assistenzsysteme und Hilfsmittel) und eine daran orientierte Klassifikation aktueller und möglicher Lösungen, muss zahlreiche unterschiedliche Kriterien berücksichtigen. Insbesondere

muss sie einen Platz für die zahlreichen Beobachter vorsehen, die sich wechselseitig im Hinblick auf diverse Aktivitäten und Unterstützungsmöglichkeiten beobachten und jeweils unterschiedliche Perspektiven mitbringen. Dazu kommt eine größere Sensibilität für kombinierte Unterschiede, die dieses Klassifikationsverfahren widerzuspiegeln versucht. Beides zusammen führt zu einer Änderung der Wahrnehmung und der Möglichkeiten technischer Unterstützung – so wird unter anderem deutlich, wo genau die Problematik der Differenz zwischen Unterstützungssystem und Substitution liegt oder wie sich Unterstützung, Assistenz und Hilfe strukturell voneinander unterscheiden.

Unterstützung kann auf sehr unterschiedliche Weise erfolgen. Das beschriebene Modell hat den Anspruch, auf alle empirisch beobachtbaren Unterstützungssituationen anwendbar zu sein. Es ist hier jedoch auf einen technischen Verwendungszusammenhang zugeschnitten worden. In einem ingenieurswissenschaftlichen Kontext kann es für den Entwurf, die Gestaltung, die Entwicklung und die Bewertung von Systemen genutzt werden, die Menschen unterstützen, assistieren oder helfen sollen. Eine derartige Systematisierung kann Entwicklern und Anwendern dabei helfen, gemeinsame Ansichten für unterschiedliche teilnehmende Beobachter zu finden sowie die wichtigsten Anforderungen für eine Systementwicklung zu bestimmen (von Materialien bis hin zu Steuerungsstrategien und Richtlinien). Zudem können damit Lücken und Defizite zwischen existierenden Lösungsansätzen und Bedarfen identifiziert werden.

Dieser erste Ansatz eines Klassifikationsmodells für Unterstützungstechnologien kann in weiteren Forschungsarbeiten erweitert sowie durch weitere mögliche Pfade spezifiziert werden. Darüber hinaus lassen sich die Klassifikationskriterien durch zusätzliche Unterscheidungen für eine detailliertere Bewertung verfeinern und erweitern.

2.6.10 Zusammenfassung

Eine Reihe technischer Systeme wurden bereits entwickelt bzw. werden aktuell entwickelt, um Menschen im Alltags- und Berufsleben zu unterstützen, zu assistieren oder ihnen Hilfe zu leisten. Diese Systeme können unterschiedlichste Formen der Unterstützung realisieren. Bisher mangelt es allerdings noch an einem grundlegenden Verständnis möglicher Strukturformen von Unterstützung. Die verwendete Terminologie bleibt unklar, weil sie sich einfach an alltagssprachlichen Vorstellungen orientiert, die eine notwendige Präzision des Problems vermissen lassen. Die Identifikation von Determinanten (Unterscheidungen) für die Klassifizierung derartiger Systeme ermöglicht eine Klärung. Die vorgestellten Determinanten charakterisieren vor allem Formen der Interaktion zwischen einer Aktivität (von Nutzern) und ihrer (technischen) Unterstützung. Es handelt sich dabei um die zeitlich-räumliche Relation zwischen Aktivität und Unterstützung, ihre Form der Kopplung und die Frage, wo innerhalb dieser Interaktion die Kontrolle verortet wird.

Die Klassifikationsergebnisse hängen vom Beobachter der Aktivität und der Unterstützung ab. Das konnte in der Beschreibung des Klassifikationsverfahrens anhand exemplarischer Lösungen aus dem Stand der Technik deutlich gemacht werden.

Literatur

[1]   Keen P. G. W.; Scott-Morton, M. S.: Decision Support Systems: An Organizational Perspective, Reading, MA: Addison-Wesley, 1978.

[2]   Reinhart, G.; Werner, J.; Lange, F.: Robot based system for automation of flow assembly lines, Prod Eng Res Dev 3, 2009, S. 121-126.

[3]   Thomas, C.; Busch, F.; Kuhlenkötter, B.; Deuse, J.: Ensuring Human Safety with Offline Simulation and Real-time Workspace Surveillance to Develop a Hybrid Robot Assistance System for Welding of Assemblies, in: Enabling Manufacturing Competitiveness and Economic Sustainability, Springer, 2011, S. 464-470.

[4]   Graf, B.; Parlitz, C.; Hägele, M.: Robotic Home Assistant Care-O-bot® 3 Product Vision and Innovation Platform, in: Human-Computer Interaction – Novel Interaction Methods and Techniques, Lecture Notes in Computer Science Volume 5611, 2009, S. 312-320.

[5]   Ho, N. S. K.; Tong, K. Y. X.; Hu, L.; Fung, K. L.; Wei, X. J.; Rong, W.; Susanto, E. A.: An EMG-driven exoskeleton hand robotic training device on chronic stroke subjects: task training system for stroke rehabilitation, in: 2011 IEEE international conference on rehabilitation robotics, 2011, S. 1-5.

[6]   Zoss, A. B.; Kazerooni, H.; Chu, A.: Biomechanical design of the Berkeley lower extremity exoskeleton (BLEEX), in: Mechatronics, IEEE/ASME Transactions, Volume 11, No. 2, 2006. S. 128-138.

[7]   Bruno, S.; Khatib, O.: Springer handbook of robotics, Springer Science+Business Media, Berlin, 2008.

[8]   Informationen dazu zum Beipiel unter http://de.bike.kettler.net/produkte/katalog/n/0/e-bike/0/0.html, zuletzt aufgerufen am 08. Juli 2015.

[9]   Al-Falouji, G.; Prestel, D.; Scharfenberg, G.; Mandl, R.; Deinzer, A.; Halang, W.; Margraf-Stiksrud, J.; Sick, B.; Deinzer, R.: SMART-iBrush – Individuelle Unterstützung der Zahnreinigung durch Messung von Bewegung und Druck mit einer intelligenten Zahnbürste, in: R. Weidner; T. Redlich (Hrsg.): Erste Transdisziplinäre Konferenz „Technische Unterstützungssysteme, die die Menschen wirklich wollen", Hamburg, 2014, S. 315-327.

[10]   Yoo, I.; Hawelka, F.; Reitelshöfer, S.; Franke, J.: Kostenminimierte, additiv gefertigte Handprothese für den Einsatz in Entwicklungsländern, in: R. Weidner; T. Redlich (Hrsg.): Erste Transdisziplinäre Konferenz „Technische Unterstützungssysteme, die die Menschen wirklich wollen", Hamburg, 2014, S. 410-419.

[11]   Weidner, R.; Redlich, T.: (Hrsg.), Band zur Ersten Transdisziplinäre Konferenz „Technische Unterstützungssysteme, die Menschen wirklich wollen", Helmut-Schmidt-Universität, Hamburg, 2014.

[12]   White, H. C.: Identity and Control: How Social Formations Emerge, 2nd Edition, Princeton: Princeton UP, 2008.

[13]   Herz, A.: Strukturen transnationaler sozialer Unterstützung. Eine Netzwerkanalyse von *personal communities* im Kontext von Migration, Wiesbaden, Springer VS, 2014.

[14]   Latour, B.: Eine neue Soziologie für eine neue Gesellschaft. Einführung in die Akteur-Netzwerk-Theorie, Frankfurt am Main, Suhrkamp, 2007.

[15]   Luhmann, N.: Die Gesellschaft der Gesellschaft, Frankfurt am Main: Suhrkamp, 1997.

[16]   Baecker, D.: Form und Formen der Kommunikation. Frankfurt am Main, Suhr-
       kamp, 2005.

[17]   Karafillidis, A.: Soziale Formen. Fortführung eines soziologischen Programms.
       Bielefeld, transcript, 2010.

[18]   Karafillidis, A.: Unmittelbares Handeln und die Sensomotorik der Situation, in: D.
       Baecker (Hrsg.), Schlüsselwerke der Systemtheorie, 2. Auflage, Wiesbaden,
       Springer VS, 2015 (im Erscheinen).

[19]   Bateson, G.: Form, Substance, and Difference, in: ders., Steps to an Ecology of
       Mind, Chicago and London, Univ. of Chicago Press, 2000, 454-471.

[20]   Merton, R. K.: Three Fragments From a Sociologist's Notebooks: Establishing the
       Phenomenon, Specified Ignorance, and Strategic Research Materials, Annaul Re-
       view of Sociology 13, 1987, S. 1-28.

[21]   Rammert, W.: Technik – Handeln – Wissen. Zu einer pragmatistischen Technik-
       und Sozialtheorie, Wiesbaden, VS Verlag, 2007.

[22]   Suchman, N.: Human-Machine Reconfigurations. Plans and Situated Actions, 2nd
       Edition Cambridge, Cambridge UP, 2007.

[23]   Latour, B.: Science in Action: How to Follow Scientists and Engineers Through
       Society, Cambridge, Harvard UP, 1987.

[24]   Beunza, D.; Stark, D.: Tools of the trade: the socio-technology of arbitrage in a
       Wall Street trading room, Industrial and Corporate Change 13 (2), 2004, S. 369-
       400.

[25]   Gehlen, A.: Die Seele im technischen Zeitalter. Sozialpsychologische Probleme in
       der industriellen Gesellschaft, Reinbek bei Hamburg, Rowohlt, 1957.

[26]   Ford, M.: Rise of the Robots. Technology and the Threat of a Jobless Future, New
       York, Basic Books, 2015.

[27]   Hochberg, C.; Schwarz, O.; Schneider, U.: Aspects of Human Engineering – Bio-
       optimized Design of Wearable Machines, in: A. Verl, A. Albu-Schäffer, O. Brock,
       A. Raatz (Hrsg.), Soft Robotics, Transferring Theory to Application, Berlin,
       Springer, 2015, S. 184-197.

[28]   Pusch, M.: Der Phantasie des Anwenders ist der Entwickler immer unterlegen,
       Vortrag auf dem 2. BMBF Zukunftskongress Demografie „Technik zum Menschen
       bringen", 29. Juni 2015.

[29]   Drossel, W.-G.; Schlegel, H.; Walther, M.; Zimmermann, P.; Bucht, A.: New Con-
       cepts for Distributed Actuators and Their Control, in: A. Verl, A. Albu-Schäffer,
       O. Brock, A. Raatz (Hrsg.), Soft Robotics, Transferring Theory to Application,
       Berlin, Springer, 2015, S. 19-32.

[30]   Shannon, C. E.; Weaver, W.: The Mathematical Theory of Communication, Ur-
       bana and Chicago, University of Illinois Press, 1949.

[31]   Weick, K. E.: Der Prozess des Organisierens, Frankfurt am Main, Suhrkamp, 1985.

[32]   Cerulo, K.: Mining the Intersections of Cognitive Sociology and Neuroscience, Po-
       etics 38, 2010, S. 115-132.

[33]   Martin, J. L.: The Explanation of Social Action, Oxford, Oxford UP, 2011.

[34]   Leifer, E. M.: Actors as Observers, A Theory of Skill in Social Relationships, New York/London, Garland, 1991.

[35]   Hempel, C. G.: Grundzüge der Begriffsbildung in der empirischen Wissenschaft, Düsseldorf, Bertelsmann Universitäts-Verlag, 1974.

[36]   Giddens, A.: Die Konstitution der Gesellschaft. Grundzüge einer Theorie der Strukturierung, Frankfurt am Main, Campus, 1997.

[37]   Abbott, A.: Chaos of Disciplines, Chicago: The University of Chicago Press, 2001.

[38]   Ashby, W. R.: Requisite Variety and its Implications for the Control of Complex Systems, Cybernetica 1 (2), 1958, S. 83-99.

[39]   Vickers, G.: Cybernetics and the Management of Men, in: ders., Towards a Sociology of Management, London, Chapman and Hall, 1967, S. 15-24.

[40]   Glanville, R.: The Question of Cybernetics, in: Cybernetics and Systems 18 (2), 1987 S. 99-112.

[41]   Glanville, R.: The Form of Cybernetics: Whitening the Black Box, in: Society for General Systems Research (Hrsg.), General Systems Research, A Science, a Methodology, a Technology, Louisville, 1979, S. 35-42.

[42]   Schweiger, S.: Lebenszykluskosten optimieren: Paradigmenwechsel für Anbieter und Nutzer von Investitionsgütern, 1. Aufl. Gabler-Verlag, Wiesbaden, 2009.

[43]   Kolb, A.; Barth, E.;; Koch, R.: Time-of-flight sensors in computer graphics, in: Proceedings of eurographics 2009 – state of the art reports, The Eurographics Association, München, 2009, S. 119-134.

[44]   Busch, F.; Thomas, C.; Deuse, J.; Kuhlenkötter, B.: A hybrid human-robot assistance system for welding operations – methods to ensure process quality and forecast ergonomic conditions, in: Jack HS (Hrsg.), Technologies and systems for assembly quality, productivity and customization – Proceedings of 4th CIRP conference on assembly technologies and systems (CATS), 20-22 Mai 2012, Ann Arbor, University of Michigan, Michigan, USA, 2012, S. 151-154.

[45]   Siehe http://www.wired.com/2015/03/exoskeleton-acts-like-wearable-chair/, zuletzt aufgerufen am 8. Juli 2015.

2.7 Rechtliche Herausforderungen bei der Entwicklung und Implementierung von Unterstützungssystemen

D.-S. Valentiner, N. Bialeck, H. Hanau und M. Schuler-Harms

2.7.1 Verfassungsrechtliche Dimension

Das Verfassungsrecht rahmt die rechtlichen Bedingungen für die technische Unterstützung im Arbeitsprozess, im Gesundheits- und Rehabilitationsbereich und im Alltag. Technische Unterstützungssysteme wirken sich aus auf die körperliche Unversehrtheit (Art. 2 II 1 GG), auf die Berufsfreiheit (Art. 12 I GG), auf die Entfaltung der Persönlichkeit und, soweit persönliche Daten verarbeitet werden, auch auf die informationelle Selbstbestimmung. Persönlichkeitsschutz, das Recht auf informationelle Selbstbestimmung sowie die möglicherweise ebenfalls betroffene Gewährleistung der Vertraulichkeit und Integrität informationstechnischer Systeme sind durch Art. 2 I i.V.m. 1 I GG garantiert. Weitere Gefährdungen können sich für das Telekommunikationsgeheimnis (Art. 10 GG) und für den Schutz der Unverletzlichkeit der Wohnung (Art. 13 GG) ergeben.

Die betroffenen Grundrechte sind dabei v.a. in ihrer abwehrrechtlichen Funktion gegenüber dem Staat und durch aktiven Schutz vor Gefährdungen durch andere Privatpersonen (z.B. Arbeitgeber oder datenverarbeitende Unternehmen) zu entfalten. Die Entlastungs-, Ausgleichs- bzw. Erweiterungsfunktion der Geräte (insbesondere im Falle gesundheitlicher oder altersbedingter Einschränkungen) erfordert einen näher zu bestimmenden Standard an Sicherheit und Qualität. Die technische Geräte- und Produktsicherheit vor und bei Markteinführung und im Rahmen des betrieblichen Arbeitsschutzes sowie der Gesundheitsschutz bei der konkreten Handhabung sind zu gewährleisten. In Bezug auf den Einsatz technischer Unterstützungssysteme ist außerdem die Teilhabe am gesellschaftlich-technologischen Fortschritt und an den erweiterten Möglichkeiten, die solche Systeme eröffnen, relevant. Wenn sich Unterstützungssysteme bewähren und im Gesundheits- und Pflegebereich verstärkt zur Sicherstellung der Grundbedürfnisse des Menschen eingesetzt werden, stellt sich die Frage nach einer Finanzierung durch die Allgemeinheit [1], im Sozialrecht etwa durch Übernahme von Unterstützungssystemen in das Hilfsmittelverzeichnis [2]. Im Arbeitsrecht ist zu klären, ob Beschäftigte individuelle Ansprüche auf Nutzung technischer Unterstützungssysteme haben oder inwieweit Mitarbeitervertretungsgremien über Initiativ- und Durchsetzungsrechte zur Einführung solcher Systeme verfügen.

Spannungsreiche Fragen ergeben sich mit Blick auf die Menschenwürdegarantie (Art. 1 I GG): Die mit technischen Unterstützungssystemen u.a. intendierte „Verbesserung gesunder Menschen"[3] (häufig als „Enhancement" bezeichnet) erscheint in ihren Wirkungen für die menschliche Würde ambivalent. Als objektives Verfassungsprinzip entfaltet die Garantie der Menschenwürde äußerste Grenzen für die Anwendung, u.U. auch schon für die Entwicklung neuer Technologien [4]. Aus dem staatlichen Auftrag zur Sorge dafür, dass der Mensch nicht zum Objekt des technischen Fortschritts verkommt [5], ergeben sich u.U. staatliche Schutzpflichten, die eine Regulierung bzw. ein Verbot bestimmter Entwicklungen erfordern [6]. Diskussionen über Funktionsgehalt und Wirkung des Menschenwürdeschutzes im Mensch-Maschine-Verhältnis verlaufen in Ansehung der vielfältigen Einsatzkonstellationen (z.b. Interaktion, Kollaboration, Kooperation) kontrovers, weil die konkreten Verbindungen und Schnittstellen zwischen Mensch und Maschine unterschiedliche Instrumentalisierungs-, Unterstützungs- und Ersetzungstendenzen aufweisen und damit verschiedene Wirkrichtungen der Menschenwürdegarantie ansprechen [7]. Die fortschreitende technische Entwicklung und Etablierung von Mensch-Maschine-Verbindungen wirft schließlich auch die Frage nach der Rechtssubjektivität von Maschinen auf, die gegenwärtig für hochentwickelte autonome Roboter diskutiert wird [6].

Die Ambivalenz der verfassungsrechtlichen Einordnung technischer Unterstützungssysteme im Hinblick auf die verschiedenen Grundrechtsfunktionen zeigt sich am Beispiel des Einsatzes im Gesundheits- und Rehabilitationsbereich. Technische Unterstützungssysteme begegnen dem steigenden Bedarf an Pflege, Rehabilitation und medizinischer Behandlung und ermöglichen neue Formen eigenständigen Handelns. Gleichzeitig drängen sich Fragen nach der menschlichen Beherrschbarkeit der Mensch-Maschine-Interaktion, nach Gesundheitsrisiken und Sicherheits- und Qualitätsstandards für die Produkte auf. Im Kontext der technischen Unterstützung älterer Menschen ist die Selbstbestimmung in abwehrrechtlicher Dimension zentraler Parameter, welcher sich im Spannungsfeld zum Schutz des Lebens, der körperlichen Unversehrtheit, der persönlichen und räumlichen Privatsphäre, der Persönlichkeit und der informationellen Selbstbestimmung bewegt [1]. Insbesondere bedarf die Frage, ob eine Substitution von medizinischem und pflegerischem Personal durch technische Assistenzsysteme stattfindet [4], unter dem Gesichtspunkt menschenwürdiger Pflege, Medizin bzw. Rehabilitation sorgfältiger Reflexion.

Das Verfassungsrecht setzt nur äußerste Grenzen und Wegmarken für die Entwicklung und Einführung technischer Innovationen. Rechtliche Fragen ergeben sich auch auf der Ebene einfachen, im Rang unterhalb der Verfassung stehenden Rechts. Sie betreffen einmal die bestehende, teilweise schon für den Entwicklungsprozess maßgebliche Rechtslage, zum anderen den gesetzgeberischen Handlungsbedarf. Herausforderungen an das Recht bilden auch einerseits die Teilhabe beeinträchtigter Personen und Arbeitnehmer an Entlastungs- und Ausgleichsystemen und andererseits Nutzungserwartungen Dritter (der Arbeitgeber, Pflegepersonen, Sozialleistungsträger o.a.), die in rechtliche oder faktische Nutzungszwänge münden können.

2.7.2 Datenverwaltung und Datenschutz

Der Einsatz von Unterstützungssystemen erfolgt u.a. mittels elektrischer Geräte, Bewegungsmelder und intelligenter Sensoren zur Erfassung der Umgebungsbedingungen und basiert dabei wesentlich auf der Erhebung, Auswertung und Weiterleitung (z.B. bei Nothilfesystemen) von personenbezogenen Daten. Mithilfe von Sensorik werden zunächst Zustandsdaten erhoben, die erst durch die Verknüpfung und im Zusammenspiel mit weiteren Daten Personenbezug erhalten. Die Sensordaten werden als Rohdaten in der Regel zwecks Auswertung weitergeleitet [8]. Technische Unterstützungssysteme müssen dem

Datenschutzrecht genügen. Hierbei sind auch die Möglichkeiten eines technischen Daten-schutzes sowie Herausforderungen und Lücken des Datenschutzrechts zu prüfen. Von zentraler Bedeutung ist dabei, dass Unterstützungssysteme autonome Funktionskompo-nenten enthalten können, d.h. nicht nur in der Lage sind, bestimmte Daten zu sammeln und auszuwerten, sondern auch eine auf dieser Auswertung basierende Entscheidung zu treffen [9, 10].

Datenschutzrechtliche Anforderungen

Nutzer neuer Technologien müssen bei der Verwendung technischer Unterstützungssys-teme vor der unbefugten Sammlung personenbezogener Daten geschützt werden. Ihnen stehen Auskunftsrechte, Berichtigungs- und Löschungsansprüche zu. Die Verbote der Er-stellung von Persönlichkeitsprofilen (*BVerfG*, Beschluss vom 16.07.1969, NJW 1969, 1707), der Rundumüberwachung (*BVerfG*, Urteil vom 03.03.2004, NJW 2004, 999, 1004), der Vorratsdatenspeicherung (*BVerfG*, Urteil vom 02.03.2010, NJW 2010, 833, 839) so-wie Gebote zur Datensparsamkeit (vgl. § 3a BDSG, § 78b SGB X), Datenberichtigung und Datenlöschung (vgl. § 20 BDSG) richten sich an diejenigen Personen bzw. Unterneh-men, die Daten sammeln und verarbeiten, beim Einsatz im Arbeitsverhältnis in erster Linie an die Arbeitgeber. Maßgebliche nationale Vorgaben zum Datenschutz enthalten das Bun-desdatenschutzgesetz, das Telemediengesetz, das Telekommunikationsgesetz, die daten-schutzrechtlichen Bestimmungen aus den Sozialgesetzbüchern (z.B. § 35 I SGB I, § 73 Ib SGB V, § 284 SGB V, § 94 SGB XI) sowie die landesrechtlichen Datenschutzbe-stimmungen. Auf europäischer Ebene ist der Schutz personenbezogener Daten in Art. 8 EU-GRC, Art. 16 I AEUV und Art. 8 EMRK verankert. Zu beachten sind außerdem die Datenschutz-Richtlinie 95/46/EG und die aktuellen Reformbemühungen um die Ent-wicklung einer europäischen Datenschutzgrundverordnung.

Die folgende Darstellung behandelt exemplarisch die Vorgaben des Bundesdatenschutz-gesetzes: Beim Einsatz technischer Unterstützungssysteme stehen die Erhebung, Auswer-tung und Weiterleitung von Daten zum Nutzungsverhalten, zu Standortinformationen und Bewegungsmustern, technischen Kennungen (z.B. IP-Adressen) sowie Gesundheits- und Vitaldaten im Vordergrund [11]. Bei diesen handelt es sich um personenbezogene Daten i.S.d. § 3 I BDSG. Ihre Nutzung ist für eine auf den Menschen bezogene Programmierung bzw. Anpassung des technischen Systems erforderlich. Einige Systeme (z.B. Sturzwarn-systeme) knüpfen an die so gewonnenen und ausgewerteten Daten unmittelbar eine be-stimmte Reaktion. Gemäß § 4 I BDSG sind Erhebung, Verarbeitung und Nutzung perso-nenbezogener Daten nur zulässig, soweit eine Rechtsvorschrift dies erlaubt oder anordnet oder aber der Betroffene eingewilligt hat. Eine wirksame Einwilligung setzt einen freien Willensentschluss und eine hinreichende Information des Betroffenen über den Zweck der Datenerhebung bzw. -verwendung voraus, § 4a I BDSG. Die Freiwilligkeit kann im Be-reich der öffentlichen Leistungsgewährung, im Krankenversicherungsrecht sowie im Be-handlungs- und Pflegeverhältnis problematisch sein, wenn z.B. die Einwilligung Voraus-setzung der Bewilligung oder Erbringung einer benötigten Leistung oder Behandlung ist [11]. Hinsichtlich der Aufklärungspflicht über den Zweck der Datenverarbeitung stellt

sich die Frage nach Reichweite und Intensität: Müssen etwa dem Betroffenen die komplexen Vorgänge der elektronischen Verarbeitung erklärt werden? [8]. Auch kann es Schwierigkeiten bereiten, beim Einsatz neuartiger Technologien über (noch ungewisse) Langzeitfolgen aufzuklären. Eine umfassende Aufklärungspflicht im Gesundheitsbereich erfordert
entsprechende Schulungen des medizinischen bzw. Pflegepersonals [11]. Aufgrund der
komplexen Verarbeitungsprozesse und der Vielzahl der erhobenen Daten beim Einsatz
von Unterstützungssystemen stößt das Instrument der Einwilligung hier an seine Grenzen,
weshalb zu klären ist, wie sich die Vorschriften zur Einwilligung im BDSG praxisgerecht
umsetzen oder auch gestalten lassen [12].

Technischer Datenschutz
Die Möglichkeiten eines „vorgreifenden" Datenschutzes erfordern die Berücksichtigung
datenschutzrechtlicher Belange bereits bei der technischen Entwicklung von Unterstützungssystemen. Dabei sind rechtliche Schutzmaßnahmen allein vielfach nicht ausreichend, sondern sie müssen durch technische und organisatorische Vorkehrungen flankiert
werden. Hierfür lässt sich methodisch das sog. Schutzzielkonzept [11, 13] nutzen: Zunächst werden die wesentlichen Schutzziele von Datensicherheit und Datenschutz (Verfügbarkeit, Integrität, Vertraulichkeit, Transparenz, Intervenierbarkeit und Nichtverkett-
barkeit) festgestellt und im Hinblick auf ihre Bedeutung und Wirkung für die jeweils betroffenen Personenkreise näher spezifiziert und profiliert. Hieran lassen sich die technischen Vorkehrungen ausrichten und systematisch bündeln.
Ein erster Ansatz für datenschutzgerechte Gestaltung könnte darin liegen, personenbezogene Daten gar nicht erst zu erheben. Um den Personenbezug von Daten zu entfernen,
bieten sich Verschlüsselungstechniken wie die Anonymisierung an [11], bei der durch
Entfernung des Personenbezugs die Zuordnung von Daten zu einer bestimmten Person
unmöglich gemacht wird, vgl. § 3 VI BDSG. Technische Unterstützungssysteme basieren
aber regelmäßig auf personenangepasster Konfiguration [14], die personenbezogene Datenerhebung, -verarbeitung und -auswertung voraussetzt, sodass eine Anonymisierung nur
selten in Betracht kommen dürfte.
Der Umgang mit den Daten kann aber jedenfalls ein höheres Sicherheits- und Sparsam-
keitsniveau erreichen, wenn die Auswertung der Daten bereits im Erhebungsumfeld (beim
Einsatz im Alltag z.B. in der Wohnung des Nutzers) über ein eigenes Auswertungsmodul
oder über eine auf einem Gerät installierte Software erfolgt [8]. Auch Pseudonymisierun-
gen sind zu erwägen. Im Entwicklungsprozess ist schließlich die Möglichkeit des Wider-
rufs der Einwilligung zu bedenken. Technische Lösungsmöglichkeiten für einen „Wider-
ruf auf Zeit", also eine befristete Aussetzung des Einsatzes, sind nötig [11].

Herausforderungen für das Datenschutzrecht
Das Datenschutzrecht enthält bislang keine Regelungsmechanismen zur Umsetzung der
Schutzziele von Datenschutz und Datensicherheit für eine regelmäßige und automatisierte
Datenverarbeitung durch technische Unterstützungssysteme [13]. Insbesondere versagt
das einzelfallbezogene Instrument der Einwilligung in Ansehung der Vielzahl gleichgela-

gerter Fälle, die der Einsatz technischer Unterstützungssysteme eröffnet [13]. Das Daten-schutzrecht wird sich deshalb im Hinblick auf diese neuen technischen Möglichkeiten fortentwickeln müssen. Richtungsweisend für eine solche Fortentwicklung könnte der An-satz der Technikneutralität von Regelungen sein [15]. Technikneutrale Regelungen zeich-nen sich durch entwicklungsoffene Formulierungen aus, die es ermöglichen, den Daten-schutz mit technischer Innovation zu verbinden. Technikneutralität datenschutzrechtlicher Anforderungen erleichtert die Arbeit der Gesetzgebung, effektuiert den Datenschutz im Hinblick auf die Zieltauglichkeit und fördert die Entwicklungsfreiheit von Herstellern, die durch detaillierte Technikregelungen beschränkt wird [15]. Sie dient schließlich auch der Wettbewerbsförderung, weil detailreiche Regelungen sich oftmals an bereits bestehender Technik orientieren. Gleichzeitig geht mit der Technikneutralität regelmäßig ein hohes Maß an Abstraktheit der verwendeten Rechtsbegriffe einher, sodass die Technik die Ver-wirklichungsbedingungen des Regelungsziels verändern kann [15]. Es wird zu prüfen sein, ob eine technikneutrale Regulierung den Herausforderungen, die gerade aus dem technischen Fortschritt bei Unterstützungssystemen resultieren, gerecht werden kann.

2.7.3 Produkt- und Gerätesicherheitsrecht

Rechtliche Anforderungen an die Sicherheit von Produkten und Geräten sollen gewähr-leisten, dass nur technische Erzeugnisse oder Stoffe in Verkehr gelangen, die besonderen Sicherheitsstandards genügen. Die Verantwortung hierfür wird vorwiegend den Herstel-lern, Importeuren und Händlern bei der Herstellung und Vermarktung übertragen [16]. Neben grundlegenden Sicherheitsstandards werden insbesondere Einstufungs-, Verpa-ckungs- und Kennzeichnungsverpflichtungen festgelegt (etwa die CE-Kennzeichnung für den europäischen Wirtschaftsraum). Das Produkt- und Gerätesicherheitsrecht erfüllt ne-ben dem technischen Arbeitsschutz auch Zwecke des Verbraucherschutzes, Umweltschut-zes oder allgemeinen Gesundheitsschutzes [17]. Zu den im Zusammenhang mit der Ent-wicklung, Konstruktion und Einführung technischer Unterstützungssysteme relevanten Rechtsquellen zählen v.a. das Produktsicherheitsgesetz (ProdSG) und die auf seiner Grundlage erlassenen Verordnungen (insbesondere etwa die Maschinenverordnung [9. ProdSV]).

Im Hinblick auf den Einsatz im Gesundheits-, Pflege- und Rehabilitationswesen sind fer-ner die Anforderungen des Gesetzes über Medizinprodukte (MPG) und der Medizinpro-dukte-Sicherheitsplanverordnung (MPSV) relevant, welche ihrerseits die Produktbe-obachtungs- und -meldepflichten für Medizinprodukte konkretisiert. Als zentrale Schutz-norm fungiert § 4 MPG, der Gefährdungen von Sicherheit und Gesundheit der Patienten, Anwender und Dritter auf „ein nach den Erkenntnissen der medizinischen Wissenschaften vertretbares Maß" begrenzt und damit gleichsam die Grenze des von Seiten des Staates erlaubten Risikos festlegt.

Rechtssystematisch unterhalb der verbindlichen Ebene des Gesetzes- und Verordnungs-rechts existieren einschlägige – freiwillige – sicherheitstechnische Standards, von denen die neue, für den Bereich nicht-industrieller und nicht-medizinischer Assistenzrobotersys-teme und -geräte geltende DIN EN ISO 13482:2014 (Roboter und Robotikgeräte – Sicher-heitsanforderungen für persönliche Assistenzroboter) besonders hervorzuheben ist. Über die ausdrücklich normierten Anforderungen des klassischen Produktsicherheitsrechts hinaus ist zudem der bereits erwähnte technische Datenschutz ein Mittel zur Gewährleistung der Produkt- und Gerätesicherheit im weiteren Sinne bereits ab der Entwicklungsphase.

2.7.4 Arbeitsschutz

Auch im Arbeitsumfeld ist der Einsatz technischer Unterstützungssysteme ambivalent. Einerseits können Unterstützungssysteme Arbeitnehmer entlasten und nicht nur bei gesundheitlichen oder altersbedingten Einschränkungen helfen, langfristig die Arbeitsfähigkeit zu erhalten. Sie können vielmehr auch allgemein dazu beitragen, die Einsatz- und Leistungsfähigkeit zu erweitern und zu verbessern. Andererseits stellen technische Hilfs- und Arbeitsmittel in ihrem Anwendungsbereich auch Gefahrenquellen für Menschen dar. Deshalb stellt sich die Frage, ob und wie Arbeitnehmer den Einsatz von Unterstützungssystemen im Arbeitsverhältnis nach geltendem Recht ablehnen können und ob und wie eine solche Möglichkeit künftig noch weitergehend rechtlich abgesichert werden könnte und sollte.

Um solcher Gefahren – die aufgrund der stetigen Entwicklung von Technik, Organisation und Wissenschaft in ständigem Wandel begriffen sind – Herr zu werden, bildet der Arbeitsschutz einen integralen Bestandteil der allgemeinen Arbeits- und Sozialpolitik. Er soll mit technischen, organisatorischen und personellen Regelungen, Instrumenten und Institutionen die Sicherheit und den Gesundheitsschutz der Beschäftigten sicherstellen, insbesondere Unfälle und arbeitsbedingte Gesundheitsgefahren verhüten und zu einer menschengerechten Gestaltung der Arbeit beitragen [18]. Der Verfolgung und Umsetzung dieser Ziele dient das Arbeitsschutzrecht als Gesamtheit eines äußerst heterogenen rechtlichen Instrumentariums, das sich rechtssystematisch aus einer Vielzahl unterschiedlicher nationaler und internationaler – v.a. europäischer – Rechtsquellen speist. Nahezu auf allen Regelungsebenen finden sich Bestimmungen, die für die Entwicklung und Implementierung von technischen Unterstützungssystemen relevant sind: Auf nationaler Ebene Gesetze, Verordnungen, technische Regeln (insbesondere Technische Regeln für Betriebssicherheit – TRBS) und Sicherheitsstandards in Form technischer (DIN-) Normen sowie Unfallverhütungsvorschriften, Regeln, Informationen und Grundsätze der Unfallversicherungsträger (sog. DGUV-Regelwerk), auf internationaler Ebene europäische Richtlinien und Verordnungen, Übereinkommen und Empfehlungen, etwa der Internationalen Arbeitsorganisation ILO [19]. In der Europäischen Union ist der Arbeitsschutz mittlerweile außerdem im europäischen Primärrecht verankert: In Art. 31 EU-GRC ist ein soziales Grundrecht auf gesunde, sichere und würdige Arbeitsbedingungen statuiert, das jeder Arbeitnehmerin und jedem Arbeitnehmer zusteht und das jeden Menschen vor den besonderen Gefahren und Risiken schützen soll, die mit dem Arbeitsleben verbunden sind oder sein können [20].

Das deutsche Arbeitsschutzrecht lässt sich grundlegend in den Bereich des vorgreifenden technischen Arbeitsschutzes, den das Produkt- und Gerätesicherheitsrecht bezogen auf Arbeitsmittel, Werkstoffe und Anlagen verwirklicht, und den betrieblichen Arbeitsschutz unterteilen.

Der betriebliche Arbeitsschutz zielt in erster Linie auf die Organisation von Sicherheit und Gesundheitsschutz im Betrieb ab. Im Einzelnen regelt er die sichere Gestaltung des Arbeitsumfelds, die sichere Benutzung von Arbeitsgeräten und persönlichen Schutzausrüstungen, den Umgang mit Gefahrstoffen sowie das sicherheitsgerechte Verhalten der Beschäftigten [16]. Die arbeitsschutzrechtliche Grundnorm § 3 I Arbeitsschutzgesetz (ArbSchG) verpflichtet den Arbeitgeber, die erforderlichen Maßnahmen des Arbeitsschutzes zu treffen, auf ihre Wirksamkeit zu prüfen und ggf. sich ändernden Gegebenheiten anzupassen. Als Maßnahmen des Arbeitsschutzes definiert das Gesetz Maßnahmen zur Verhütung von Unfällen bei der Arbeit und arbeitsbedingten Gesundheitsgefahren einschließlich Maßnahmen der menschengerechten Gestaltung der Arbeit (§ 2 I ArbSchG). Ziel des ArbSchG ist neben dem Sicherheits- und Gesundheitsschutz der Beschäftigten auch dessen Verbesserung (§§ 1 I 1, 3 I 3 ArbSchG), was den betrieblichen Arbeitsschutz zu einer ebenso ständigen wie auch dynamischen Aufgabe macht [21].

Bei der Einrichtung von Arbeitsplätzen unter Verwendung technischer Unterstützungssysteme muss zur Ermittlung der notwendigen Arbeitsschutzmaßnahmen stets eine arbeitsplatz- und arbeitsstättenbezogene Gefährdungsbeurteilung nach § 5 ArbSchG erfolgen. In diese Beurteilung sind insbesondere Gefährdungen durch physische oder psychische Einwirkungen und Belastungen einzubeziehen, im hier behandelten Kontext also v.a. spezifische Verletzungsrisiken, die durch den Gebrauch der maschinellen Hilfsmittel entstehen können [22]. Die allgemein gehaltenen gesetzlichen Vorgaben zur Gefährdungsbeurteilung werden durch konkrete technische Anforderungen präzisiert, die v.a. in Rechtsverordnungen und technischen Regeln und Normen formuliert sind. Abschließende spezifische Bestimmungen für technische Unterstützungssysteme existieren – soweit ersichtlich – aktuell (noch) nicht. Bereits jetzt ist aber für jeden Einzelfall zu prüfen, ob geltende Vorschriften für anderweitige Regelungsbereiche auch auf technische Unterstützungssysteme anwendbar sind.

Derzeit existieren neben der bereits oben erwähnten DIN EN ISO 13482:2014 z.B. technische Normen für Roboter in industrieller Umgebung in Form der DIN EN ISO 10218 (Industrieroboter – Sicherheitsanforderungen), die u.a. das neue Anwendungsfeld der sogenannten kollaborierenden Roboter beinhaltet. Kollaborierende Roboter sind komplexe Maschinen, die Menschen im direkten Zusammenwirken in einem gemeinsamen Arbeitsprozess unterstützen und entlasten. Aufgrund der großen räumlichen Nähe dieser Zusammenarbeit kann es zum direkten Kontakt zwischen Roboter und Menschen kommen [22]. Da technische Unterstützungssysteme gerade auf ein solches Zusammenwirken im direkten physischen Kontakt ausgelegt sind, sind auch für sie die für kollaborierende Robotersysteme geltenden technischen Vorgaben zu berücksichtigen.

In diesen technischen Normen sind allerdings bis dato keine ausreichenden konkreten sicherheitstechnischen Anforderungen und Prüfverfahren für eine Bewertung der relevanten Risiken aufgeführt. Daher hat bspw. das Institut für Arbeitsschutz der Deutschen Gesetzlichen Unfallversicherung (IFA) in einem Entwicklungsprojekt technologische, medizinisch-biomechanische, ergonomische und arbeitsorganisatorische Anforderungen zur Ergänzung und Präzisierung dieser Normen erarbeitet und in einer sog. Handlungshilfe zusammengefasst [23]. Die Vorgaben dieser Handlungshilfe sind für technische Unterstützungssysteme ebenso zu berücksichtigen, wie es die Vorgaben der ISO/TS 15066 sein werden, die derzeit erarbeitet wird, um nähere sicherheitstechnische Anforderungen für das Anwendungsgebiet Mensch-Roboter-Kollaboration im industriellen Bereich zu definieren [24].

Derartige Handlungshilfen und Sicherheitsregeln besitzen zwar keinen verbindlichen Rechtsnormcharakter, können aber als „gesicherte arbeitswissenschaftliche Erkenntnisse" i.S.v. § 4 Nr. 3 ArbSchG Bedeutung erlangen [21].

2.7.5 Betriebliche Mitbestimmung

Auf betrieblicher Ebene kann die Einführung technischer Unterstützungssysteme zudem die Mitwirkung des Betriebsrats erforderlich machen. Das Betriebsverfassungsrecht [25] enthält eine Reihe unterschiedlicher, nach ihrer Intensität fein gestufter Mitwirkungsrechte des Betriebsrats, die für die Implementierung technischer Unterstützungssysteme einschlägig sind: § 87 I Nr. 7 BetrVG sieht ein echtes (erzwingbares) Mitbestimmungsrecht auf der stärksten Stufe der betrieblichen Beteiligungsrechte vor, die dem Betriebsrat eine gleichberechtigte Beteiligung an Arbeitgeberentscheidungen ermöglicht. Nach dieser Vorschrift hat der Betriebsrat – soweit keine gesetzlichen oder tarifvertraglichen Regelungen bestehen – mitzubestimmen über „Regelungen über die Verhütung von Arbeitsunfällen und Berufskrankheiten sowie über den Gesundheitsschutz im Rahmen der gesetzlichen Vorschriften oder der Unfallverhütungsvorschriften". Mitbestimmungspflichtig sind hiernach sämtliche Regelungen im Rahmen der gesetzlichen Vorschriften über den Arbeitsschutz [26]. Die Mitwirkung an und die Zustimmung zu solchen Regelungen liegen im Ermessen des Betriebsrats und können allein durch einen Spruch der Einigungsstelle ersetzt werden, § 87 II BetrVG.

Ein weiteres echtes Mitbestimmungsrecht auf gleicher Intensitätsstufe besteht nach § 87 I Nr. 6 BetrVG im Hinblick auf die „Einführung und Anwendung von technischen Einrichtungen, die dazu bestimmt sind, das Verhalten oder die Leistung der Arbeitnehmer zu überwachen". Dieses Mitbestimmungsrecht ist einschlägig, wenn und soweit ein Unterstützungssystem zur Erhebung, Auswertung und Weiterleitung leistungsbezogener Arbeitnehmerdaten eingerichtet wird.

Ergänzt werden diese erzwingbaren echten Mitbestimmungsrechte durch schwächere Mitbestimmungsregelungen: Der Betriebsrat kann nach § 80 I Nr. 2 BetrVG weitere Maßnahmen zur Verhütung von Arbeitsunfällen und Gesundheitsschädigungen anregen. Er muss damit beim Arbeitgeber dergestalt Gehör finden, dass seine Argumente auf den Entscheidungsprozess des Arbeitgebers einwirken können (sog. allgemeines Anhörungsrecht). § 88 Nr. 1 BetrVG ermöglicht für zusätzliche, über den gesetzlichen Arbeitsschutz hinausgehende Maßnahmen zur Verhütung von Arbeitsunfällen und Gesundheitsschädigungen außerdem ausdrücklich den Abschluss freiwilliger Betriebsvereinbarungen. Als zusätzliche Maßnahmen in diesem Sinne kommen insbesondere die Bereitstellung und Verwendung technischer Unterstützungssysteme in Betracht.

§ 89 BetrVG enthält eine allgemeine auf den Arbeitsschutz bezogene Aufgabenzuweisung an den Betriebsrat, der sich dafür einzusetzen hat, „dass die Vorschriften über den Arbeitsschutz und die Unfallverhütung im Betrieb sowie über den betrieblichen Umweltschutz durchgeführt werden." Außerdem verpflichtet § 89 BetrVG den Betriebsrat zur Zusammenarbeit mit den zuständigen Arbeitsschutz- und Gesundheitsschutzbehörden.

Daneben sieht § 90 BetrVG sowohl schlichte Unterrichtungsrechte vor, die allein der Information des Betriebsrats dienen, als auch etwas weitergehende Beratungsrechte, bei denen der Arbeitgeber den Verhandlungsgegenstand gemeinsam mit dem Betriebsrat erörtern muss: Nach § 90 I BetrVG hat der Arbeitgeber den Betriebsrat rechtzeitig (also bereits im Planungsstadium) und unter Vorlage der erforderlichen Unterlagen über die Planung u.a. von technischen Anlagen, von Arbeitsverfahren und Arbeitsabläufen oder der Arbeitsplätze zu unterrichten. Nach § 90 II BetrVG sind weitergehend die vorgesehenen Maßnahmen und ihre Auswirkungen auf die Arbeitnehmer, insbesondere auf die Art ihrer Arbeit so rechtzeitig zu beraten, dass Vorschläge und Bedenken des Betriebsrats bei der Planung berücksichtigt werden können [27]. Arbeitgeber und Betriebsrat sollen dabei ausdrücklich auch die gesicherten arbeitswissenschaftlichen Erkenntnisse über die menschengerechte Gestaltung der Arbeit berücksichtigen.

§ 91 BetrVG gewährt darüber hinaus unter engen Voraussetzungen ein erzwingbares (korrigierendes) Mitbestimmungsrecht im Hinblick auf Änderungen der Arbeitsplätze, des Arbeitsablaufs oder der Arbeitsumgebung: Widersprechen solche Maßnahmen offensichtlich den gesicherten arbeitswissenschaftlichen Erkenntnissen über die menschengerechte Gestaltung der Arbeit und werden die Arbeitnehmer dadurch in besonderer Weise belastet, so kann der Betriebsrat angemessene Maßnahmen zur Abwendung, Milderung oder zum Ausgleich der Belastung verlangen. Kommt eine Einigung nicht zustande, entscheidet die Einigungsstelle auf Antrag des Arbeitgebers oder des Betriebsrats [28].

Literatur und Anmerkungen

[1]   Remmers, H.: Assistive Technologien in der Lebenswelt älterer Menschen: Ethische Ambivalenzkonflikte zwischen Sicherheit und menschlicher Würde, in: Joerden, J. C.; Hilgendorf, E.; Petrillo und N.; Thiele, F. (Hrsg.): Menschenwürde in der Medizin: Quo vadis?, 2012, S. 77-94.

[2]   Eberhardt, B.: Unterstützende Assistenzlösungen für den Alltag, in: Sozialrecht + Praxis, 2012, S. 751-760.

[3]   Hilgendorf, E.: Menschenwürde und die Idee des Posthumanen, in: Joerden, J. C.; Hilgendorf, E. und Thiele, F. (Hrsg.): Menschenwürde und Medizin, 2013, S. 1047-1067.

[4]   Fitzi, G.; Matsuzaki, H.: Menschenwürde und Roboter, in: Joerden, J. C.; Hilgendorf, E.; Thiele, F. (Hrsg.): Menschenwürde und Medizin, 2013, S. 919-931.

[5]   Die Objekt-Formel findet sich erstmals in BVerfG, Beschluss vom 16.07.1969 – 1 BvL 19/63, Neue Juristische Wochenschrift, 1969, S. 1707.

[6]   Beck, S.: Menschenwürde und Mensch-Maschine-Systeme, in: Joerden, J. C.; Hilgendorf, E. und Thiele, F. (Hrsg.): Menschenwürde und Medizin, 2013, S. 997-1018.

[7]   Kersten kategorisiert diese Schnittstellen in instrumentelle, symbiotische und au-
        tonome Konstellationen. Kersten, J.: Menschen und Maschinen, in: Juristenzei-
        tung, 2015, S. 1-8.

[8]   Regnery, C.: Datenschutzrechtliche Fragen beim Ambient Assisted Living, in: Ta-
        gungsband Herbstakademie, IT und Internet – mit Recht gestalten, 2012, S. 579-
        596.

[9]   Albert, A.; Müller, B.: Herausforderungen und Perspektiven für Märkte im Bereich
        kognitiver und robotischer Systeme, in: Hilgendorf, E. und Günther, J. (Hrsg.): Ro-
        botik und Gesetzgebung, 2012, S. 29-51.

[10]   Beck, S.: Grundlegende Fragen zum rechtlichen Umgang mit der Robotik, in: Ju-
        ristische Rundschau, 2009, S. 225-230.

[11]   Unabhängiges Landeszentrum für Datenschutz Schleswig-Holstein: Vorstudie –
        Juristische Fragen im Bereich altersgerechter Assistenzsysteme, 2010.

[12]   Vgl. zu Problemen des Instruments der Einwilligung Masing, J.: Herausforderun-
        gen des Datenschutzes, in: Neue Juristische Wochenschrift, 2012, S. 2305-2311.

[13]   Roßnagel, A.; Jandt, S.; Skistims, H.; Zirfas, J.: Zulässigkeit von Feuerwehr-
        Schutzanzügen mit Sensoren und Anforderungen an den Umgang mit personenbe-
        zogenen Daten, 2012.

[14]   Weidner, R.; Kong, N.; Wulfsberg, J. P.: Human Hybrid Robot: a new concept for
        supporting manual assembly tasks, in: Production Engineering 7(6), 2013, S. 675-
        684.

[15]   Roßnagel, A.: Technikneutrale Regulierung: Möglichkeiten und Grenzen, in: Ei-
        fert, M. und Hoffmann-Riem, W. (Hrsg.): Innovationsfördernde Regulierung – In-
        novation und Recht II, 2009, S. 323-338.

[16]   May, E.: Robotik und Arbeitsschutzrecht, in: Hilgendorf, E. (Hrsg.): Robotik im
        Kontext von Recht und Moral, 2014, S. 99-118.

[17]   Wlotzke, O.: Das neue Arbeitsschutzgesetz, in: Neue Zeitschrift für Arbeitsrecht,
        1996, S. 1017-1023.

[18]   Pieper, R.: Arbeitsschutzgesetz – Basiskommentar zum ArbSchG, 6. Aufl., 2014.

[19]   Gesetze: insb. ArbSchG, Arbeitssicherheitsgesetz (ASiG); Verordnungen: Arbeits-
        stättenverordnung (ArbStättV), Betriebssicherheitsverordnung (BetrSichV), Ver-
        ordnung zur arbeitsmedizinischen Vorsorge (ArbMedVV), Lastenhandhabungs-
        verordnung (LasthandhabV), Verordnung über Sicherheit und Gesundheitsschutz
        bei der Benutzung persönlicher Schutzausrüstungen bei der Arbeit – PSA-Benut-
        zungsverordnung (PSA-BV); Unfallverhütungsvorschriften nach § 15 SGB VII,
        die von den Unfallversicherungsträgern als autonomes Recht gesetzt und künftig
        als Vorschriften der Deutschen Gesetzlichen Unfallversicherung (DGUV-Vor-
        schriften) zusammengefasst werden; Technische Regeln und Normen: insb. etwa
        Technische Regel für Betriebssicherheit TRBS 1151 – Gefährdungen an der
        Schnittstelle Mensch – Arbeitsmittel - Ergonomische und menschliche Faktoren;
        DIN EN 1005 – Sicherheit von Maschinen - Menschliche körperliche Leistung;
        europäische Richtlinien und Verordnungen: EU-Arbeitsschutz-Richtlinie
        2013/35/EU vom 26. Juni 2013 sowie EU-Maschinenrichtlinie 2006/42/EG vom

17. Mai 2006; internationale Übereinkommen: ILO-Übereinkommen Nr. 187 „über den Förderungsrahmen für den Arbeitsschutz" vom 15. Juni 2006; ILO-Empfehlungen: ISO 11228 – Ergonomie - Manuelles Handhaben von Lasten.

[20]   Lörcher, K.: Grundrecht 1, in: Gesamtes Arbeitsschutzrecht – Handkommentar, 2014.

[21]   Kohte, W.: § 288., in: Münchener Handbuch zum Arbeitsrecht, 3. Aufl., 2009.

[22]   Ottersbach, H. J.; Huelke, M.: Sichere Arbeitsplätze mit kollaborierenden Robotern, KAN-Brief 4/2010, abrufbar unter: http://www.kan.de/fileadmin/Redaktion/Dokumente/KAN-Brief/de-en-fr/10-4.pdf (19.02.2015).

[23]   BG/BGIA-Empfehlungen [künftig: Empfehlungen Gefährdungsermittlung der Unfallversicherungsträger – EGU] für die Gefährdungsbeurteilung nach Maschinenrichtlinie - Gestaltung von Arbeitsplätzen mit kollaborierenden Robotern (U 001/2009), abrufbar unter: http://publikationen.dguv.de/dguv/pdf/10002/bg_bgia _empf_u001d.pdf (19.02.2015).

[24]   IFA, Kollaborierende Roboter (COBOTS), abrufbar unter: http://www.dguv.de/ ifa/Fachinfos/Kollaborierende-Roboter/index.jsp (19.02.2015).

[25]   Dieser Beitrag beschränkt sich bewusst auf das Betriebsverfassungsrecht. Den nachfolgend erläuterten Bestimmungen teilweise vergleichbare Regelungen finden sich allerdings auch im Personalvertretungsrecht, bspw. in § 75 III Nr. 11, 16, 17 und § 81 BPersVG.

[26]   Wiese, G.; Gutzeit, M., § 87, in: Gemeinschaftskommentar BetrVG, 10. Aufl., 2014.

[27]   Wenn solche Maßnahmen eine gewisse Erheblichkeitsschwelle überschreiten, können sie im Einzelfall darüber hinaus außerdem eine Betriebsänderung darstellen und damit weitergehende Mitbestimmungsrechte nach §§ 111 ff. BetrVG nach sich ziehen.

[28]   Wird eine von der Einigungsstelle beschlossene Maßnahme für unangemessen erachtet, kann der Spruch der Einigungsstelle nach § 76 V BetrVG gerichtlich angefochten werden.

2.8 Technische Unterstützungssysteme aus wirtschaftlichem Blickwinkel

W. Weidner und J.-M. Graf von der Schulenburg

2.8.1 Veränderte Rahmenbedingungen durch gesellschaftlichen Wandel

Die mit dem demografischen Wandel verbundene Veränderung der Bevölkerungsstruktur führt in den nächsten Jahrzehnten zu weitreichenden gesellschaftlichen und ökonomischen Veränderungen in Deutschland. Die steigende Lebenserwartung bei niedriger Geburtenrate impliziert, dass die deutsche Bevölkerung altert und zahlenmäßig abnimmt [1]. Dies hat massive Auswirkungen auf die gesamte Volkswirtschaft, auf den Arbeitsmarkt, die Wertschöpfung und die Finanzierbarkeit der Sozialsysteme sowie die private Absicherung.

Demografisch bedingt wird es in Deutschland zu einem absoluten Rückgang sowie einer Alterung des Erwerbspersonenpotenzials kommen [1]. Damit einhergehend wird sich das im gesamtwirtschaftlichen Produktionsprozess eingesetzte Arbeitsvolumen und die Produktivität reduzieren. Im beitragsfinanzierten Sozialsystem wird die sinkende Anzahl der Erwerbspersonen, den Beitragszahlern, einer steigenden Zahl an Leistungsempfängern gegenüberstehen. Diese Problematik verstärkt sich im Bereich der Krankheits- und Pflegekosten durch den Sachverhalt, dass die Kosten mit dem Lebensalter stark ansteigen [2].

Auf der anderen Seite ist eine zunehmende Komplexität des Berufsalltags zu beobachten – die digitale Revolution verändert die Rahmenbedingungen auf dem Arbeitsmarkt grundlegend. „Einfache Arbeiten" werden in den nächsten Jahrzehnten zunehmend automatisiert [3], während Tätigkeiten mit niedrigen Löhnen und niedrigem Qualifikationsniveau etwa in der Logistik, Verwaltung und im Verkauf sowie Tätigkeiten eines Fabrikarbeiters oder Bauarbeiters fachlich und körperlich anspruchsvoller werden. Künstliche Intelligenz und fortschreitende Automatisierung werden zahlreiche Berufe überflüssig machen und einen Umbau der Arbeitsgesellschaft herbeiführen [3, 4].

Entscheidend für ein künftig funktionierendes Wirtschafts- und Sozialsystems ist eine Anpassung der Erwerbsquote sowie der Ausschöpfung des Erwerbspersonenpotenzials an die demografischen Strukturveränderungen. Demografisch bedingt wird sich der Arbeitsmarkt darauf einrichten müssen, künftig mehr ältere Menschen zu beschäftigen. Der Druck auf die Unternehmen im Hinblick auf den Erhalt und die Förderung der Leistungs-, Gesundheits- und Beschäftigungsfähigkeit bis ins Rentenalter wird zunehmen. Denkbar sind präventive und operative Maßnahmen, die dem demografischen Leistungsabfall entgegenwirken: So werden neben dem Einsatz von klassischen Robotersystemen, die menschliche Arbeitskraft bei „einfachen" Tätigkeiten ersetzen (Automatisierung), technische Systeme stehen, die zum Teil konträre Vorteile von Mensch und Maschine intelligent aufgaben- und personenspezifisch kombinieren und damit manuelle Arbeitsabläufe unterstützen und demzufolge Arbeitskraft erhalten (Deautomatisierung). Andere Unterstützungssysteme werden zur Kraft- und Mobilitätssteigerung Einsatz finden und kompensieren dabei altersspezifische Funktionseinbußen.

Robotersysteme werden derzeit noch weitgehend aus technologischer Sicht betrachtet. Untersuchungen zu den Auswirkungen auf Arbeitswelt, Gesellschaft, Volks- und Versicherungswirtschaft werden gerade erst aufgenommen [3, 4, 5, 6]. Ziel dieses Abschnitts ist es, die sich bietenden Potenziale innovativer technischer Unterstützungssysteme auf die Volkswirtschaft eingehender zu analysieren. Die Systeme zielen speziell darauf ab, Tätigkeiten im Berufs- und Alltagsleben derart zu unterstützen, dass die Invalidität und Pflegebedürftigkeit verhindert oder zumindest hinausgezögert wird. Daher bildet die Betrachtung des Berufsunfähigkeits- und Pflegefallrisiko die Grundlage für volkswirtschaftliche Schlussfolgerungen.

2.8.2 Lösungsansätze durch technische Unterstützungssysteme

Arbeitsmarktentwicklung unter Berücksichtigung der Berufsunfähigkeit

Aufgrund der demografischen Entwicklung wird die Zahl der Arbeitskräfte in Deutschland sinken und der Anteil älterer Arbeitskräfte an der Gesamtzahl der Erwerbstätigen steigen [1]. Diese Entwicklung verringert das gesamtwirtschaftliche Arbeitsvolumen [7], sogar ohne Berücksichtigung der Auswirkungen der Industrie 4.0 auf den Arbeitsmarkt. Ökonomische Folgen können durch zwei Faktoren gelindert werden: eine Erhöhung des Arbeitsvolumen und eine Steigerung der Produktivität.

Zur Steigerung von Wirtschaftsleistungen gilt es in den kommenden Jahrzehnten im Besonderen, dem künftig durch die Bevölkerungsentwicklung und -struktur reduzierten Arbeitsvolumen entgegenzuwirken. Eine höhere Erwerbsquote, eine niedrigere Erwerbslosenquote und eine höhere Zahl an Arbeitsstunden pro Erwerbstätigem wirken insgesamt erhöhend auf das Arbeitsvolumen. Vor dem Hintergrund des demografischen Wandels besteht die Herausforderung dabei insbesondere in einer deutlichen Steigerung der Zahl der älteren Arbeitnehmer, die ein höheres Invaliditätsrisiko aufweisen als Arbeitnehmer anderer Altersgruppen [8]. Ein Heraufsetzen des Rentenalters allein scheint keine Lösung zu sein. Jeder vierte Arbeitnehmer in Deutschland scheidet laut Angaben der deutschen Rentenversicherung aus gesundheitlichen Gründen vorzeitig und ungeplant aus dem Berufsleben aus. Betroffen von der Berufsunfähigkeit sind alle Altersgruppen; da das Risiko für viele Krankheiten im Alter zunimmt, sind im Bestand der privaten Berufsunfähigkeitsversicherer 52% der Leistungsfälle auf die Altersgruppe der über 50-Jährigen zurückzuführen [8]. Dieser Trend wird sich im Zuge der digitalen Revolution und der demografischen Entwicklung verstärken. Viele „einfache" Arbeiten, vor allem manuelle Tätigkeiten ohne großen kreativen Anteil, aber zunehmend auch rationalisierbare Verwaltungsarbeiten, fallen weg [4]. Hingegen werden Tätigkeiten mit hohen Anforderungen an Geschicklichkeit, Anpassungsfähigkeit und Kreativität stärker nachgefragt [5]. Gerade individuelle Arbeiten mit Anforderungen an Geschicklichkeit und Kraftaufwand, die nicht immer durch Erfahrung zu kompensieren sind, weisen mit fortschreitendem Alter eine schnell wachsende Invaliditätsrate auf. Beispielsweise erfordern das Polieren von Oberflächen [5], das Arbeiten über Kopf oder in Hohlräumen in der Flugzeugproduktion sowie die Mikromontage von Kleinstteilen aus Mikro-, Nano- und Biotechnologie [10] sensomotorische und kognitive Fähigkeiten, die bislang keine Maschine erfüllt. Ohne Kompensati-

onsmethoden ist für derartige Tätigkeiten zwar ein gewisser Teil von weniger hoch belast-
baren Mitarbeitern für einige Zeit oder für wenige Stunden einsetzbar, aber wie die Sta-
tistik lehrt, ist die damit verbrachte Lebensarbeitszeit beschränkt. Folglich nimmt der Anteil an Berufen mit einem höheren Invaliditätsrisiko bei verlagerter Beschäftigungsart unter der Industrie 4.0 zu.

Technische Unterstützungssysteme, die Mensch und Maschine zur Ausführung von Tätigkeiten innerhalb eines Systems mit gemeinsamen Regelkreislauf systematisch integrieren, beugen Gesundheitsschäden wirksam vor und gleichen Funktionseinbußen wirkungs-
voll aus: Mit einer Kraft- und Mobilitätsunterstützung kann die körperliche Belastung im
Arbeitsleben gesenkt werden. Auf diese Weise kann Erkrankungen des Skelett- und Be-
wegungsapparats begegnet werden, die in 21% aller Leistungsfälle die Ursache für eine
Berufsunfähigkeit darstellen [8]. Zudem kann die psychische Belastung, in 32% aller Leistungsfälle ursächlich für eine Berufsunfähigkeit [8], durch eine Präzisionssteigerung und
einer damit einhergehenden Qualitätssicherung bzw. Fehlervermeidung abnehmen.

Neben einer Erhöhung des Arbeitsvolumens trägt eine Steigerung der Produktivität zur
Stabilität der Wirtschaftsleistung bei. Modulare technische Unterstützungssysteme wirken
arbeitsunterstützend, wodurch die Mitarbeiterverfügbarkeit und folglich die Produktivität
gesteigert werden können [10]. In diesem Zusammenhang werden die Weiterbildung zur
Erlernung neuer Techniken und flexible Anpassung an Bedürfnisse wichtiger, um die mit
dem digitalen Wandel einhergehende wachsende Komplexität im Berufsalltag zumindest
teilweise zu kompensieren.

Mit technischen Unterstützungssystemen kann über die aufgezeigten Ansätze auf die
wachsenden Anforderungen am Arbeitsmarkt reagiert werden. Die Arbeitskraft kann unter
ihrem Einsatz wirksam erlangt, verbessert oder aufrechterhalten werden; einen Überblick
über potentielle Anwendungsfälle liefert **Abb. 2.12**.

Entwicklung der Leistungsempfänger in der Pflegefallversicherung

Der demografische Wandel bedeutet – unter Annahme einer dauerhaft konstanten, altersspezifischen Pflegequote – eine Verdopplung des Anteils der Pflegebedürftigen an der
Gesamtbevölkerung auf 6,5% bis zum Jahr 2050 und eine deutliche Alterung der Pflegebedürftigen [9]. Zugleich sinkt die Zahl der Erwerbstätigen, die Beitragzahler, immer
weiter [1]. Die Umlagefinanzierung der gesetzlichen Pflegeversicherung stößt durch (zu
erwartende) Ausgabensteigerungen zunehmend an ihre Grenzen. Allerdings beeinflussen,
neben dem demografischen Wandel, verändernde Lebenssituationen u.a. durch steigenden
Wohlstand, bessere Ernährung und weniger körperlich belastende Arbeit den Gesund-
heitszustand und folglich die Entwicklung der Pflegebedürftigkeit sowie die Zuordnung
der Pflegebedürftigen zu den Pflegestufen [9]. Dennoch scheint die Entwicklung von Prä-
ventionsmaßnahmen gegen Pflegebedürftigkeit für eine nachhaltige Finanzierung der
Pflegekosten ohne Einschränkung des avisierten hohen Leistungsniveaus unausweichlich.
Dazu können technische Unterstützungssysteme in Erwägung gezogen werden, für die
sich drei wesentliche Anwendungsfälle differenzieren lassen (siehe ergänzend **Abb. 2.12**):

- Prävention und Gesundheitsförderung zur Erzielung eines Gesundheitsgewinns und
  Leistungserhalts durch vorbeugende unterstützende Maßnahmen mittels Integration

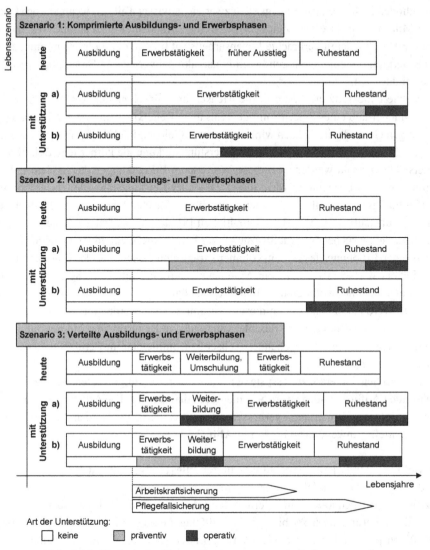

Abb. 2.12: Technische Unterstützungssysteme in Lebensszenarien

von Mensch und Maschine [10]. Dies ermöglicht den Eintritt einer Funktionseinbuße zu verhindern oder zu verzögern und somit eine Pflegebedürftigkeit aufzuschieben. Infolgedessen lassen sich Pflegezeit und -kosten reduzieren.

- Operative Unterstützung oder gar Wiedereingliederung körperlich kranker oder behinderter Personen in das berufliche und gesellschaftliche Leben durch Kopplung von technischen Elementen und Funktionalitäten mit den biologisch physiologischen Voraussetzungen des Menschen [10]. Auf diese Weise können Funktionseinbußen abgeschwächt bzw. ausgeglichen werden und z.B. Kraftverfügbarkeit, Mobilität, Koordination und Feinmotorik verbessert werden, sodass spezielle Alltagstätigkeiten weiter selbstständig ausgeführt werden können. Dem Finanzierungsproblem der Pflege wird damit auf zweierlei Weise begegnet. Zum einen setzt die Pflegebedürftigkeit erst später ein und verkürzt damit Pflegezeit und -kosten. Zum anderen wirken sich technische Hilfsmittel bei vorliegender Pflegebedürftigkeit positiv auf die Schwere der Pflegebedürftigkeit und folglich auf die Zuordnung der entsprechenden Pflegestufe aus. Da sich die Leistungen der Pflegeversicherung nach den Pflegestufen orientieren, kommt es bei einer Eingruppierung in geringere Pflegestufen zu einer Kostenersparnis.

- Erhöhung der Pflegequalität durch Kopplung biomechanischer und technischer Systeme, z.B. zur Kraftunterstützung von Pflegekräften bei manuellen Anwendungen. Die verkürzten und vereinfachten Arbeitsabläufe führen neben einer Professionalisierung des Pflegeberufs aufgrund optimierter Aufgabenausführungen zu einer deutlichen physischen und psychischen Arbeitsentlastung und somit höheren Verfügbarkeit des Pflegepersonals. Geringere körperliche Belastungen der Pflegekräfte bewirken sinkende Invaliditätsraten (s. vorherigen Unterabschnitt). Zudem kann mit verkürzten Arbeitsabläufen der Mangel an Pflegepersonal teilweise umgangen werden. Außerdem erschließen sich durch Unterstützungssysteme zusätzliche Personenkreise für eine Ausübung pflegerischer Tätigkeiten. Es besteht sogar die Hoffnung, dass viele Menschen, die aufgrund ihrer psychischen Ausprägung für fürsorgende Berufe besonders geeignet sind, die körperlichen Anforderungen aber nicht erfüllen, in dieses Betätigungsfeld wechseln können.

2.8.3   Volkswirtschaftliche Auswirkungen technischer Unterstützungssysteme

Der demografische Wandel in Deutschland stellt insbesondere die sozialen Sicherungssysteme und die gesamtwirtschaftliche Entwicklung vor große Herausforderungen. Im vorangehenden Abschnitt wurde ein Lösungsansatz auf die sich aus der alternden Gesellschaft ergebende verringerte Erwerbsquote und erhöhte Pflegequote über präventiv und operativ einsetzbare technische Unterstützungssysteme aufgezeigt. Die dort genannten Zielwerte für den Einsatzbereich basieren weniger auf universellen, sondern wesentlich auf speziellen, spezifisch auf den momentanen Zweck gerichteten Lösungen. Zudem sind die Hilfsmittel so auszurichten, dass sie mit überall vorhandenen Werkzeugen und Werkstoffen und standardisierten Komponenten (vor allem für die Krafterzeugung und Steuerung) zeitnah und vor Ort angepasst werden können. Entscheidend für eine erfolgreiche Markteinführung wird es sein, „einfache" Lösungen zu gestalten, die preiswert herzustellen sind.

Die Effekte des aufgezeigten Lösungsansatzes sind aus volkswirtschaftlichem Blickwinkel vielschichtig. Direkt schlägt sich der Einsatz technischer Unterstützungssysteme in einer Entlastung der beitragsfinanzierten Sozialversicherungssysteme nieder:

- In Folge einer Verringerung körperlich und psychisch belastender Arbeit ist kurz- bis mittelfristig eine stetig sinkende Invaliditätsquote zu erwarten, sodass künftig geringere Ausgaben für Erwerbsminderungsrenten anfallen. Tragen technische Unterstützungssysteme etwa zu einer 30% sinkenden Invaliditätswahrscheinlichkeit – bei linearer Anpassung über die kommenden 10 Jahre – bei, ergibt sich unter Berücksichtigung einer damit einhergehenden abnehmenden Anzahl an Rentenempfängern sowie steigenden Anzahl an Krankenversicherungsbeitragszahlern für die nächsten 10 Jahre bereits eine Leistungsersparnis von rund 33 Mrd. Euro. Dies ist eine eigene untere Abschätzung auf Basis der Entwicklung der Erwerbstätigenzahl gemäß [7] sowie aktueller Zahlen der Deutschen Rentenversicherung [11].

- In ähnlicher Weise wirken präventive und operative Maßnahmen auf die Pflegebedürftigkeit. Werden mit Hilfe technischer Unterstützungssysteme Alltagstätigkeiten entlastet und die Selbstständigkeit gefördert, ist umgehend mit einem positiven Einfluss auf die Entwicklung der Pflegequote bzw. die Zuordnung zu den Pflegestufen zu rechnen. Hierbei handelt es sich weniger um lebensverlängernde Hilfsmittel und mehr um eine Reduktion von Pflegeleistungen. Um das Einsparpotenzial durch technische Unterstützungssysteme auf künftige Pflege-ausgaben abschätzen zu können, wurden zwei Szenarien erstellt. Das Basisszenario geht für die Prognose der Entwicklung der Pflegebedürftigen nach Pflegestufen von konstanten altersspezifischen Pflegewahrscheinlichkeiten und trendbasierten Zuordnungsfaktoren auf die Pflegestufen [12] aus, wobei die Bevölkerungs-entwicklung der 12. koordinierten Bevölkerungsvorausberechnung des Statistischen Bundesamts [1] als Bezugsgröße herangezogen wird. Das Alternativszenario hingegen bezieht Auswirkungen technischer Entwicklungen ein und geht von sinkenden Pflegewahrscheinlichkeiten aus. Annahmegemäß erfolgt eine Verschiebung der Eingruppierung von 70% der Leistungsempfänger – bei linearer Anpassung über die kommenden 10 Jahre – in die nächst gelegene geringere Pflegestufe. Im Vergleich zum Status Quo ergibt sich summiert über die kommenden 10 Jahre eine Entlastung der Pflegeversicherung um rund 49 Mrd. Euro. Durch den im Zuge des Einsatzes von Unterstützungssystemen geschaffenen Aufschub der ersten Pflegestufe und folglich der Pflegebedürftigkeit könnte der demografische Effekt sogar vollständig kompensiert werden. Anzumerken bleibt an dieser Stelle allerdings, dass Einsparungen in dieser Versicherungsform erfahrungsgemäß nicht beitragssenkend sondern leistungserhöhend wirken.

- Einfluss auf die Finanzierbarkeit der Sozialversicherungssysteme hat neben der Ent-wicklung der Leistungsempfänger auch die Entwicklung der Erwerbsquote. Der jen-seits des 50. Lebensjahres sinkenden Erwerbsquoten, aufgrund längerer Phasen der Erwerbsunfähigkeit und der Frühinvalidisierung, wird durch veränderte Arbeitsbedin-gungen und -belastungen unter Einbezug technischer Unterstützungssysteme aktiv ent-gegengewirkt. Wenn es mehr Erwerbstätige gibt, gibt es ebenfalls mehr Beitragszahler für die Sozialversicherungen.

Indirekt sollte der Einfluss technischer Unterstützungssysteme noch stärker sein. Die Nut-zung technischer Unterstützungssysteme kann nachhaltigen Mehrwert schaffen und dadurch gesellschaftliche und wirtschaftliche Auswirkungen der demografischen Verän-derungen auffangen:

- Der Erhalt von Arbeitskraft erhöht die Anzahl der Erwerbstätigen, die Unterstützung von Arbeitsvorgängen stellt eine hohe Produktivität (auch mit zunehmendem Alter) sicher und implizit wird neues Realkapital in der Produktion eingesetzt. Diese Kom-ponenten tragen gemeinsam zu einer Steigerung der Wertschöpfung bei. Auf der an-

deren Seite wirken sich technische Unterstützungssysteme infolge sinkender Invalidi-
täts- und Pflegequoten unmittelbar auf die indirekten Arbeitskosten, die Lohnneben-
kosten, aus. Diese beiden Effekte wirken positiv auf die Entwicklung des Lohnstück-
kostenniveaus und stärken damit die internationale Wettbewerbsfähigkeit der Volkswirtschaft. Da die Komponenten von Unterstützungssystemen zur Verringerung körperlich und psychisch belastender Arbeit nicht völlig neu erforscht und entwickelt,
sondern höchstens modifiziert werden müssen, sind die Entwicklungskosten schnell
amortisiert. Auf diese Weise ist eine Stärkung der Wettbewerbsfähigkeit effizient zu
erreichen.

- Der Zuwachs der Arbeitsproduktivität kann dabei durchaus eine Arbeitszeitverkür-
zung bei gleichzeitiger Aufrechterhaltung des Lebensstandards, also ohne Wohlstand-
verlust, mit sich bringen. Mit Unterstützungssystemen kann die bezahlbare Arbeit zudem auf mehr Erwerbstätige verteilt werden. In einer Wettbewerbswirtschaft ist dies
die einzige Möglichkeit, der Verdichtung der Arbeit entgegenzuwirken.
- Zuletzt besteht gar die Möglichkeit von Potenzialerweiterungen. Die durch Unterstützungssysteme veränderten beruflichen Tätigkeitsfelder erlauben es, zusätzliche Personenkreise für eine Ausübung besonders nachgefragter Tätigkeiten zu erschließen und
somit Marktlücken zu schließen.

Schließlich muss noch auf die Vermutung hingewiesen werden, dass technische Lösungen
ökonomischer und gesellschaftlich akzeptabler sind als Einwanderung mit ähnlichem Effekt. Man darf nicht nur bezweifeln, dass Einwanderung ökonomische Werte schafft sondern auch, dass sie allgemein von der Bevölkerung akzeptiert wird, wenn ein Verdrän-
gungswettbewerb um Arbeitsplätze entsteht.

2.8.4 Zusammenfassung und Ausblick

Der demografische Wandel bedeutet eine große Herausforderung für die deutsche Volkswirtschaft. In diesem Beitrag wird ein Lösungsansatz auf die sich aus der alternden Gesellschaft für den Arbeitsmarkt und die Finanzierbarkeit der Sozialsysteme resultierende
Problematik vorgestellt, indem Auswirkungen innovativer unterstützender Technologien
analysiert werden.

Zunächst zeigt sich, dass durch Unterstützungssysteme veränderte berufliche Tätigkeitsfelder den Gefährdungsgrad für eine Berufsunfähigkeit senken sowie durch Unterstützungssysteme entlasteten Alltagtätigkeiten die Selbstständigkeit fördern und folglich die
Invalidität bzw. Pflegebedürftigkeit reduziert wird. Bezeichnend für technische Entwicklungen ist schwer abschätzbar, welche Anwendungsmöglichkeiten sich eröffnen und wie
sie konkret aussehen. Anschließend wird die finanzielle Entlastung der Sozialsysteme auf
rund 80 Mrd. Euro in den kommenden 10 Jahren quantifiziert und ein nachhaltig volkswirtschaftlicher Mehrwert in Hinsicht auf die Entwicklung von Arbeitsbedingungen,
Wertschöpfung und Wettbewerbsfähigkeit abgeleitet. Technische Unterstützungssysteme
stellen demnach geeignete präventive und operative Maßnahmen gegen gesellschaftliche
und ökonomische Auswirkungen der demografischen Entwicklung dar. Ihr Einsatz schafft
die Voraussetzungen für eine Anpassung an die veränderten Rahmenbedingungen über

ein erhöhtes Arbeitsvolumen, eine Produktivitätssteigerung sowie eine abgesenkte Pflegebedürftigkeit, insbesondere auch unter der älteren Bevölkerung.

Für eine Kosten-Nutzen-Analyse gilt es, abschließend noch die gesellschaftlichen und ökonomischen Wirkungen technischer Unterstützungssysteme um den mit der Einführung solcher Technologien verbundenen Aufwand für die Gesellschaft zu erweitern.

Literatur

[1]   Statistisches Bundesamt: Bevölkerung Deutschlands bis 2060 – 12. koordinierte Bevölkerungsvorausberechnung. Wiesbaden, 2009, Internet: www.destatis.de [Stand 08.09.2014].

[2]   BaFin: Wahrscheinlichkeitstafeln in der privaten Krankenversicherung 2012. Bundesanstalt für Finanzdienstleistungsaufsicht, 2014.

[3]   Frey, C.; Osborne, M.: The future of employment: How susceptible are jobs to computerisation?. Oxford University, 2013.

[4]   Bowles, J.: The computerisation of European jobs – who will win and who will lose from the impact of new technology onto old areas of employment?. Bruegel, 2014, Internet: http://www.bruegel.org/nc/blog/detail/article/1394-the-computerisation-of-european-jobs [Stand 07.09.2014].

[5]   Spath, D.; Ganschar, O.; Gerlach, S.; Hämmerle, M.; Krause, T. und Schlund, S.: Produktionsarbeit der Zukunft – Industrie 4.0, Fraunhofer Verlag, Stuttgart, 2013.

[6]   Marsiske, H.-A.: Kollege Roboter – Maschinen werden immer intelligenter. Sie verändern längst die Arbeitswelt. Und bald unser Leben. Brand eins 05/2014.

[7]   Rürup, B.; Huchzermeier, D.; Böhmer, M.; Ehrentraut, O.: Die Zukunft der Altersvorsorge – Vor dem Hintergrund von Bevölkerungsalterung und Kapitalmarktentwicklungen. Gesamtverband der Deutschen Versicherungswirtschaft, 2014, Internet: www.gdv.de [Stand 10.02.2015].

[8]   Morgen&Morgen: Versicherer zahlen 1,7 Mrd. Euro Rente an Berufsunfähige – Aktuelles BU-Rating von M&M zeigt positive Trends. Pressemitteilung 09. April 2014, Internet: www.morgenundmorgen.com [Stand: 12.09.2014].

[9]   Statistisches Bundesamt: Demografischer Wandel in Deutschland – Auswirkungen auf Krankenhausbehandlungen und Pflegebedürftige im Bund und in den Ländern. Heft 2, Wiesbaden, 2010. Internet: www.destatis.de [Stand 08.09.2014].

[10]   Weidner, R.; Redlich, T.; Wulfsberg, J. P.: Produktionstechnik, Montage, Mensch und Technik – Passive und aktive Unterstützungssysteme für die Produktion, in: wt Werkstatttechnik online 104(9), Düsseldorf, Springer-VDI-Verlag, 2014, S. 174-179.

[11]   Deutsche Rentenversicherung Bund: Rentenversicherung in Zahlen. DRV-Schriften 22 2014, Internet: www.deutsche-rentenversicherung.de [Stand 10.02.2015].

[12]   BMG: Pflegeversicherung – Leistungsempfänger der sozialen Pflegeversicherung am Jahresende nach Pflegestufen 1995-2013) Bundesministerium für Gesundheit, 2014, Internet: www.bmg.bund.de [Stand: 12.09.2014].

3 Methoden zur Entwicklung von Unterstützungssystemen

Die Entwicklung von technischen Unterstützungssystemen, die erstens einen objektiven Nutzen besitzen und zweitens vom Verbraucher auch akzeptiert werden, erfordert besondere Methoden, die in diesem Kapitel vorgestellt werden. Die adäquate Integration der Nutzer in den Entwicklungsprozess spielt bei den hier vorgestellten Ansätzen eine entscheidende Rolle. Es wird eine Forschungsstrategie vorgestellt, bei der die Erfassung konkreter Bedürfnisse und Wünsche von Verbrauchern in der Alltagspraxis im Mittelpunkt steht. Sie beruht auf einer sozialwissenschaftlichen Konzeption sowie auf Erhebungs- und Auswertungsmethoden mit deren Hilfe es möglich ist, einen systematischen Überblick über Nutzungskontext und Techniknutzungsmotivation zu erhalten. Mit dem Ansatz der kompetenzorientierten Technikentwicklung rückt eine ganzheitliche Menschbeschreibung in den Mittelpunkt, die sich sowohl Konzepten der Human- als auch der Geisteswissenschaften bedient. Sie zielt auf den Ausgleich zwischen der hohen Komplexität heutiger technischer Systeme und den limitierten Kompetenzen der Nutzer ab. Durch eine Analyse der Ressourcen und Restriktionen von Individuen, ihrer Leistungsfähigkeit, sowie von Lebens- und Handlungssituationen im häuslichen Kontext und die Verknüpfung dieser Parameter mit einer Unterstützungshierarchie, können die Anforderungen an technische Unterstützungssysteme angemessen definiert werden. Darüber hinaus wird ein Ansatz vorgestellt, der dazu beitragen kann, dass die Diskrepanz zwischen dem von den Entwicklern antizipierten Nutzen und der tatsächlichen Lebenswirklichkeit der Anwender zu überwinden, um so sozial nachhaltige Systemlösungen zu erhalten. Dazu werden die Interdependenzen zwischen Technik, Mensch und Volkswirtschaft auf verschiedenen Ebenen identifiziert und für die Definition von Anforderungen an eine partizipative Technikentwicklung berücksichtigt. Der Ansatz der akzeptanzorientierten Technikentwicklung basiert auf der subjektiven Zufriedenheit des Nutzers. Er versteht jedoch nicht ausschließlich die Entscheidung für oder gegen eine Nutzung als alleiniges Kriterium für erfolgreiche Technikentwicklung. Es wird das bekannte UTAUT-Modell zur Vorhersage von Technikakzeptanz um Akzeptanzanalysen erweitert, die vor, während und nach der Entwicklung bzw. vor, während und nach Nutzung durchgeführt werden.

3.1 Soziologische Bedarfsanalyse für Technikentwicklung

T. Birken, H. Pelizäus-Hoffmeister und P. Schweiger

3.1.1 Einleitung

Bedarfsgerechte Technologien können hervorragend dazu beitragen, gerade ältere Menschen in ihrem Alltag bei einer selbstbestimmten und selbstständigen Lebensführung zu unterstützen und damit zugleich den Betreuungsaufwand zu senken. Bei der Technikentwicklung zeigt sich allerdings, dass Ingenieure den technischen Innovationsschüben häufig größere Bedeutung zuschreiben als der Nachfrage. Die technische Machbarkeit wird in den Mittelpunkt gerückt, während die Perspektive potenzieller Nutzer zu wenig Beachtung findet [1]. Dies hat zur Konsequenz, dass im Bereich technischer Unterstützungssysteme für ältere Menschen in den letzten Jahren viele Produkte am Bedarf vorbei entwickelt wurden, die von den Älteren entsprechend nicht in einem befriedigenden Maße akzeptiert und genutzt werden.

Die zentrale These lautet, dass ein technisches Produkt nur dann akzeptiert und in den Alltag integriert wird, wenn bei seiner Entwicklung die Bedeutungs- und die Verwendungszusammenhänge, in die die Technik eingepasst werden soll, berücksichtigt werden. Mit anderen Worten: Es müssen sowohl die *konkreten Bedürfnisse* der Älteren, die von ihrem alltäglichen Kontext abhängig sind, und die Deutungen, mit der sie die Technik versehen (als *Techniknutzungsmotivationen* bezeichnet), bekannt sein und berücksichtigt werden, um ein bedarfsorientiertes Produkt zu entwickeln. Um in beiden Bereichen das notwendige Hintergrundwissen zu generieren, bietet die Soziologie erfolgversprechende theoretische Konzeptionen und Methoden an. Mit deren Hilfe ist es möglich, einen systematischen Überblick sowohl über an konkreten Bedürfnissen orientierte Einsatzfelder für Technik im Alltag Älterer als auch über vorherrschende Motivationen für den Technikeinsatz (bzw. seine Vermeidung) zu erarbeiten. Auf der Basis dieser Erkenntnisse sollte es zudem möglich sein, konkrete technische Funktionen und Lösungsansätze abzuleiten, die in ganz neuen Produktideen münden können.

Die als wichtig erachteten subjektiven (Be-)Deutungen von Technik spielen auch in bereits existierenden Modellen zur Technikakzeptanzforschung eine Rolle. Sie werden meist unter dem Konzept der subjektiven Einstellung subsumiert. Allerdings zeigt sich bei ihnen, dass die der Einstellung zugrundeliegenden Variablen wie bspw. Geschlecht, Bildung, kultureller Kontext, Einkommen etc. meist nicht in die Erklärungsmodelle mit einfließen, mit der Konsequenz, dass wenig über konkrete Nutzergruppen ausgesagt werden kann. Im Hinblick auf die Produktentwicklung ist zudem zu beachten, dass die vorherrschenden Akzeptanzmodelle in der Regel als Evaluationsinstrumente eingesetzt werden, wenn wesentliche Produktentscheidungen bereits gefallen sind. Eine nutzerzentrierte Ermittlung der Bedürfnisse ist über diese Instrumente also nicht möglich.

Im Gegensatz dazu wird im vorliegenden Beitrag eine Forschungsstrategie vorgestellt, mit deren Hilfe sowohl die Handlungspraxen der Älteren zur Bewältigung der Herausforderungen ihres Alltags – mit den darin implizierten Problemlagen – als auch deren Techniknutzungsmotivationen erhoben werden können, um darauf aufbauend Anknüpfungs-punkte für technische Entwicklungen abzuleiten. Als Forschungsstrategie soll hier die durch sozialwissenschaftliche Konzepte theoretisch angeleitete Kombination unterschied-licher sozialwissenschaftlicher Erhebungs- und Auswertungsmethoden verstanden wer-den.

Im ersten Schritt werden die grundlegenden theoretischen Vorannahmen auf der Basis des aktuellen sozialwissenschaftlichen Stands der Forschung präsentiert. Daran schließt sich die Beschreibung des methodischen Instrumentariums an, das eine enge Zusammenarbeit zwischen Sozialwissenschaftlern und Ingenieuren beinhaltet. Im Fazit werden die mit die-ser Forschungsstrategie verbundenen Chancen in wissenschaftlich-technischer und wirt-schaftlicher Hinsicht angedeutet.

3.1.2 Konzeptueller, soziologischer Rahmen

Um all die Tätigkeiten systematisch zu erfassen, die zur Bewältigung der Anforderungen des Alltags im Alter wesentlich sind, wird hier auf das *Konzept der alltäglichen Lebens-führung (ALF)* zurückgegriffen, das der subjektorientierten Soziologie entstammt. Als Le-bensführung wird dort die Gesamtheit aller (synchronen) Tätigkeiten im Alltag eines Men-schen bezeichnet, die dazu beitragen, dass dieser die alltäglichen Herausforderungen eines selbstständigen Lebens – mehr oder weniger – erfolgreich bewältigen kann. Damit wird der Fokus auf die *Praxisebene* gerichtet. Es wird das in den Blick genommen, was tagaus-tagein die sprichwörtliche „Tretmühle" des Alltags bildet. Dabei kann es sich bspw. um das Bettenmachen, das Waschen oder das Kaffeekochen handeln, aber auch um regelmä-ßiges Telefonieren mit der Freundin oder das Fensterputzen. Diese Tätigkeiten lassen sich spezifischen Bereichen zuordnen – wie bspw. sozialer Austausch, Speisenzubereitung etc. –, die hier als *Handlungsfelder* bezeichnet werden und die Bereiche abstecken, die für den praktischen Alltag und das Wohlbefinden unverzichtbar sind. So sind es vor allem die Routinen des Alltags, die im Fokus der Betrachtung liegen, aber auch deren (diachrone) Veränderungen über die Zeit, da diese Hinweise für sich mit zunehmendem Alter verän-dernde Rahmenbedingungen liefern können.

Diese Routinen des Alltags entwickeln (mit der Zeit) eine strukturelle Eigenlogik, die den Handlungs- und Tagesablauf sichert und damit zu Stabilität und Kontinuität beiträgt. In-sofern tragen sie einerseits zur Entlastung bei. Andererseits aber gilt gleichzeitig, dass die Bereitschaft zur Veränderung von Routinen oft eher gering ist. Es wird angenommen, dass gerade Alltagsroutinen, die schon über sehr lange Zeiträume bestehen, nur schwer verän-derbar sind [1].

Diese „Starrheit" in der alltäglichen Lebensführung ist auch auf Kontextbedingungen zu-rückzuführen, die sich nicht immer ändern lassen und/oder an denen die Älteren bewusst festhalten. Zur systematischen Beschreibung dieser Bedingungen wird hier das *Konzept der Lebenslage* eingeführt, das u.a. von Clemens [2] und Naegele [3] in die Alter(n)ssozi-ologie und Gerontologie eingeführt und von Elsbernd, Lehmeyer und Schilling [4] wei-terentwickelt wurde. Die Lebenslage beschreibt die materiellen und immateriellen Le-bensverhältnisse von Personen(-gruppen), die sich aus ökonomischen, sozialen, kulturellen und politischen Lebensbedingungen zusammensetzen. Diese Bedingungen sind einerseits *objektives Ergebnis* gesellschaftlicher Entwicklung, unterliegen aber andererseits zugleich der *subjektiven Wahrnehmung und Deutung* durch die Individuen. Da Lebenslagen die je spezifischen Ressourcen bzw. Restriktionen der Individuen auf unterschiedlichen Dimensionen beschreiben, können sie zugleich als *Handlungsspielräume* begriffen werden, die die Individuen zur Gestaltung ihrer Existenz vorfinden. In ihrer Bedeutung für das alltägliche Handeln sind sie immer abhängig von den jeweiligen subjektiven Perspektiven der Betroffenen. Dennoch stecken die objektiven Bedingungen das Feld ab, in dem die Menschen im Rahmen ihrer Lebensführung agieren oder (im Falle einer subjektiven Fehldeutung der realen Spielräume) auch scheitern können.

Folgende sechs Bedingungen (Dimensionen) der Lebenslage werden als relevant für ältere Menschen erachtet:

1. Einkommen, Vermögen bzw. ökonomische Versorgung,
2. Wohnverhältnisse und Infrastruktur (Wohnraum, Zugang zur Wohnung, Quartier, technische Gebrauchsgüterausstattung),
3. gesundheitliche Lage (gesundheitliche Verfassung, Selbstpflege, Zugang zu medizinischer und therapeutischer Versorgung, beanspruchte Pflegeleistungen),
4. familiäre und soziale Beziehungen (Familienstand, erweiterte Kernfamilie, soziale Netzwerkbeziehungen, nicht unmittelbar pflegerische Unterstützungsleistungen),
5. Bildung und Kultur (formaler Bildungsabschluss, berufliche Erfahrungen, Mediennutzung, bürgerschaftliches Engagement, sportliche und kulturelle Aktivitäten) sowie
6. Erfahrungen mit Technik.

Konzeptionell wird davon ausgegangen, dass die Ausprägungen auf den unterschiedlichen Dimensionen nicht zufällig verteilt sind, sondern dass strukturelle Zusammenhänge existieren. Entsprechend wird postuliert, dass sich auf der Basis empirischer Untersuchungen spezifische *Lebenslage-Typen* definieren lassen, die sich durch jeweils spezifische Kombinationen an Merkmalsausprägungen auszeichnen.

Werden nun die Handlungsfelder betrachtet, die im Alltag der Älteren eine wichtige Rolle spielen, dann zeigt sich, dass die damit verbundenen Tätigkeiten durch die objektiven und subjektiv gedeuteten Handlungsspielräume (Lebenslagen) beeinflusst werden. Und es entstehen dort sogenannte *Problemlagen*, wo eine Tätigkeit auf der Basis der vorhandenen Ressourcen/Restriktionen nicht erfolgreich bewältigt werden kann. Und gerade diese Problemlagen bieten wichtige Anknüpfungspunkte für die Entwicklung technischer Hilfsmittel.

Die reine Funktionalität eines Produktes sagt allerdings noch nichts darüber aus, ob es von den Älteren akzeptiert und in den Alltag integriert wird oder nicht. Es bedarf zugleich der Ermittlung der Einstellungen der Älteren hinsichtlich des Einsatzes (oder der Vermeidung) technischer Geräte in ihrem Alltag und deren Berücksichtigung, um erfolgversprechende Produkte zu entwickeln. Insofern werden parallel zur Bedarfsermittlung die sogenannten *Techniknutzungsmotivationen* Älterer erhoben [1]. Darunter werden die Handlungsorientierungen beim Technikeinsatz verstanden, die sich unterschiedlichen Bereichen (Dimensionen) zuordnen lassen. Es wird zwischen der instrumentellen, der ästhetisch-expressiven, der kognitiven und der sozialen Dimension unterschieden. Der *instrumentellen Dimension* werden die Motive zugerechnet, bei denen (arbeitserleichternde) Funktionen der Technik im Mittelpunkt stehen. Gilt der Technikeinsatz als Anlass für Freude und Wohlgefallen, wird die *ästhetisch-expressive Dimension* angesprochen. Sollen mit Hilfe des Technikeinsatzes die eigenen technischen Fähigkeiten und Fertigkeiten trainiert bzw. verbessert werden, dann wird das Motiv der *kognitiven Dimension* zugeordnet. Wird Technik eingesetzt, um sozial eingebunden zu sein, dann ist diese Motivation der sozialen Dimension zuzuordnen. Da die Techniknutzungsmotivationen immer auch abhängig sind von den jeweiligen individuellen, sozialen, kulturellen und ökonomischen Kontextbedingungen, lassen auch sie sich in Beziehung zu den oben aufgeführten Lebenslage-Dimensionen setzen.

Werden die verschiedenen Techniknutzungsmotivationen mit den Problemlagen kombiniert, dann lassen sich Gruppen identifizieren, die sich durch ihre je spezifischen Bedürfnislagen und Motivationen auszeichnen. Erst auf dieser umfassenden Datenbasis kann über die Entwicklung von Produkten nachgedacht werden, die eine große Chance haben, auch akzeptiert zu werden. Der theoretische Bezugsrahmen wird in **Abb. 3.1** veranschaulicht.

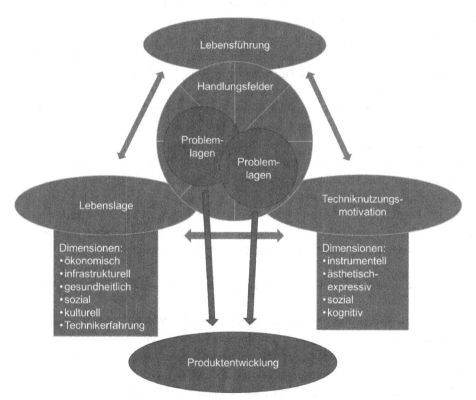

Abb. 3.1: Von der mehrdimensionalen Analyse zur Produktentwicklung

3.1.3 Methodisches Vorgehen

Auf der Basis der beschriebenen konzeptionellen Überlegungen wurde eine Forschungsstrategie für die empirische Bearbeitung der sich daraus ergebenden Forschungsfragen
entwickelt.

Der Begriff der Forschungsstrategie bezeichnet in der sozialwissenschaftlichen Metho-
dendiskussion eine Verknüpfung unterschiedlicher Erhebungs- und Auswertungsverfah-
ren, die es ermöglicht, einen Forschungsgegenstand differenzierter und umfänglicher zu
erfassen, als dies bei der Beschränkung auf eine einzelne Methode der Fall wäre [5]. Mit
der Entwicklung einer Forschungsstrategie, die als eigenständiger konzeptioneller Schritt
im Rahmen der Durchführung des Forschungsvorhabens zu begreifen ist, wird das Ziel
verfolgt, dem zentralen Leitanspruch der „Gegenstandsangemessenheit" sozialwissenschaftlicher Forschung in besonderer Weise gerecht zu werden. Eine Forschungsstrategie
stellt entsprechend ein auf die je spezifische Fragestellung und die dieser zugrunde liegenden theoretischen Konzeptualisierung abgestimmtes Erhebungs- und Auswertungsverfah-
ren dar.

Zur Bearbeitung der Forschungsfragen wurde ein vierstufiges Erhebungs- und Auswer-
tungsverfahren entwickelt. Im ersten Schritt werden die Lebensführungs- und Lebensla-
geaspekte sowie die Techniknutzungsmotivationen der Untersuchungspersonen erhoben
und analysiert. Im Zuge dieses Erhebungsschrittes werden zudem die zentralen Problemlagen in der alltäglichen Lebensführung bestimmt, die aus der Perspektive der Untersuchungspersonen die größte Relevanz besitzen und den größten Leidensdruck verursachen.
Im zweiten Schritt werden in enger Zusammenarbeit zwischen Sozialwissenschaftlern und
Ingenieuren – auf der Basis der Ergebnisse aus Schritt 1 – erste Ideen zu möglichen technischen Lösungen zur Bewältigung der Problemlagen generiert. In Schritt 3 erfolgt die
ebenfalls interdisziplinär angelegte Feinanalyse dieser Problemlagen, die Aufschluss über
weitere Ansatzpunkte für die technische Produktentwicklung und Anforderungen an die
Produktgestaltung gibt. Schritt 4 besteht aus der Analyse der bis dahin gewonnenen Ergebnisse aus Ingenieurssicht, um die erhobenen Bedürfnisse in technische Funktionen und
Anforderungen zu überführen.

In Schritt 1 und 3 sind mehrdimensionale Forschungsfragen zu beantworten, die unterschiedliche Fokussierungen aufweisen und gleichzeitig den Einsatz einer je spezifischen
sozialwissenschaftlichen Methodenkombination erforderlich machen.

Schritt 1: Analyse von Lebensführung, Lebenslage und Techniknutzungsmotivatio-
nen

Es wird von der Grundüberlegung ausgegangen, dass die Produktentwicklung für ältere
Menschen nur dann zu befriedigenden Ergebnissen führen kann:

- wenn die Produkte von ihren potentiellen Nutzern tatsächlich als geeignetes Mittel zur
  Bewältigung subjektiv relevant erscheinender Einschränkungen ihrer Handlungsspielräume im Rahmen der alltäglichen Lebensführung bewertet werden,
- wenn sich die praktische Nutzung der Technik in die alltägliche Lebensführung integrieren lässt, ohne die gängigen Alltagsroutinen zu stören sowie

- wenn die Handhabungsanforderungen der zu entwickelnden Produkte mit den spezifischen Techniknutzungsmotivationen ihrer Nutzer vereinbar erscheinen.

Aus diesem anspruchsvollen Anforderungsprofil ergibt sich die Notwendigkeit einer mehrschichtigen Analyse der Bedürfnisse, Einstellungen und Problemlagen der potenziellen Nutzer, für die die Produkte entwickelt werden sollen.

Diese Analyse erfolgt im Rahmen einer Erhebung der Lebenslage, der Lebensführung und der Techniknutzungsmotivationen der Untersuchungspersonen in deren häuslichem Umfeld. Die Entscheidung, die interessierenden Daten vor Ort – methodologisch formuliert: *im Feld* – zu erheben, folgt aus der konzeptionellen Grundannahme, dass sich Technikentwicklung an den Erfordernissen der alltäglichen Lebensführung der potentiellen Nutzer zu orientieren habe. Da diese Lebensführung unauflösbar an ein spezifisches Habitat gebunden ist, das sich bei älteren Menschen in der Regel zunehmend auf die eigene Wohnung als zentralem Lebensmittelpunkt verengt, erscheint es sinnvoll, eben jenes Habitat selbst zum Ausgangspunkt der Datenerhebung zu machen.

Dieses Vorgehen erlaubt darüber hinaus einen Zugang zu den Lebensumständen der Befragten, der nicht nur auf die Form versprachlichter Repräsentationen – in Form von Verbaldaten aus einem *Interview* – beschränkt bleibt, sondern um (potentiell multisensorische) *Beobachtungen im Feld* ergänzt wird. Im Sinne einer „Ethnographie der Nähe" [6] besteht das grundlegende Ziel dieses Vorgehens darin, Lebensführung dort verstehend zu erschließen, wo sie sich tagtäglich vollzieht.

Im Rahmen der Erhebungen werden zunächst sukzessive die unterschiedlichen Handlungsfelder mit den darin implizierten Tätigkeiten ermittelt, aus denen sich die alltägliche Lebensführung der Befragten zusammensetzt. Dabei geht es nicht nur um die schlichte Benennung einzelner Tätigkeiten sondern immer auch um die Rekonstruktion ihrer je spezifischen Kontextbedingungen: die (Be-)Deutung der Tätigkeiten aus Sicht der Untersuchungsperson (verstanden als ihr kultureller *Subtext*) und die Art ihrer Einbettung in übergeordnete sachliche, zeitliche, soziale und materiale Rahmenbedingungen (verstanden als ihren *Kontext*). Um diese im Rahmen des Interviews angemessen erheben zu können, orientiert sich die Interviewführung an den Grundprinzipien einer *sinnverstehend-hermeneutischen Interviewmethodik* [7]. Der Anspruch besteht dabei darin, den subjektiven Blick der Befragten auf ihre eigene Lebensführung zu erheben, diese also „mit ihren Augen" zu erfassen.

Der Einsatz eines *Interviewleitfadens* stellt dabei sicher, dass trotz der methodisch intendierten Offenheit des Interviewverlaufs alle relevanten Bereiche der Lebensführung thematisiert werden. Darüber hinaus dient er als Gerüst für die Erhebung der unterschiedlichen Lebenslagedimensionen, die im Rahmen des Interviews ebenfalls erfolgen wird. In Anlehnung an oben genannte Konzeption werden die Ressourcen und Restriktionen der Untersuchungspersonen in den sechs Dimensionen der Lebenslage ermittelt. Da die objektiven Lebensbedingungen wie auch ihre subjektiven Wahrnehmungen und Deutungen für die Definition von Problemlagen wichtig sind, müssen bei der Datenerhebung beide Ebenen berücksichtigt werden. Dies wird über einen bewussten, kontinuierlichen Wechsel zwischen beiden Analyseperspektiven im Rahmen der Interviewführung erreicht: Es werden also sowohl die objektiven Bedingungen als auch die korrespondierenden subjektiven (Be-)Deutungen erhoben.

Als drittes Element – neben Lebensführung und Lebenslage – werden die Techniknutzungsmotivationen der Untersuchungspersonen erhoben. Deren Thematisierung erfolgt sowohl im Kontext der Beschreibung spezifischer Tätigkeiten der alltäglichen Lebensführung als auch explizit, indem nach der Ausstattung des Haushalts mit unterschiedlichen Klassen technischer Geräte gefragt wird und die jeweiligen Nutzungsweisen erhoben werden [1].

Die auf diese Weise gewonnenen Daten bilden einerseits die Basis für die Anfertigung von Einzelfallbeschreibungen, die zu einem späteren Zeitpunkt als Grundlage für eine fallvergleichende und fallkontrastierende Analyse [8] und – darauf aufbauend – einer Lebenslage-Typisierung dienen sollen. Andererseits wird im Rahmen der Interviews aber auch systematisch nach Problemlagen Ausschau gehalten, die aus der Perspektive der Befragten im Hinblick auf deren Lebensführung von besonderer Relevanz sind. Als Problemlagen definieren wir – wie oben eingeführt – Tätigkeiten, die sich aufgrund eingeschränkter Handlungsspielräume der Untersuchungspersonen in ihrer praktischen Umsetzung als problematisch erweisen. Analytisch lassen sich dabei drei unterschiedliche Arten von Problemlagen unterscheiden:

1. wiederholt auftretende Probleme bei Tätigkeiten in einem oder mehreren Handlungsfeldern, die daraus resultieren, dass die Handlungsspielräume nicht ausreichen, um die Tätigkeit „sorgenfrei" bzw. ohne große Belastung zu verwirklichen,
2. durch bestehende Restriktionen wird die eigentlich gewünschte Tätigkeit durch eine (subjektiv als weniger befriedigend empfundene) „Ersatzhandlung" substituiert sowie
3. aufgrund zu geringer Handlungsspielräume kann eine Tätigkeit im Rahmen der alltäglichen Lebensführung überhaupt nicht mehr verwirklicht werden, obwohl dies als Verlust von Lebensqualität erlebt wird.

Besonders im Hinblick auf die zweite und dritte Art von Problemlagen wird deutlich, worin die Stärken eines sinnverstehenden Zugangs bei der Analyse der individuellen Lebensführung liegen: Erst im Rahmen einer Interviewführung, die aufgrund ihrer bewusst dialogischen Anlage ein Eintauchen des Fragenden in die Sinnwelten des Befragten ermöglicht, lassen sich sowohl Handlungen als auch Nicht-Handlungen vor dem Hintergrund ihrer je spezifischen subjektiven Deutungen thematisieren. Dadurch wird sowohl das gesamte Spektrum potentieller Problemlagen zugänglich, als auch eine Einschätzung des damit jeweils verbundenen Leidensdrucks möglich.

Der subjektiv empfundene Leidensdruck dient als ein zentrales Auswahlkriterium für die Definition der Problemlagen, die in der dritten Stufe der Erhebung einer Feinanalyse unterzogen werden. Diese Orientierung an den subjektiven Relevanzen der Untersuchungspersonen dient einerseits der Stabilisierung des „Arbeitsbündnisses" zwischen Forschern und Beforschten, ist aber auch als Ausdruck einer partizipatorischen Forschungshaltung zu verstehen, die auf die Erhöhung der Teilhabechancen gesellschaftlicher Akteure abzielt [9]: Es soll sichergestellt werden, dass die Produktentwicklung auch tatsächlich an realen Problemlagen des täglichen Lebens der Zielpopulation ansetzt.

Schritt 2: Entwicklung erster Ideen für technische Lösungen

Auf der Basis der Erkenntnisse aus Schritt 1, die in einer umfassenden Beschreibung der diagnostizierten Problemlagen in ihrem jeweiligen Kontext münden, werden erste Ideen für technische Lösungen generiert, die aus Sicht der Forscher zur Bewältigung der Problemlagen beitragen können. Dieser Schritt wird interdisziplinär, in enger Zusammenarbeit zwischen Sozialwissenschaftlern und Ingenieuren, durchgeführt. Die Entwicklung erster Produktideen dient der Vorbereitung des dritten Arbeitsschrittes, in dessen Rahmen diese von den befragten Älteren evaluiert werden.

Schritt 3: Interdisziplinäre Feinanalyse der Problemlagen

Die zuvor bestimmten Problemlagen werden nun einer Feinanalyse unterzogen. Zu diesem Zweck werden die Untersuchungspersonen im Rahmen eines weiteren Termins gebeten, die problematischen Handlungen praktisch zu vollziehen, soweit die spezifischen Beschränkungen ihrer Handlungsspielräume dies erlauben. Untersuchungsfeld ist dabei wieder das häusliche Umfeld als natürliches Habitat der Lebensführung: Statt Problemstellungen in einer Laborsituation zu simulieren, geht es also darum, die betreffenden Handlungen „in vivo" zu analysieren.

Bei der Analyse des (im Zweifel auch nur begonnenen oder partiellen) Handlungsvollzugs kommt auf der Seite der Forschung wiederum eine Kombination visueller und sprachbasierter Verfahren zum Einsatz. Das Vollzugsgeschehen wird auf der Basis eines Analyseschemas systematisierend beobachtet (in Form der *teilnehmenden Beobachtung*); gleichzeitig werden die Untersuchungspersonen aber auch darum gebeten, zu beschreiben, womit genau sie im Vollzug der Tätigkeit zu kämpfen haben. Dieses Verfahren wird als *Thinking aloud*-Methode [10] bezeichnet. Die Verschriftlichung der jeweiligen Problembeschreibungen erfolgt im Anschluss synthetisch, indem die Ergebnisse der Beobachtungen und die Schilderungen der Untersuchungspersonen miteinander abgeglichen werden.

Im Anschluss an die Erhebung der Problemlagen werden die in Schritt 2 entwickelten Ideen zu technischen Unterstützungssystemen mit den Untersuchungspersonen – in Form einer *prospektiven Technikbewertung* – diskutiert und gegebenenfalls verändert, verbessert und erweitert. Dieses Vorgehen trägt der Grunderkenntnis der Technikakzeptanzforschung Rechnung, dass die subjektive Bewertung der Nützlichkeit und Bedienbarkeit einer technischen Innovation durch die Nutzer wesentlich für ihre erfolgreiche Adaption ist.

Schritt 4: Transformation der Ergebnisse in technische Funktionen

Die erarbeiteten Erkenntnisse zu den Problemlagen und zur prospektiven Technikbewertung werden nun von den Ingenieuren in eine technische Anforderungsliste übersetzt. Grundlegend beim Entwurf der technischen Produkte ist die strikte Orientierung an einer *Unterstützungshierarchie* in dem Sinne, dass zwischen motivierenden, unterstützenden und kompensatorischen Unterstützungssystemen unterschieden wird und dass zunächst Produkte eingesetzt werden, die dazu beitragen, die Aktivität der Älteren möglichst lange zu erhalten. Kompensatorische Technik soll erst dann eingesetzt werden, wenn andere Unterstützungssysteme nicht mehr ausreichen. In das Lastenheft für die Produktentwicklung gehen sowohl Aspekte aus den im Rahmen der ersten Stufe der Erhebungen gewonnen Ergebnisse der Analyse von Lebensführung, Lebenslage und Techniknutzungsmotivation als auch originär technische Anforderungen an die zu entwickelnden Produkte ein.

3.1.4 Fazit

Anwendungsfelder für technische Unterstützungssysteme werden im Rahmen der vorgestellten Forschungsstrategie auf der Basis soziologischer Konzepte und Methoden konsequent und umfassend aus der Nutzerperspektive erschlossen. Dies ermöglicht eine strukturierte Beschreibung der Bedürfnisse älterer Menschen in unterschiedlichen Handlungsfeldern, die in den jeweiligen – gruppenspezifischen – Lebenslagen, Lebensführungen und Techniknutzungsmotivationen gründen. Durch den Einbezug einer soziologisch orientierten Forschungsstrategie geht diese Nutzerbeschreibung einerseits über das hinaus, was gegenwärtig in Akzeptanzmodellen bearbeitet wird. Andererseits ist die konsequente Zusammenarbeit zwischen Ingenieuren und Sozialwissenschaftlern die Voraussetzung dafür, dass die Erkenntnisse anwendungsorientiert aufbereitet und für die Produktentwicklung verfügbar gemacht werden können. So kann eine stärkere Nutzerorientierung in der Produktentwicklung unterstützt, Entwicklungsprozesse effektiver gemacht und das Entwicklungsrisiko reduziert werden.

Literatur

[1]   Pelizäus-Hoffmeister, H.: Zur Bedeutung von Technik im Alltag Älterer, Theorie und Empirie aus soziologischer Perspektive, VS Verlag, 2013.

[2]   Clemens, W.: Lebenslage und Lebensführung im Alter – zwei Seiten einer Medaille?, Hrsg.: Backes, G.; Clemens, W.; Künemund, H.; Lebensformen und Lebensführung im Alter, VS Verlag, 2004, S. 43-58.

[3]   Naegele, G.: Lebenslagen älterer Menschen, in: Kruse, A. (Hrsg.): Psychosoziale Gerontologie: Bd 1: Grundlagen, Hogrefe, 1998, S. 106-128.

[4]   Elsbernd, A.; Lehmeyer, S.; Schilling, U.: So leben ältere und pflegebedürftige Menschen in Deutschland, Lebenslagen und Technikentwicklung, Jacobs Verlag, 2014.

[5]   Pflüger, J.: Triangulation in der arbeits- und industriesoziologischen Fallstudienforschung, Kölner Zeitschrift für Soziologie und Sozialpsychologie, Springer VS, 2012, S.155-173.

[6]   Götz, I.: Ethnografien der Nähe – Anmerkungen zum methodologischen Potenzial neuerer arbeitsethnografischer Forschungen der Europäischen Ethnologie, AIS-Studien 3, Sektion Arbeits- und Industriesoziologie in der DGS, 2010, S.101-117.

[7]   Kaufmann, J.-C.: Das verstehende Interview, Theorie und Praxis, Universitätsverlag, 1999.

[8]   Kelle, U.; Kluge, S.: Vom Einzelfall zum Typus, Fallvergleich und Fallkontrastierung in der qualitativen Sozialforschung, VS Verlag, 2010.

[9]   Unger, H. v.: Partizipative Forschung. Einführung in die Forschungspraxis, Springer VS, 2014.

[10]   Ericsson, K. A.; Simon, H. A: Protocol analysis, Verbal reports as data, Bradford Books, 1993.

3.2 Kompetenzorientierte Technikentwicklung

K. Paetzold und V. Nitsch

3.2.1 Einleitung

Der Mensch als Nutzer technischer Systeme wird immer stärker als ein den Produktentwicklungsprozess beeinflussender Faktor erkannt. Dies ist nicht allein darauf zurückzuführen, dass gerade bei Produkten für ältere Menschen verschiedene Stakeholder Interessen haben (der Senior als Nutzer, Familienangehörige, Pflegepersonal, Krankenkassen), denen es gerecht zu werden gilt. Dies ist mit unterschiedlichen Erwartungen an das Verhalten von Produkten verbunden. Produkte werden zunehmend komplexer. Sie haben eine starke Erweiterung ihrer Funktionalität erfahren. Exemplarisch seien Mobiltelefone, Digitalkameras oder auch Werkzeugmaschinen genannt. Neben den von den Geräten erwarteten Funktionen kommen sicherheits- oder komfortbeschreibende Funktionen dazu. Zudem bestehen Produkte häufig nicht mehr nur aus dem technischen System sondern stellen sich als hybride Leistungsbündel aus technischen System und Dienstleistungen dar. Damit wird die Leistungsfähigkeit unserer Produkte bzw. die Effizienz ihrer Nutzung zunehmend durch die Kompetenzen und die Leistungsfähigkeit des Nutzers determiniert.

Der Ingenieur entwickelt ein Produkt nach dem Finalitätsprinzip. Seine auf die Zukunft gerichtete Tätigkeit setzt ein Zielsystem für die Entwicklung voraus, welches auch eine möglichst ganzheitliche Beschreibung des Menschen beinhalten muss, um im Sinne einer Mensch-Maschine-Integration den Menschen bestmöglich zu unterstützen. Bereits die Definition des Systemzwecks ist heute häufig reduziert auf Leistungseinschränkungen der Älteren. Nicht nur, dass diese defizitorientierte Betrachtungsweise leicht zur Stigmatisierung führt. Die Nutzung technischer Systeme im Alltag Älterer kann nicht auf rein rationale Gründe reduziert werden - dies vernachlässigt wesentliche Einflussfaktoren. Hierzu gehört nicht nur, dass aufgrund von Multimorbidität im Alter nicht auf einzelne Leistungseinschränkungen geschlossen werden kann. Es gilt auch zu berücksichtigen, dass der Mensch individuelle Kompensationsmechanismen entwickelt, die die Techniknutzung beeinflussen. Daneben sind es vor allem „weiche" Faktoren wie Bildung, soziale Integration, Erfahrungen aber auch psychologische Faktoren (Motivation), die den Umgang mit Technik und damit auch die effiziente Produktnutzung determinieren.

Aus diesen Überlegungen resultiert die Notwendigkeit nach einer ganzheitlichen Menschbeschreibung, auf die dann das Produkt in seinen Funktionalitäten hin ausgelegt werden muss. Ziel ist es, ein tieferes Nutzerverständnis zu entwickeln, um die Bedürfnisse und Wünsche des Menschen zu verstehen und zu interpretieren. Es bedarf weiterführend auch Strategien, um dieses Verständnis in konkrete Anforderungen für die Produktentwicklung zu transformieren bzw. Produktideen und Produkte anhand der Menschbeschreibungen zu validieren. Aus der Berücksichtigung der Aspekte wird einerseits eine verbesserte Akzeptanz der Produkte erwartet, was die Wirtschaftlichkeit der Unternehmen stärkt aber auch einen nachhaltigen Umgang mit Ressourcen mit sich bringt. Andererseits liegt in einer solchen ganzheitlichen Menschbeschreibung das Potenzial für neuartige Produktideen, die den Menschen bestmöglich in seiner Lebens- und Handlungssituation unterstützen.

3.2.2 Berücksichtigung des Nutzers in der Produktentwicklung – Stand der Technik

Nutzer und Entwickler haben sehr unterschiedliche Sichtweisen auf Produkte (**Abb. 3.2**). Der Entwickler definiert einen Systemzweck, so dass die Nutzung des zu entwickelnden Produktes die Situation des Nutzers entlastet. In diesem Sinne definiert er dazu notwendige Funktionen, sucht nach Lösungsansätzen und konkretisiert und detailliert diese, bis im Ergebnis ein Produkt vorliegt.

Der Nutzer hingegen sieht ein Produkt zunächst als einen isolierten Gegenstand, den er auf Basis seiner Erfahrungen und seiner Kompetenzen interpretiert. Hieraus erschließt er sich den Zweck des Produktes, der im ungünstigen Fall nicht mit dem vom Entwickler zugrunde gelegten Systemzweck entspricht. Dieser kann zudem von Nutzer zu Nutzer variieren. Mit diesem Interpretationsprozess geht auch seine Entscheidung einher, ob das Produkt für sich selbst nutzbar und notwendig ist.

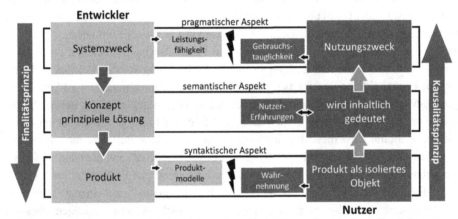

Abb. 3.2: Unterschiedliche Sichtweisen in der Betrachtung eines Produkts

Beiden Prozessen, sowohl der Produktentwicklung als auch der -interpretation geht der Schritt des Erkennens und Interpretierens von Wünschen und Bedürfnissen voraus. Mit der Erarbeitung der Anforderungen werden diese im Rahmen der Entwicklung explizit gemacht. Im Umkehrschluss sind dem Nutzer seine Wünsche und Bedürfnisse möglicherweise bekannt, er muss aber die Transferleistung erbringen, diese Bedürfnisse mit einem Produkt bzw. dessen Nutzung in Verbindung zu bringen und damit auch für sich selbst explizit zu machen. Speziell für die Produktentwicklung sind heute keine Methoden oder Strategien bekannt, wie Nutzerbedürfnisse erkannt und dann in konkrete Anforderungen transformiert werden können. Mit der Reduktion auf Leistungseinschränkungen, für die nach technischen Kompensationsmöglichkeiten gesucht wird [1], werden wesentliche Aspekte in der Menschbeschreibung, nämlich seine Lebenssituation (z.B. sein sozialer Hintergrund, seine Biographie, seine Erfahrungen) sowie seine Handlungssituation, (seine

Motivation zu handeln), signifikant vernachlässigt. Um das Nutzerverhalten besser zu verstehen, finden bislang in der Produktenwicklung insbesondere zwei Ansätze Verwendung: Methoden der Akzeptanzforschung und Methoden der Nutzerpartizipation.

3.2.3 Methoden der Akzeptanzforschung

Ansätze, die die Lebens- und Handlungssituation des Nutzers berücksichtigen, liefert die Akzeptanzforschung. Ziel dieser Methoden ist es zu analysieren, welche Bereitschaft Individuen zur tatsächlichen Nutzung von Produkten aufbringen. Grundlage bilden Technologieakzeptanzmodelle, die auf der Theorie des überlegten Handelns basieren. Besonders erwähnt sei die „Unified Theory of Acceptance and use of technology" (UTAUT, **Abb. 3.3**). Als Basis einer Produktbewertung werden Aussagen zur wahrgenommenen Nützlichkeit und zur wahrgenommenen Einfachheit im Sinne einer Kosten-Nutzen-Betrachtung herangezogen. Der UTAUT-Ansatz ist deswegen von Interesse, weil hier mehrere Theorien der Akzeptanzforschung zu einem integrierten Modell zusammengefasst sind [2]. Neuere, darauf aufbauende Konzepte greifen zudem die Wechselwirkungen zwischen Nutzer und Technologien auf. Hier sei besonders auf die Arbeiten von Leonard-Barton verwiesen [3], der davon ausgeht, dass zwischen beiden eine wechselseitige Anpassung erfolgt.

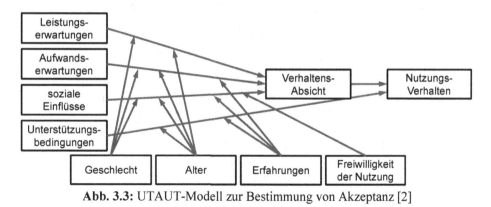

Abb. 3.3: UTAUT-Modell zur Bestimmung von Akzeptanz [2]

Für die Produktentwicklung selbst sind die Erkenntnisse aus der Akzeptanzforschung nur bedingt nutzbar. Sie haben den Nachteil, dass der Bezug zum Produkt verloren geht, denn letztendlich bewertet man mit den Methoden nur, ob ein Produkt akzeptiert wird oder nicht [4]. Damit sind Rückschlüsse auf Funktionalität und resultierende Anforderungen nicht möglich. Diese wären aber essentiell, um in der Entwicklung eine höhere Akzeptanz fokussieren zu können.

3.2.4 Methoden der Nutzerpartizipation

In der Produktentwicklung finden zudem Ansätze der Nutzerpartizipation Verwendung (**Abb. 3.4**). Diese stellen einerseits Methoden bereit, um den Nutzer stärker in die Ideen- und Lösungsfindung für Produkte einzubeziehen aber auch, um diese zu bewerten. Konzepte der Nutzerpartizipation sowie Methoden, die die Umsetzung und Anwendung solcher Konzepte unterstützen sind in DIN 9241 zusammengefasst [5]. Daneben gibt es in der Literatur Ansätze, wie diese allgemein gehaltenen Methoden für spezifische Nutzergruppen angepasst werden können. Exemplarisch sei hier auf Reinicke verwiesen, die dies für ältere Menschen tut [6]. Aspekte wie „Joy of use" oder Emotionen im Umgang mit Produkten gewinnen immer mehr an Bedeutung in der Produktentwicklung. Mit den Methoden des „User Experience" (UX) Designs versucht man dem Rechnung zu tragen, indem Erkenntnisse aus der zumeist kognitiv fokussierten Akzeptanzforschung aufgegriffen und um emotionale Komponenten erweitert werden [7]. Nach DIN 9241-210 [5] erfassen UX-Methoden das Nutzererlebnis, also die Wahrnehmung und Reaktion einer Person, die aus der tatsächlichen und/oder erwarteten Benutzung eines Produktes resultieren. Sie umfasst sämtliche Emotionen, Vorstellungen, Vorlieben, Wahrnehmungen, psychologischen oder physiologischen Reaktionen, Verhaltensweisen und Leistungen vor, während und nach der Nutzung [5]. Mit UX wird also die Wirkung eines Produktes auf den Nutzer beschrieben, welche Umstände beim Nutzer aber zu dieser Situation geführt haben, ist nicht erklärt. Ursachen für die subjektive Wirkung des Produkts, die aus der konkreten Lebens- und Handlungssituation resultieren, bleiben somit häufig unerkannt.

Die Schwierigkeiten in der Anwendung der vorgestellten Methoden werden deutlich, wenn man den Prozess der Interpretation von Produkten detaillierter betrachtet.

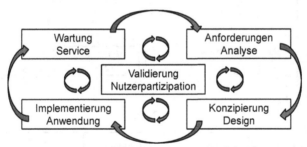

Abb. 3.4: Methoden der Nutzerpartizipation

Im ersten Kontakt des Nutzers mit einem Produkt wird auf eine Syntax zurückgegriffen, die auf Formensprache, Symbolik etc. zurückgreift und dem Nutzer einen ersten Hinweis auf die Verwendung gibt. Methoden des Technischen Designs [8] oder auch aus dem Human Factors Bereich [10] bauen auf dieser Betrachtungsweise auf.

Mit dem Aufnehmen dieser Faktoren verbunden ist immer auch deren Interpretation, also das Rückschließen auf die Funktion des Produktes. Dieser Interpretation liegt eine Semantik zugrunde, die die Erfahrungen, Kompetenzen, soziale Integration etc. des Nutzers (Lebenssituation) widerspiegeln. Zudem wird er mit dem Produkt in einer bestimmten Situation konfrontiert, aus der eine Motivation zum Handeln hervor geht (Handlungssituation). Die Lebens- und Handlungssituation des Nutzers fließt zwar implizit in die Bewertung des Produkts ein, kann jedoch nicht explizit gemacht werden, wodurch hier keine Aussagen für die Produktgestaltung abgeleitet werden können.

3.2.5 Modellansatz zur ganzheitlichen Menschbeschreibung für die Produktentwicklung

Wie im vorangegangenen Abschnitt dargestellt, ist eine ganzheitliche Menschbetrachtung für die Produktentwicklung erforderlich, um Wünsche und Bedürfnisse sowie deren Randbedingungen zu erfassen und zu interpretieren. Dies geht nicht ohne die Berücksichtigung von Erkenntnissen zum Menschen aus anderen Fachgebieten wie z.B. den Human- und Geisteswissenschaften. Diese Erkenntnisse bedürfen aber einer Aufbereitung, die für den Entwicklungsingenieur verständlich und nutzbar ist. Die besondere Schwierigkeit in der Integration von Fachwissen aus diesen Gebieten liegt darin, dass hier sehr unterschiedliche Termini verwendet und Begriffe unterschiedlich interpretiert werden. Die hier verwendeten Begriffe sind das Resultat einer intensiven Zusammenarbeit mit Soziologen und Psychologen. Die Diskussion zu den Begriffen darf aber noch nicht als abgeschlossen betrachtet werden.

3.2.6 Ganzheitliches Modell zur Menschbeschreibung

Technik kann den Menschen nur unterstützen, wenn diese vom Menschen nicht nur akzeptiert sondern auch in seinen Alltag integriert wird. In diesem transdisziplinären Sinne sollen der Mensch und die Technik als sich bedingende Bestandteile eines Systems verstanden werden. Im Fokus steht damit die Mensch-Maschine-Interaktion, in deren Folge sich Verhaltensweisen entwickeln, die eine selbständige und selbstbestimmte Lebensführung gewährleisten.

Aus dem allgemeinen Systemverständnis heraus können sowohl der Mensch als auch das Produkt durch eine Dualität aus Funktions- und Strukturbeschreibung abgebildet werden, woraus Verhaltensweisen sowohl des Menschen als auch des Produktes und vor allem in ihrer Interaktion miteinander resultieren. Vom Produkt wird dabei eine Performanz erwartet, die geeignet ist, den Menschen in seiner Lebensführung zu unterstützen. Im Umkehrschluss beeinflussen Ressourcen und Restriktionen des Menschen den Grad der Unterstützung. Zu guter Letzt bedürfen sowohl das Verhalten als auch die Performanz im System der Mensch-Maschine-Interaktion eines konkreten Anwendungsfalls, welches durch das Handlungsfeld determiniert wird. Mit diesen vier Perspektiven werden unterschiedliche Sichten auf das System Mensch-Maschine dargestellt (siehe **Abb. 3.5**). Entscheidend dabei ist, dass diese Sichtweisen nicht unabhängig voneinander sind.

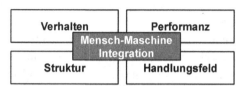

Abb. 3.5: Modell zur ganzheitlichen Menschbeschreibung

3.2.7 Definition der Einflussfaktoren auf das Modell zur Menschbeschreibung

Für ein genaueres Verständnis und im Sinne einer ganzheitlichen Mensch-Maschine-Integration ist eine Präzisierung des Modellansatzes erforderlich. Hierzu sind zunächst die einzelnen Einflussfaktoren und die prinzipiellen Verknüpfungen zu bestimmen, auf deren Basis dann eine Konkretisierung erfolgen kann.

Strukturbeschreibung: In der Strukturbeschreibung ist sowohl der Mensch als auch das Produkt zu berücksichtigen. Die Strukturbeschreibung des Menschen umfasst sowohl die körperliche Konstitution als auch die *Lebens- und Handlungssituation*. Die einzelnen beschreibenden Faktoren lassen sich über Konzepte aus der Soziologie und der Psychologie [u.a. 9] ableiten. Um eine Aussage zur funktionalen Kompetenz, also der Fähigkeit der Alltagsbewältigung ableiten zu können, wird auch die Handlungsmotivation des Nutzers, welche die Wahl und Art der Ausführung von Aktivitäten maßgeblich beeinflusst, berücksichtigt. Unter anderem spielen hier die Selbstwirksamkeit (die Überzeugung, dass man in der Lage ist, eine Aktivität auszuführen) und die Zielorientierung (die Annahme, dass eine Aktivität für die Erreichung eines bestimmten Zieles notwendig ist) des Nutzers eine wichtige Rolle [9]. Sind diese Aspekte erfasst, können entsprechende Maßnahmen zur technischen Unterstützung der gewählten Kompetenz abgeleitet werden. In Kombination mit Methoden des UX-Designs können schließlich Produktattribute identifiziert und integriert werden, die vom Nutzer hinsichtlich ihrer pragmatischen und hedonischen Qualität, also der wahrgenommenen Fähigkeit des Produkts, Handlungsziele zu erreichen und der Fähigkeit des Produkts, das Bedürfnis nach Verbesserung der eigenen Fähigkeiten zu befriedigen und anderen selbstwertdienlichen Botschaften zu kommunizieren. Somit werden positive Erlebnisse mit dem Produkt verknüpft, die schließlich zur Nutzung des Produkts motivieren [7]. Aus der Lebens- und Handlungssituation kann die *Techniknutzungsmotivation* abgeleitet werden, die ebenfalls wichtige Impulse liefert, wie Produkte interpretiert und genutzt werden.

Aus dem Konstrukt dieser Strukturparameter ergeben sich Verhaltensweisen des Menschen im Sinne einer Funktionsbeschreibung, die nicht nur seine Techniknutzungsmotivation erklären sondern auch sein Vorgehen in der Interpretation von Produkten sowie sein konkretes Nutzungsverhalten. Zudem definieren diese Parameter die Ressourcen bzw. Restriktionen des Nutzers, die wiederum beschreiben, welche Problemlagen aus definierten Handlungsfeldern zu erwarten sind.

Im Fokus dieses Beitrages steht die Ergänzung des ganzheitlichen Menschmodells um Aspekte zum Produkt. Die Struktur von Produkten soll auf den *Komplexitätsgrad des Produktes* aufbauen. Dazu werden unterschieden:

- Einfache technische Systeme auf dem untersten Level umfassen solche Hilfsmittel, die das tägliche Leben erleichtern, ohne den Alltag des Nutzers signifikant zu verändern. Die Unterstützung ist passiv, sie basiert auf bekannten und alltagsüblichen Produkten, die im Sinne des Universal Designs die Handhabung der Geräte vereinfachen oder ein sicheres Agieren im Umfeld möglich machen (Rollator, Gehstock).

- Geregelte technische Systeme auf einem nächst höheren Level bieten die Möglichkeit, Veränderungen im Verhalten der Patienten zu erkennen und so entgegenzuwirken, dass die gewohnten Aktivitäten weiterhin ausgeführt werden können. Diese aktiven Systeme unterstützen in der Alltagssituation, indem spezifische Leistungseinschränkungen kompensiert werden (Treppenlift, elektromotorische Fahrräder).

- Auf dem höchsten Level für eine technische Unterstützung sind adaptive Systeme einzuordnen. Hierbei wird davon ausgegangen, dass Parameter aus der Umgebung und vom Nutzer so aufgenommen und interpretiert werden, dass der Nutzer selbst durch eine geeignete Aktorik in die Lage versetzt wird, Aktivitäten im Alltag weiter auszuführen (Exoskelette).

Neben konkreten Produkten ist als technische Unterstützung auch denkbar, die Lebensumgebung so zu gestalten, dass die Umgebung im Sinne einer Handlungsunterstützung agiert. Auch hier kann eine ähnliche Hierarchie wie für Produkte definiert werden. Eine einfache Lösung wäre die Integration von Sensoren beispielsweise in Fußmatten, die dafür sorgen, dass automatisch das Licht angeht, wenn man im Dunkeln darauf tritt. Unter Nutzung der Strategien aus dem Bereich Internet der Dinge, kann die Unterstützung so weit getrieben werden, dass die gesamte Umgebung vernetzt wird und zur Unterstützung in Alltagssituationen beiträgt (Aufstehen vom Sofa aktiviert den Rollator, der sich zum Nutzer bewegt).

Verhaltensbeschreibung: aus der Lebens- und Handlungssituation in Kombination mit der Leistungsfähigkeit des Menschen resultiert nicht nur sein Vorgehen in der *Interpretation von Produkten* sondern auch ein wichtiger Aspekte des *Nutzungsverhaltens* von Produkten. Letzteres wird aber natürlich auch geprägt durch die gewählte Technikunterstützung also speziell den Komplexitätsgrad von Produkten. In diesem Kontext gilt es auch zu berücksichtigen, dass gerade Produkte durch unterschiedliche *Stakeholder* genutzt werden, also nicht nur durch den älteren Menschen sondern gegebenenfalls auch durch Pflegepersonal oder z.B. Familienangehörige, die wiederum andere Anforderungen an die Nutzung der Produkte haben können.

Die **Performanz** der Mensch-Maschine-Integration resultiert aus der Kopplung aus den gewählten oder verfügbaren Produkten und dem *Nutzungsverhalten* des Nutzers. Hierbei spielen Fragen der Motivation, die aus der Interpretation der Handlungssituation resultieren, eine Rolle. Mit dem Komplexitätsgrad eines Produktes geht ein wahrgenommener Grad an Zuverlässigkeit und entsprechende Anforderungen hinsichtlich der Sicherheit eines Produktes einher, die wiederum die Nutzungsbereitschaft beeinflussen. Bei der Entwicklung von Produkten zur Unterstützung älterer Menschen übernimmt der Entwickler zudem eine große Verantwortung, da durch die Kompensation von Leistungsfähigkeiten deren Verlust weiter forciert wird, was am Ende zu einer Verschlechterung der Lebensqualität beiträgt. Um einem solchen Teufelskreis im Verlust der Leistungsfähigkeit zu entgehen, gilt es, eine medizinisch und gerontologisch begründete *Unterstützungshierarchie* zu berücksichtigen. Zunächst soll das technische System den Nutzer nur dazu anregen, es zu verwenden und damit den Alltag erleichtern. Ziel ist es, die eigene Leistungsfähigkeit zu stärken. In der nächsten Ebene unterstützt das Produkt vorhandene Fähigkeiten in spezifischen schwierigen Situationen. Ziel ist es, Restleistungsfähigkeit möglichst lange zu erhalten bzw. kompensatorische Fähigkeiten zu trainieren. Erst wenn Fähigkeiten nicht (mehr) ausreichend vorhanden sind, sollen diese vom Produkt kompensiert werden, um weiterhin eine selbständige Lebensführung sicher zu stellen.

Handlungsfeld: Sowohl das Verhalten als auch die Performanz einer Mensch-Maschine-Integration benötigen eine Anwendung. Dies kann exemplarisch die Erhaltung von Mobilität im häuslichen und nahen häuslichen Umfeld sein. Dieses Handlungsfeld gilt es, detailliert zu untersuchen, um das Nutzerverhalten zu identifizieren und grundsätzlich zu beschreiben. Dies muss sowohl aus einer abstrakten Ebene des Verhaltens erfolgen, aber auch auf einzelne Aktivitäten heruntergebrochen werden. Für die Mobilität im häuslichen Umfeld entstand auf diese Art und Weise ein *Funktionskatalog*, aus dem dann typische Aktivitäten und Grundmuster im Handeln abgeleitet werden können. Durch die Kopplung mit der Handlungs- und Lebenssituation sind hieraus *Problemlagen* ableitbar. Problemlagen sind solche Situationen in einem Handlungsfeld, welche für den Menschen zur Barriere werden. Von Bedeutung ist dabei der subjektive Leidensdruck eines Menschen, wobei nach drei Formen von Barrieren unterschieden werden muss: (1) eine Aktivität wird vollzogen, obwohl sie schwer ist; (2) die Aktivität selbst wird vermieden oder (3) das Handlungsfeld, in dem die Tätigkeit auftritt wird nicht mehr aktiv betrieben.

Die hier beschriebene Konkretisierung der vier Sichten auf die Mensch-Maschine-Integration führt zu einer ersten Präzisierung des Modells zur ganzheitlichen Menschbeschreibung, welches in **Abb. 3.6** dargestellt ist. Um dieses Modell nutzbar zu machen, bedarf es nicht nur einer weiteren Konkretisierung der einzelnen Einflussfaktoren, die in den vorangegangenen Abschnitten schon genannt und z.T. detailliert dargestellt sind sowie der Darstellung der einzelnen Abhängigkeiten. Es gilt auch, das Modell in eine Form zu überführen, die für die Produktentwicklung weiter verwendet werden kann. Da sich die Mensch-Maschine-Integration als ein komplexes Konstrukt mit vielfältigen Elementen und sehr unterschiedlichen Arten von Relationen darstellt, wird hierzu auf Methoden des Modellbasierten Systems-Engineering zurückgegriffen. Das dargestellte Modell wird im nächsten Schritt mithilfe von SYSml modelliert.

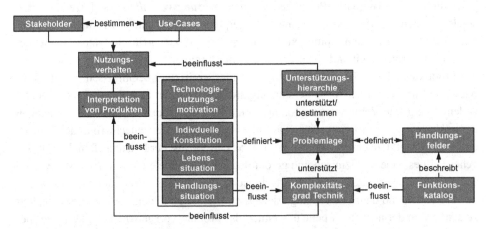

Abb. 3.6: Modell zur ganzheitlichen Menschbeschreibung

3.2.8 Nutzung der ganzheitlichen Menschbeschreibung

Die dargestellte Menschbeschreibung dient einerseits dazu, neuartige Produktideen bzw. neue Lösungsansätze zur Bewältigung von Alltagssituationen abzuleiten und andererseits die Anforderungen für die Produktentwicklung zu konkretisieren sowie Lösungsansätze für spezifische Produkte zu überprüfen. Ziel der Unterstützung älterer Menschen durch

Produkte ist es, diese in ihrer Lebenssituation zu unterstützen, indem die Technik an den Nutzer bzw. seine Lebens- und Handlungssituation angepasst wird. Ausgangspunkt für die Ideenfindung sind Wünsche und Bedürfnisse der Nutzer. Wie im vorangegangenen Abschnitt dargestellt, reduziert der Ingenieur heute die Bedürfnisse auf die Kompensation von Leistungseinschränkungen. Durch die ganzheitliche Betrachtung des Menschen in der Nutzung von Produkten eröffnet sich die Möglichkeit, Aspekte aus der Lebens- und Handlungssituation gezielt in die Ideenfindung mit einzubeziehen. Der Modellansatz kann die Transformation von „weichen" und impliziten Bedürfnissen erleichtern. Hierdurch wird nicht nur die mögliche Akzeptanz bereits in den frühen Phasen thematisiert. Es ist zusätzlich zu erwarten, dass durch die weitreichende Betrachtung völlig neue Ansätze zur Unterstützung entstehen. Der dargestellte Modellansatz wird gegenwärtig am Handlungsfeld Mobilität im häuslichen Umfeld validiert. Bereits aus der Analyse des Handlungsumfeldes in Kombination mit Analysen zur Lebenssituation und zur individuellen Konstellation wurde deutlich, dass im häuslichen Umfeld Mobilität eine andere Ausprägung hat. Es steht nicht das Bewegen von A nach B im Fokus sondern die Verrichtung von alltäglichen Tätigkeiten wie Putzen, Kochen, Körperhygiene etc. auf relativ engem Raum bei denen primär der Oberkörper sowie die Arme beansprucht werden. Diese Erkenntnis bringt automatisch die Suche nach neuen Lösungsansätzen mit sich.

In diesem Kontext ist zu berücksichtigen, dass Unterstützung nicht allein durch das technische System als Produkt erfolgen muss, sondern dass dieses auch durch Dienstleistungen ergänzt werden kann. Damit verbunden ist eine Erweiterung des Modellansatzes dahingehend, dass Dienstleistungen in ihrer Struktur zu spezifizieren und über geeignete Relationen in das Modell einzubinden sind, um daraus Performanz-Aussagen abzuleiten.

Eine weitere Herausforderung für die Produktentwicklung ist die Konkretisierung und Vervollständigung von Anforderungen für den Entwicklungsprozess. Durch die Integration der Menschbeschreibung mit der Produktbeschreibung werden die Voraussetzung für die Überführung von Bedürfnissen und Rahmenbedingungen in konkrete technische Parameter geschaffen, die für die Tätigkeit des Ingenieurs von Bedeutung sind. Wesentlicher Ansatzpunkt hierfür ist die funktionale Beschreibung der Handlungsfelder, die Zuordnung von allgemeinen Lösungsprinzipien zu einzelnen Teilfunktionen in den Handlungsfeldern und die Auswertung der Verknüpfungen zwischen den Menschbeschreibungen und den Produktbeschreibungen.

Eine der großen Herausforderungen für eine effiziente Entwicklung von Produkten ist die Beherrschung der Vielfalt nicht nur bei den Anforderungen sondern auch bei den Nutzern selbst. Auf Basis der Nutzung der Konzepte aus der Soziologie und Psychologie ist die Voraussetzung gegeben, Nutzer bezüglich ihrer Handlungs- und Lebenssituation und ihrer Techniknutzungsmotivation zu klassifizieren. Damit können Unterstützungsstrategien gezielter ausgearbeitet werden, die sich dann wiederum auf spezifische Besonderheiten innerhalb der Nutzungsgruppen adaptieren lassen.

3.2.9 Zusammenfassung und Ausblick

Dargestellt wurde ein Ansatz zur ganzheitlichen Beschreibung des Menschen in der Mensch-Maschine-Integration, der dazu beitragen soll, neben der Leistungsfähigkeit des

Menschen auch „weiche" Faktoren, die die Techniknutzung determinieren, mit einzubeziehen. Hierdurch wird die Voraussetzung geschaffen, den Menschen in seinem Handlungsumfeld gezielter durch Technik zu unterstützen. Es lassen sich nicht nur neue Produktideen ableiten sondern vor allem auch Bedürfnisse in Anforderungen transformieren und Anforderungen um die Lebens- und Handlungssituation zu erweitern. Die Konkretisierung des Ansatzes in Kooperation zwischen Soziologen, Psychologen und Ingenieuren soll auch dazu genutzt werden, Produkte für Senioren hinsichtlich der Gebrauchstauglichkeit und Akzeptanz zu bewerten. Die Ableitung entsprechender Validierungsverfahren ist Gegenstand weiterer Forschungen.

Literatur
[1]   Weißmantel, H.; Biermann, H.: Seniorengerechtes Konstruieren: SENSI – Das Design seniorengerechter Geräte, Düsseldorf, VDI-Verlag, 1995.

[2]   Venkatesh, V.; Morris, M. G.; Davis, G. B.; Davis, F. D.: User Acceptance of Information Technology: Toward a Unified View, MIS Quarterly, 27 (3), 2003, S. 425-478.

[3]   Leonard-Barton, D.: Implementation as mutual adaptation of technology and organization, in: Research Policy 17, 1988, S. 251-267.

[4]   Birken, T.: IT-basierte Innovation als Implementationsproblem. Evolution und Grenzen des Technikakzeptanzmodell-Paradigmas, alternative Forschungsansätze und Anknüpfungspunkte für eine praxistheoretische Perspektive auf Innovationsprozesse, ISF München, 2014.

[5]   DIN EN ISO 9241-210:2011-01 Ergonomie der Mensch-System Interaktion – Teil 210: Prozess zur Gestaltung gebrauchstauglicher interaktiver Systeme (Ergonomics of human-system interaction - Part 210: Human-centred design for interactive systems). Berlin, Beuth Verlag, 2010.

[6]   Reinicke, T.: Möglichkeiten und Grenzen der Nutzerintegration in der Produktentwicklung, Technische Universität Berlin, Dissertation an der Fakultät für Verkehrs- und Maschinensysteme, Berlin, 2004.

[7]   Hassenzahl, M.; Burmester, M.; Koller, F.: Der User Experience (UX) auf der Spur: Zum Einsatz von www.attrakdiff.de, Usability Professionals, Hrsg.; Brau, H.; Diefenbach, S.; Hassenzahl, M.; Koller, F.; Peissner, M.; Rose, K.: 2008, S. 78-82.

[8]   Steffen, D.: Design als Produktsprache - Der „Offenbacher Ansatz" in: Theorie und Praxis, Frankfurt, Verlag Form GmbH, 2000.

[9]   Martens, T.: Was ist aus dem Integrierten Handlungsmodell geworden? Item-Response-Modelle in der sozialwissenschaftlichen Forschung, Hrsg.: Kempf, W. und Langeheine, R. Berlin, Regener, 2012, S. 210-229.

[10] Helander, M. G.; Khalid, H.: Affective and Pleasurable Design. Handbook of Human Factors and Ergonomics. Hrsg.: Salvendy, G3, Auflage, New Jersey, John Wiley & Sons, 2006, S. 543-572.

3.3 Sozial nachhaltige Entwicklung technischer Unterstützungssysteme

S. Buxbaum-Conradi, S. Heubischl, T. Redlich, R. Weidner, M. Moritz und P. Krenz

3.3.1 Einleitung

Demografischer Wandel, Fachkräftemängel und Arbeitslosigkeit im Übergang zum Renteneintrittsalter oder infolge gesundheitlicher Einschränkungen stellen nicht nur Ökonomie und Wirtschaftspolitik vor große Herausforderungen sondern auch Technikgestaltung und Innovationsfähigkeit. In diesem Zusammenhang wird aktuell insbesondere der Einsatz von technischen Unterstützungssystemen in der Pflege, wie auch im Berufsalltag, älterer oder motorisch eingeschränkter Personen kontrovers diskutiert: „Wenn das künftig die Ansprache ist, die alte Menschen erfahren, halte ich das für sehr problematisch", so beispielsweise Dillmann ein führender Robotikexperte in Bezug auf den vom IPA entwickelten Pflegeroboter Care-O-Bot 3 [1]. Es stellt sich zunehmend die Frage, ob und in welchem Kontext eine technische Unterstützung überhaupt sinnvoll und gewollt ist und wie diese beschaffen sein muss, um auf Akzeptanz durch die Anwender zu stoßen. Die häufige Diskrepanz zwischen dem von den Entwicklern antizipierten Nutzen und der tatsächlichen Lebenswirklichkeit der Anwender muss überwunden werden, um ganzheitliche und sozial nachhaltige Lösungen generieren zu können. Ansätze einer partizipativen Technikentwicklung bieten die Möglichkeit diese Diskrepanz zu überwinden oder zumindest zu reduzieren.

Nach einleitenden Anmerkungen zur Interdependenz zwischen Technik, Mensch und Gesellschaft, werden Anforderungen und Herausforderungen einer sozial nachhaltigen Technikentwicklung abgeleitet, die anschließend in einem transdisziplinär partizipativ-konstruktivistischen Ansatz im Rahmen einer Konferenz zu „Technik, die die Menschen wollen" operationalisiert werden.

3.3.2 Einführende Bemerkungen zur Interdependenz zwischen Technik, Mensch und Gesellschaft

„Unsere bisherige Technik steht in der Natur wie eine Besatzungsarmee im Feindesland [und] vom Landesinneren weiß sie nichts, die Materie der Sache ist ihr transzendent." [2] Das populäre Zitat des Philosophen Ernst Bloch illustriert auf plakative Weise, die Entfremdung oder vielmehr „Entbettung" technologischer Entwicklungen aus ihrer sozio-kulturellen und natürlichen Lebenswelt. Auch wenn die Kriegsmetapher im Zuge der Entwicklung sensorausgestateter unbemannter Flugzeuge und der damit einhergehenden veränderten Kriegsführung nicht mehr unbedingt zeitgemäß ist, bleibt die Aussage im Kern aktuell. Denn erst durch den praktischen Einsatz von Technik in einem spezifischen sozio-kulturellen Kontext wird Wissen erzeugt, das anders nicht generiert werden kann. Auch wenn die Erfindung eines technischen Artefakts immer die Antizipation einer spezifischen Nutzungsform voraussetzt, so kann diese nicht 1:1 ex ante im Labor getestet werden [3, 4]. Es entsteht daher oft Technik, der man eine gewisse soziale und anthropologische Entfremdung unterstellen kann, wie z.B. dem eingangs erwähnten Pflegeroboter. Technik

sollte daher nicht losgelöst von der sozialen und kulturellen Sphäre betrachtet werden. Ein weiterer Beleg für diese Notwendigkeit findet sich in dem sich wandelnden Produkt- und Technikverständnis und den Möglichkeiten, die moderne IuK-Technologien heute bieten. Wertschöpfungsartefakte werden zunehmend komplexer und kombinieren materielle und immaterielle Komponenten wie Informationen, Wissen, Daten und Services in Form sog. hybrider Leistungsbündel oder Cyber-Physical-Systems, wie sie auch viele technische Unterstützungssysteme darstellen. Dieses Zusammenwirken materieller und immaterieller Komponenten verweist deutlich auf die Interdependenz zwischen Technik und dem Sozialen [5]. Zum einen sind Informationen und Wissen stets an einen spezifischen Kontext bzw. Deutungshorizont von Sender und Empfänger gebunden und zum anderen stellen virtuelle Oberflächen als Mensch-Maschine-Schnittstellen grundsätzlich Orte der reinen Kommunikation dar (Sprache bzw. Zeichen dienen hier als Medium im Sinne eines Mittlers), weshalb ihnen grundsätzlich eine soziale oder anthropologische Dimension inne ist [6, 7].

Über die tatsächlichen Kausalzusammenhänge zwischen Technik und Sozialem, die in diesem Beitrag nicht im Fokus stehen, besteht jedoch keine Einheit in der techniksoziologischen Forschung, die wesentlich durch zwei Diskursrichtungen bestimmt wird: Der erste Diskurs geht davon aus, dass Technik das soziale und kulturelle Leben beeinflusst. Der zweite Diskurs sieht eine wechselseitige Beeinflussung von Technik und sozialem Leben als gegeben an. Die zentrale Frage besteht darin, ob die Technik sozio-kulturelle Mikro- und Makrostrukturen beeinflusst und als Mittlerin (Medium) zwischen Individuum und Dingwelt dient oder ob diese eher technikdeterministische These ad absurdum geführt werden kann, da Technik stets aus menschlichem Handeln hervorgeht, welches zur Folge hat, dass jegliche (mediale) Technik eine Ausweitung der menschlichen Sinne und des Körpers darstellen [8] – sind wir also „Sklave" oder „Meister" [9a, 9b]?

Ungeachtet der andauernden Debatte innerhalb dieser wissenschaftlichen Diskurse bleibt an dieser Stelle festzuhalten, dass mit der pragmatistisch orientierten These, dass Technik von Menschen hervorgebracht wird, die Möglichkeit der Einflussnahme auf die Technikgenese gegeben ist [5]. Selbstverständlich löst dies den Widerspruch zwischen einer technikdeterministischen Sichtweise und einer sozialdeterministischen Deutung nicht auf [10]. Dennoch soll sie uns nun als Grundlage und Legitimation für die Ableitung einer möglichen Umsetzung der oben aufgeführten Prämissen dienen.

3.3.3 Ableitung von Anforderungen für eine sozial nachhaltige Technikentwicklung

Technik bleibt für den Anwender ein weitestgehend „verdecktes Experiment" [4]. Eine tatsächliche Reflexion über Funktionsweise und Nutzung durch die Anwender und antizipierten „Nutznießer" selber erfolgt in der Regel erst in der Begegnung mit Technik, die nicht funktioniert [10], d.h. nach ihrer Markteinführung. Die Dysfunktionalität kann auf drei grundlegende Ursachen zurückgeführt werden, die in **Abb. 3.7** veranschaulicht sind und sich auf das technische System als solches, die Mensch-Maschine oder Mensch-Technik-Interaktion (z.B. Bedienungs-/Anwendungsfehler) oder die sozio-kulturelle Entbettung im Sinne einer Losgelöstheit des technischen Artefakts von den Bedarfen und Anforderungen des sozio-kulturellen Anwendungskontextes bezieht.

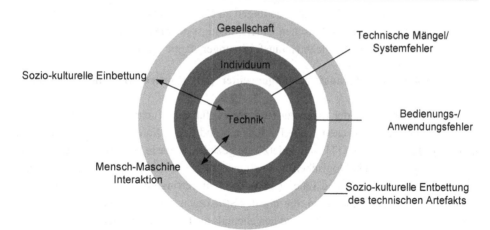

Abb. 3.7: Dysfunktionalitäten technischer Artefakte im Spannungsfeld zwischen Individuum und Gesellschaft

Eine sozial nachhaltige Technikentwicklung und Gestaltung technischer Unterstützungssysteme sollte sich daher zum einen mit menschlichen Bedürfnissen, Fähigkeiten und Fertigkeiten hinsichtlich seiner Physiologie (Motorik, Sensorik etc.) beschäftigen, als auch mit seinem Kognitionsvermögen und mentalen Modellen. Welche kognitiven Konstrukte und subjektiven Bezugsrahmen legen Entwickler (z.B. junge Ingenieure) und Nutzer (ältere Generation) zu Grunde? Schließlich muss sich mit der Frage auseinandergesetzt werden, welche existierenden Strukturen (sozio-ökonomisch, sozio-kulturell etc.) durch die Erfindung und den Einsatz des technischen Artefakts beeinflusst bzw. herausgefordert werden. In welchen bestehenden sozialen Praktiken bzw. Handlungsabläufen soll das technische Artefakt zum Einsatz kommen und mit welchen Werten sind diese verbunden? **Abb. 3.8** fasst diesen Dreiklang von Physiologie und Kognition des Individuums und seiner sozio-kulturellen Einbettung zusammen.

Abb. 3.8: Betrachtungsebenen sozial nachhaltiger Technikentwicklung

Die Frage lautet nun, wie diese Anforderungen an eine sozial nachhaltige Technikgenese bzw. die Entwicklung von technischen Unterstützungssystemen konkret und zielgerichtet gestaltet werden kann und welche Herausforderungen damit verbunden sind.

3.3.4 Ansätze und Herausforderungen einer partizipativen Technologieentwicklung

Bereits 1984 setzte sich der Ingenieur Rosenbrock für eine Technikentwicklung ein, die die Lebenswelt der Menschen, seine Fähigkeiten und den sozialen Kontext der Nutzung in den Vordergrund stellt [11] nicht zuletzt, um gezielter Bedarfe identifizieren zu können, die Akzeptanz von technologischen Innovationen zu fördern und die Kluft zwischen Experten (z.B. Ingenieuren) und Laien (Anwender) zu verringern. Aktuelle Konzepte der Lead User und Open Innovation, die mit der Stilisierung des Konsumenten zum so genannten Prosumer verbunden sind und den ehemals als Laien bezeichneten Anwender damit zum Experten erheben, versuchen diese Diskrepanz zu überwinden, den Dialog zu fördern und die Bedürfnisse, das Wissen und die Lebenswirklichkeit der Nutzer stärker einzubinden [12, 13a, 13b]. Der Kunde oder Anwender trägt aus dieser Perspektive einen Teil zur Wertschöpfung bei [14]. Inzwischen existiert darüber hinaus eine Vielzahl von Ansätzen und Methoden, die u.a. in DIN EN ISO 9241-210 zusammengefasst sind [15] und von szenariobasierten Design Ansätzen [16] über partizipative Mediengestaltungen [17] ein breites Spektrum abdecken. Was ist nun allen diesen Ansätzen gemeinsam?

Ziel ist stets der Transfer von Wissen zwischen Entwicklern und Anwendern, deren Lebenswelt und Deutungshorizonte in vielen Fällen unterschiedlicher nicht sein könnten. Kognitive Distanzen und damit z.T. verbundene Interessenkonflikte bestehen dabei nicht nur zwischen Entwicklungsingenieuren und potentiellen Anwendern sondern darüber hinaus auch zwischen den an der Entwicklung beteiligten Akteuren unterschiedlicher Fachrichtungen in transdisziplinären Entwicklungskontexten (z.B. Bewegungswissenschaftler, Robotik- und Automatisierungsexperten, Soziologen, Ökonomen). Der Robotikexperte sieht in erster Linie die Kinematik, der Bewegungswissenschaftler die menschliche Motorik, der Ökonom die Kostenfaktoren und der Soziologe die sozialen Auswirkungen. Compagna verweist in diesem Zusammenhang auf die Tatsache, dass „every method that is used to achieve participatory technology assessment or development is a translation tool" [18], da sie eine ausgewogene bi- oder multidirektionale Übersetzung hochspezialisierter Wissensbestände impliziert. Dieses „Übersetzungsdilemma" wird von einem Aushandlungsprozess begleitet, der u.a. durch Jenkins [19] beschrieben wurde, der schildert wie die Entstehung technischer Artefakte von sozialen und kulturellen Aushandlungsprozessen begleitet wird, innerhalb derer die daran beteiligten Akteure miteinander konkurrieren, koalieren und Kompromisse schließen. Die in diesem Zusammenhang ablaufenden Übersetzungs- und Aushandlungsprozesse wurden von Compagna als das dem partizipativen Ansatz inhärente Angleichungsdilemma identifiziert. In diesem Sinne stellt sich also stets die Frage: „*Who or what has to adjust to whom or what, why, when, and in which way?" [18]*

Bevor man diese Frage beantworten kann, müssen jedoch zunächst die den unterschiedlichen Interessen, Vorstellungen und Fachrichtungen zu Grunde liegenden Konstrukte (kognitiven Modelle) herausgearbeitet werden und bekannt sein. Ein systemisch-konstruktivistischer Ansatz partizipativer Technikentwicklung bietet die Möglichkeit, dem benannten „Übersetzungsdilemma" in einem ersten Schritt zu begegnen.

3.3.5 Ein transdisziplinärer, partizipativ-konstruktivistischer Ansatz

Eine transdisziplinäre, partizipative Technologieentwicklung ist in Abgrenzung zur interdisziplinären Entwicklung als integrationsorientierte Technikgenese zu verstehen. Letztere Position verweist im Kern auf die konstruktivistische Perspektive vom sich selbst konstruierenden (autopoietischen) und mit anderen Systemen interagierenden, sich beeinflussenden Menschen. Einer konstruktivistisch orientierten, partizipativen Technikentwicklung liegt daher ein Menschenbild zugrunde, in dem der Mensch im Prozess der Technikgenese nicht bloß Vorgaben folgt, sondern „sich aktiv mit der es umgebenden Wirklichkeit [und anderen Menschen] auseinandersetzt" [5] und „sich handelnd in die Welt einschaltet, nicht nur um etwas, sondern um sich selbst hervorzubringen" [5, 20].

Aus der konstruktivistischen Perspektive betrachtet, gibt es zwar eine außerhalb vom Menschen existierende Wirklichkeit, aber sie ist dem Menschen nur vermittelt zugänglich [21]. Wirklichkeit wird von jedem Mensch selbst konstruiert [22] und darüber hinaus konstruiert jeder Mensch sich selbst. Den konstruierten Wirklichkeiten liegen subjektive Theorien zugrunde, die allerdings auch vom spezifischen Sozialisierungskontext, also der jeweiligen sozio-kulturellen Einbettung und der Lebenswelt des Individuums beeinflusst wird. Das Erzeugen von Wirklichkeiten bzw. subjektiven Theorien erfolgt über Prozesse des Konstruierens: Über das Konstruieren erzeugt der Mensch neue Wirklichkeiten, über das Dekonstruieren baut er alte, nicht viable Wirklichkeiten ab und mit dem Rekonstruieren werden andere Deutungsmuster von Wirklichkeit in die eigene Wirklichkeitsvorstellung übernommen [5]. Auch die Technikgenese unterliegt den Prozessen der Konstruktion. Dabei organisiert sich der Mensch als autonomes System über Autopoiese (Form der Selbstreferenz, wonach ein System seine Existenz durch sich selbst über Prozesse des Konstruierens, Dekonstruierens und Rekonstruierens erzeugt), das mit anderen Systemen (z.B. Menschen, Maschinen) über ein Medium (z.B. Sprache, Symbolik) interagiert [23, 24].

Festzuhalten ist, dass, ausgehend von einem konstruktivistischen Standpunkt, partizipative Technikentwicklung nicht von außen vorgegeben werden kann, da Technikgenese im Sinne der oben beschriebenen Autopoiese ein selbstkonstruierender Prozess ist. Eine kritische Betrachtung des konstruktivistischen Ansatzes wirft in erster Linie die Frage auf, ob und inwieweit dadurch individuelle, subjektive Besonderheiten befördert und weiterentwickelt werden und/oder inwiefern lediglich gesellschaftlich erwünschte Codes (re-)produziert werden. Diesem berechtigten Einwand ist entgegenzusetzen, dass das Moment der Transdisziplinarität, welches die Einbindung und Partizipation möglichst vieler, heterogener Perspektiven beinhaltet, der Beförderung subjektiver Besonderheiten sowie der schlichten Reproduktion gesellschaftlich erwünschter Codes entgegenwirkt. Das

Merkmal der Transdisziplinarität geht dabei über das Verständnis von disziplinübergreifender Entwicklungszusammenarbeit hinaus, indem es auf der Folie konstruktivistischer Annahmen eine interaktive, integrierende Technikgenese beschreibt, die das Aushandeln einer konsensuellen Wirklichkeitskonstruktion impliziert. Dadurch eröffnet eine transdisziplinäre, partizipative Technikentwicklung mehr Optionen, ist in sich jedoch komplexer [5]. Darüber hinaus können Unterstützungssysteme als Ergebnis einer interdisziplinären Technikgenese aus konstruktivistischer Sicht nicht mit den Attributen „richtig" oder „falsch" belegt werden [25]. Die Möglichkeit einer Bewertung liegt in der Prüfung der Viabilität eines Unterstützungssystems. Demnach ist ein System viabel, wenn es im Handeln standhält und sich in Bezug auf relevante Ziele bewährt: „Alleiniges Beurteilungskriterium ist seine Nützlichkeit in der täglichen Erfahrung" [25].

3.3.6 Umsetzung des Ansatzes im Rahmen einer transdisziplinären Konferenz

Ausgehend von einem konstruktivistischen Verständnis, wonach Partizipation als Teil der Interaktion zwischen Menschen über ihre Wirklichkeitskonstruktionen aufgefasst werden kann, wurde die erste transdisziplinäre Konferenz zum Thema „Technische Unterstützungssysteme, die die Menschen wirklich wollen" methodisch so flankiert, dass ein möglichst hoher Zugewinn an neuen, bisher nicht beachteten Begriffskonstruktionen über Bedarfe und Anforderungen an technische Unterstützungssysteme entstehen kann. Der Teilnehmerkreis umfasste dabei eine breite Zielgruppe über nahezu alle Lebensalter und unterschiedliche Disziplinen hinweg: u.a. Schüler, Studenten, Wissenschaftler, Fertigungstechniker, Ingenieure, (potenzielle) Anwender, ältere Menschen, Menschen mit Behinderung sowie Akteure aus Rehabilitation und Pflege.

Das Konzept zur ersten transdisziplinären Konferenz sieht die Einbindung eines möglichst heterogenen Teilnehmerkreises vor. Heterogenität ist die Voraussetzung dafür, vielfältige Wirklichkeitskonstruktionen über die Interaktion mit unterschiedlichen Akteuren zu befördern. Je heterogener die Ausgangsbasis, desto weniger vorhersagbar aber auch vielfältiger das Ergebnis. Da partizipative Technikentwicklung darüber hinaus nicht von außen vorgegeben werden kann und einer eigenen häufig nicht vorhersagbaren Dynamik von Interaktion und Konstruktion in der Gruppe folgt, blieb in der Konzeption der Workshops zunächst offen, worin Bedarfe und Anforderungen der Teilnehmer im Konkreten bestehen könnten.

In drei inhaltlich aufeinander aufbauenden Workshops wurden in einem ersten Schritt die Erwartungen der Konferenzteilnehmer an unterstützende Technik erhoben, um anschließend herauszuarbeiten, inwiefern der aktuelle technische Stand die Erwartungen der Konferenzteilnehmer abbildet. Dabei wurde ein Augenmerk auf die Erwartungen gelegt, die die Teilnehmer nicht als erfüllt ansahen. Der dritte Workshop griff diese „Lücken" auf und überführte sie in gemeinsam formulierte Anforderungen für ausgewählte Systeme bzw. Funktionalitäten. Dabei wurden technische, ökonomische (Kosten-Nutzen), medizinische (Langzeitfolgen auf die Physiologie), psychologische (keine Bevormundung durch Technik) und ethische (Sozialverträglichkeit) Aspekte in der Klärung der Frage nach der Beschaffenheit von Systemen berücksichtigt (siehe **Abb. 3.9**).

Die Auswahl der ca. 80 Teilnehmenden und die Erhebung von Erwartungen und Anforderungen an unterstützende Technik erheben dabei keinen Anspruch auf Repräsentativität. In Anlehnung an ein konstruktivistisches Verständnis sollten unterschiedliche Perspektiven, Ideen und Zugänge zu Unterstützungssystemen für alle Workshop-Akteure erfahrbar und greifbar werden. Didaktisch unterstützt wurden die Workshops durch Methoden der Erwachsenenbildung: Im „World Cafe" und der Metaplantechnik in Verbindung mit Kartenabfrage konnten die Teilnehmer an ihr Vorwissen, eigene Vorstellungen und Ideen anknüpfen, ihre individuelle Sichtweise einbringen und aktiv an der Gestaltung der Themen mitwirken. Im „Clustern" erhielten die Teilnehmenden die Möglichkeit, ihre Sichtweisen mit anderen Teilnehmenden abzugleichen, zu revidieren, zu erweitern oder zu belassen und zu einer konsensuellen Wirklichkeitskonstruktion zu finden. Im Rahmen von Diskussionen wurde die Interaktion zum Austausch von unterschiedlichen Konstruktionen gefördert.

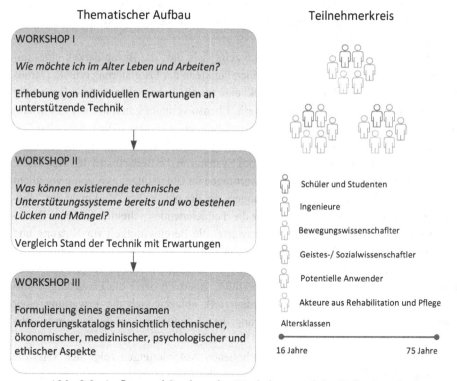

Abb. 3.9: Aufbau und Struktur der Workshops und des Teilnehmerkreises

Die Altersklassen 0-25 Jahre, 25-50 Jahre und 50-100 Jahre fanden insofern Berücksichtigung, als die Teilnehmer ihre Beiträge auf entsprechend farblich vorsortierten Medien schriftlich fixierten (Alter 0-25 - gelbe Karten, Alter 25-50 - grüne Karten, Alter 50-100 - rote Karten). In Diskussionen konnten somit altersabhängige Vorstellungen über Erwartungen und Bedarfe an unterstützende Technik berücksichtigt werden. Die Gruppengröße wurde auf max. 25 Personen pro Workshop begrenzt. Um allen Konferenzteilnehmern die

Teilnahme an den Workshops zu ermöglichen, wurden parallel je drei identische Sessions durchgeführt.

Das Ergebnis des ersten Workshops stellt eine Sammlung von Wahrnehmungen vom Alter und Altern und Erwartungen an unterstützende Technik dar. Am Ende des zweiten Workshops entstand eine Matrix, die die Erwartungen der Teilnehmer mit dem aktuellen technischen Stand gegenüberstellte und „Lücken" sichtbar macht. Das Ergebnis des dritten Workshops schließlich stellt ein Katalog an Anforderungen für ausgewählte Funktionalitäten und Systeme dar.

In der Darstellung ihrer Wahrnehmung beschrieben junge Workshopteilnehmer eher negativ konnotierte Wahrnehmungsbilder, die hauptsächlich auf psychische Zustände wie beispielsweise Einsamkeit, Einschränkung oder Vergesslichkeit referieren. Teilnehmer mittleren Alters beschrieben eher positiv konnotierte Wahrnehmungsbilder, die hauptsächlich auf psychische Zustände wie beispielsweise Gelassenheit oder Aktivität abzielen. Ältere Teilnehmer beschrieben wiederrum eher negativ konnotierte Wahrnehmungsbilder, die ebenfalls auf psychische Zustände wie beispielsweise Einsamkeit oder Abhängigkeit referieren.

Hinsichtlich der beschriebenen Erwartungen zeigt sich, dass die Bezahlbarkeit eines unterstützenden Systems von allen Altersgruppen Punkte in der Priorisierung erhielt. Daraus kann geschlossen werden, dass dieser Aspekt eine für alle Lebensalter zentrale Erwartung an technische Unterstützungssysteme darstellt. Ebenso verhält es sich mit der Erwartung an eine „künstliche Intelligenz" technischer Unterstützungssysteme. Alle Lebensalter formulierten diese Erwartung an Unterstützungssysteme. Dahinter verbirgt sich der Wunsch nach größtmöglicher Anpassungsfähigkeit des Systems an die Bedürfnisse des Menschen. In der Gesamtschau zeigt sich, dass die Erwartungen an Unterstützungssysteme vor allem psychische Zustände beschreiben. Erwartungen, die die physischen Merkmale des Menschen betreffen, wurden nicht genannt. Für die Teilnehmenden scheinen in dieser Workshop-Phase eine selbsterklärende Funktionsweise, die Bereitwilligkeit zur Nutzung und die Zweckmäßigkeit über alle Lebensalter eine größere Rolle zu spielen als beispielsweise Passform oder Bequemlichkeit. Die erhobenen Erwartungen wurde in der letzten Workshop-Phase in konkrete Anforderungen überführt, innerhalb derer die Erwartungen teilweise aufgehen und widergespiegelt werden (z.B. spiegelt sich die Erwartung einer „künstlichen Intelligenz" in der Anforderung der „Lernfähigkeit eines Systems" siehe **Abb. 3.10**).

In der abschließenden Priorisierung der erhobenen Anforderungen zeigt sich, dass die Teilnehmenden der Altersklasse 0-25 Jahre ausschließlich Anforderungen gewichteten, die aus Nennungen von Teilnehmenden mittleren Alters und älterer Teilnehmer hervorgingen. Jüngere Teilnehmer orientieren sich demnach vollständig an älteren Teilnehmer in der Gewichtung der Anforderungen.

Im Gegensatz zum ersten und zweiten Workshop, in dem die Teilnehmenden stärker psychische Aspekte in ihren Erwartungen fokussierten, offenbart sich in der Auseinandersetzung am konkreten Beispiel und der Priorisierung der Anforderungen die Tendenz der Teilnehmenden, stärker physische Aspekte zu berücksichtigen.

formulierte Anforderungen	Altersklassen
„für alle Betroffenen erhältlich + erschwinglich sein" (10 Punkte)	25-50
„präventiv + operativ" (9 Punkte)	50-100
„soll Fertigkeiten des Mitarbeiters nutzen u. nicht ersetzen" (8 Punkte)	50-100
„nicht arbeitsplatzgefährdend + anforderungskomprimierend" (7 Punkte)	25-50
„nachhaltig und arbeitsplatzsichernd" (7 Punkte)	25-50
„Robustheit" (7 Punkte)	50-100
„Mensch behält Führungsrolle" (6 Punkte)	25-50
„leichte Bedienung" (6 Punkte)	50-100
„Sicherheit auch bei Fehlbedienung" (6 Punkte)	25-50
„gesundheitserhaltend + förderlich" (6 Punkte)	25-50
„Datenschutz" (5 Punkte)	50-100
„Ansprechpartner [i.S. einer realen Person, Anmerk. d. Autorin]" (5 Punkte)	50-100
„Werkzeuge nicht bedrohlich – muss als Partner empfunden werden" (5 Punkte)	25-50
„lernfähig" (4 Punkte)	25-50
„wartungsarm" (4 Punkte)	50-100

Abb. 3.10: Formulierte Anforderungen an technische Unterstützungssysteme

3.3.7 Zusammenfassung der Ergebnisse und Ausblick

Zusammenfassend ist festzuhalten, dass in der Erhebung von Wünschen und Erwartungen psychische Zustände von den Teilnehmenden häufiger genannt wurden als physische Merkmale. Die Unterordnung des unmittelbar greifbaren unter das abstrakte, diffuse Merkmal deutet darauf hin, dass die Teilnehmenden die Auswirkungen technischer Unterstützungssysteme auf das seelische Wohlbefinden weniger gut einschätzen konnten. Beispielsweise wurde die zuvor angenommene physische Dominanz technischer Unterstützungssysteme gegenüber dem Anwendenden von den Teilnehmer nicht beschrieben. In der abschließenden Auseinandersetzung mit Anforderungen an technische Unterstützungssysteme an konkreten Beispielen gewannen physische Aspekte an Gewicht. Hieraus lässt sich schließen, dass es den Teilnehmenden besser gelang, die Auswirkungen technischer Unterstützungssysteme einzuschätzen und daraus entsprechende Anforderungen zu formulieren.

Je abstrakter die Auseinandersetzung mit einem Unterstützungssystem, desto stärker stehen psychische Befindlichkeiten in der Technikentwicklung im Vordergrund. In der konkreten Auseinandersetzung mit dem System rücken physische Befindlichkeiten stärker in den Vordergrund. Wenn ein Anwender also direkt mit einem technischen Unterstützungssystem konfrontiert ist, wird er physische Merkmale stärker in die Entwicklung einbeziehen. Eine transdisziplinäre Technikentwicklung auf konstruktivistisch-partizipativer Basis sollte daher in Abhängigkeit vom Entwicklungsstand flexibel psychische und/oder physische Befindlichkeiten der Anwender berücksichtigen. Eine Einbindung von Anwendern sollte intensiv und vorrangig vor der Einbindung anderer Akteure erfolgen. Es sollten im Rahmen eines konstruktivistisch-partizipativen Ansatzes möglichst heterogene Akteure in den Prozess miteingebunden werden, um rein subjektive Wahrnehmungen, die aus einem homogenen sozio-kulturellen Kontext resultieren (z.B. ausschließlich Personen einer Altersgruppe, aus einem sozialen Milieu mit vergleichbarer Qualifikation und Berufsfeld) zu vermeiden und im Sinne einer integrationsorientierten Technikentwicklung zu einer konsensuellen „Wirklichkeitskonstruktion" zu gelangen. Die Auseinandersetzung mit dem System sollte in jedem Fall als individueller Entwicklungsprozess verstanden werden und für Entwickler und Anwender so früh wie möglich im Verlauf des Entwicklungsprozesses einsetzen. Auf der einen Seite zeigt sich, dass partizipative Entwicklungsschritte einen hohen Aufwand hinsichtlich, Planung, Umsetzung und Evaluation erfordern. Auf der anderen Seite versprechen sie Lösungen und Innovationen, die auf eine breite Akzeptanz in der Bevölkerung stoßen und über rein technische Aspekte hinaus ganzheitliche hybride Leistungsbündel hervorbringen, die Grundlage für neue Geschäftsmodelle darstellen können.

Die transdisziplinäre Konferenz ist nur der erste Schritt in der Umsetzung des beschriebenen Ansatzes. Die durch das BMBF geförderte, interdisziplinäre Arbeitsgruppe smart Assist (Smart, AdjuStable, Soft and Intelligent Support Technologies) steht in Zukunft vor der Herausforderung den Ansatz weiter zu operationalisieren, zu erproben und zu validieren.

Literatur

[1]   http://www.altenpflege-online.net/Infopool/Nachrichten/Betreuung/Roboter-sind-nur-fuer-Assistenztaetigkeiten-einsetzbar (Zugriff 01.04.2015).

[2]   Bloch, E.: Werkausgabe, Band 5, Das Prinzip Hoffnung, Suhrkamp, Frankfurt am Main, 1985.

[3]   Heintz, B.: Die Herrschaft der Regel. Zur Grundlagengeschichte des Computers, Campus Verlag, 1993, S. 246-248.

[4]   Wynne, B.: Unruly technology, Practical rules, impractical discourses and public understanding, in: Social Studies of Science, 18(1), 1988, S. 147-167.

[5]   Schachtner, C.: Konstruktivistisch-partizipative Technikentwicklung, in: kommunikation @ gesellschaft 10, 2009, S. 3, 19, 7.

[6]   Löw, M.: Raumsoziologie, Suhrkamp, 2009.

[7]   Buchmüller, L.: Virtual Reality, Cyberspace & Internet. Der Aufbruch zu einem neuen Raum- und Wirklichkeitsverständnis?, in: Symbolik von Ort und Raum, Lang, 1997.

[8]   McLuhan, M.: Die magischen Kanäle: Understanding Media, Econ-Verl.,1968, S. 43.

[9a]   Latour, B.: Wir sind nie modern gewesen. Versuch einer symmetrischen Anthropologie, Akademieverlag, 1995 (1991).

[9b]   Latour, B.: Eine Soziologie ohne Objekt? Anmerkungen zur Interobjektivität, in: Berliner Journal für Soziologie, 11(2), 2001 (1994), S. 237-252.

[10] Potthast, J.: Technik als Experiment, Technikforschung als Kritik? Eine Zwi-
      schenbilanz, in: Working Papers TUTS-WP-3-2013, Technische Universität
      Berlin, 2013, S. 2.

[11] Rosenbrock, H.: Technikentwicklung. Gestaltung ist machbar, IG Metall, 1984,
      S. 21f.

[12] Hippel, E.v.: Democratizing Innovation, MIT Press, 2005.

[13a] Blättl-Mink, B.; Helmann K. U.: Prosumer Revisited, Verlag für Sozialwissen-
      schaften, 2010.

[13b] Blättl-Mink, B.: Kollaboration im (nachhaltigen) Innovationsprozess. Kulturelle
      und soziale Muster der Beteiligung, in: Rückert-John, J. (Hrsg.): Soziale Inno-
      vation und Nachhaltigkeit - Perspektiven sozialen Wandels, Wiesbaden, Sprin-
      ger VS, 2013, S. 153-169.

[14] Redlich, T.: Wertschöpfung in der Bottom-Up-Ökonomie, Springer, 2011.

[15] DIN EN ISO 9241-210:2011-01 Ergonomie der Mensch-System Interaktion –
      Teil 210: Prozess zur Gestaltung gebrauchstauglicher interaktiver Systeme (Er-
      gonomics of human-system interaction - Part 210: Human-centred design for in-
      teractive systems). Berlin: Beuth Verlag, 2010.

[16] Cieslik, S.; Klein, P; Compagna, D.; Shire, K.: Das szenariobasierte Design als
      Instrument für eine partizipative Technikentwicklung im Pflegedienstleistungs-
      sektor, in: K. A. Shire u. J. M. Leimeister (Hrsg.): Technologiegestützte Dienst-
      leistungsinnovation in der Gesundheitswirtschaft, Wiesbaden, Gabler Verlag
      Springer Fachmedien, 2012.

[17] Zauchner, S.; Zens, B.; Siebenhandl, K.; Jütte, W.: Gendersensitives Design
      durch partizipative Mediengestaltung. Evaluationskonzept zur Entwicklung ei-
      nes Onlinerollenspiels für Mädchen, in: Schachtner, C. und Höber, A. (Hrsg.):
      Learning Communities. Das Internet als neuer Lern- und Wissensraum. Campus
      Verlag, 2008, S. 247-258.

[18] Compagna, D.: Lost in translation? The dilemma of alignment within participa-
      tory technology developments, in: Poesis Prax, 9, 2012, S. 125-143.

[19] Jenkins, H.: From Home(r) to the Holodeck. New Media and the Humanities,
      Online-Publikation, 1998, URL: http://web.mit.edu/comm-forum/papers/jen-
      kins_fh.html (Stand 26.03.2015).

[20] Ahrendt, H.: Vita Activa. Kohlhammer, 1960, S. 164 ff.

[21] Pörksen, P.: Die Gewissheit der Ungewissheit. Gespräche zum Konstruktivis-
      mus. Mit von Foerster, H.; von Glasersfeld, Ernst; Maturana, H. R.; Roth, G.;
      Schmidt, S. J.; Stierlin, H.; Varela, F. J.; Watzlawick, P. (2. Aufl. 2008), Carl-
      Auer-Systeme, 2001, S. 12.

[22] Scheer, J.W.; Catina, A. (Hrsg.): Einführung in die Repertory Grid-Technik, Bd.
      1, Grundlagen und Methoden, Verlag Hans Huber, 1993, S. 12 f.

[23] Maturana, H. R.; Varela, F. J.: Der Baum der Erkenntnis. Die biologischen Wur-
      zeln der menschlichen Erkenntnis, Scherz, 1987, S. 108.

[24] Ludewig, K.; Maturana, H. R.: Gespräche mit Humberto Maturana. Fragen zur
      Biologie, Psychotherapie und dem „Baum der Erkenntnis" oder Die Fragen, die
      ich ihm immer stellen wollte, Titel der Originalausgabe: Conversaciones con
      Humberto Maturana. Preguntas del psicoterapeuta al biólogo, Ediciones Univer-
      sidad de La Frontera 1992, in: http://www.systemagazin.de/biblio-
      thek/texte/ludewig-maturana.pdf, Zugriff am 06.03.2015, 2006, S. 28.

[25] Schüerhoff, V.: Vom individuellen zum organisationalen Lernen, Springer Fach-
      medien, 2007, S. 52.

3.4 Akzeptanzorientierte Technikentwicklung

R. R. Brauer, N. M. Fischer und G. Grande

3.4.1 Akzeptanzforschung in der Technikentwicklung

Zwei Leitfragen sind bei der Entwicklung von technischen Unterstützungssystemen wichtig:

a) Was kann den Menschen unterstützen?

b) Wie kann man den Menschen unterstützen?

Genau diese menschorientierte Sicht nimmt die akzeptanzorientierte Technikentwicklung ein und meint dabei nicht eine Entwicklung ausgehend von den technischen Möglichkeiten, sondern eine Entwicklung ausgehend vom Menschen und seinen Bedürfnissen. Akzeptanzorientierte Technikentwicklung ist damit ein weit gefasstes und interdisziplinäres Feld. Interdisziplinär vor allem, weil man neben der Entwicklung von Technik auch Voraussetzungen und Bedingungen ihrer Nutzung im Alltag berücksichtigen muss. Eklatant wichtig ist dies bei Unterstützungssystemen. So ermöglichen es uns Computerprogramme, schneller zu arbeiten, aber nur, wenn wir auch mit ihnen umzugehen wissen. Spurhaltesysteme unterstützen das Fahren. Verlässt man sich zu sehr darauf, steigt die Unfallgefahr. Die Nutzung von Technik im Alltag umfasst also auch die Mensch-Technik-Interaktion.

Bei Mensch-Technik-Interaktionen ist, wie bei technischen Entwicklungen allgemein, die Funktionalität der Technik essentiell. Akzeptanz und Gebrauchstauglichkeit sind dabei verwandte Begriffe [1]. Allerdings fokussiert die Akzeptanz auf den Anwender und dessen Einstellung zur neuen Technik unabhängig von objektiven Kriterien der Effizienz und Effektivität, wie sie bei der Gebrauchstauglichkeit zum Tragen kommen. Die Akzeptanz greift also nicht so weit wie die Gebrauchstauglichkeit und bezieht sich eher auf die subjektive Zufriedenheit. Gebrauchstauglichkeit und Akzeptanzforschung beziehen sich jedoch beide auf die Nutzung der Technik und die Frage danach, was die Technik nutzbar werden lässt bzw. nach welchen Kriterien potenzielle Anwender entscheiden, eine bestimmte Technik zu nutzen oder anderer Technik vorzuziehen.

Vor dem Hintergrund einer Akzeptanzorientierung nimmt neben der reinen Funktionalität das Zusammenspiel mit dem Anwender eine zentrale Rolle ein. Lässt sich die Technik einfach bedienen oder erleichtert sie Arbeitsabläufe – ist also die Mensch-Technik-Interaktion gut – wird auch die Technik gern genutzt und akzeptiert. Ist die Mensch-Technik-Interaktion weniger gut, wird auch die Technik weniger gut angenommen [2]. Die Akzeptanz ist dann geringer.

Dabei existieren verschiedene Faktoren, welche die Nutzung neuer Technik beeinflussen. Diesem Phänomen kann man sich aus verschiedenen Perspektiven nähern [3] (User Centered Design, User Experience, Human Factors etc.). In diesem Abschnitt soll es aus dem Blickwinkel der Akzeptanzforschung betrachtet werden. Aufgrund der Kritik an einer Vernachlässigung theoriegeleiteter Forschung [4] wird hier eine Methode beschrieben, die auf theoretischen Grundlagen fußend erfolgreich praktisch angewendet wurde, um die Akzeptanz gegenüber neuer Technik zu erhöhen.

3.4.2 UTAUT als Modell zur Vorhersage von Technikakzeptanz

Akzeptanz ist ein beliebtes Schlagwort, ohne dass dessen Bedeutung stets in seiner Gesamtheit erfasst wird. Als zentrales Maß der Akzeptanz erscheint oft die Nutzung neuer Technik. Denn wenn eine neue Technik genutzt wird, dann ist sie auch akzeptiert. Die dahinter liegende Idee besteht darin, dass die Aufgabenerfüllung mit der Technik besser funktioniert als ohne bzw. mit der neuen besser funktioniert als mit der alten. Das bedeutet, dass neue Technik sich zum einen gegen ältere Technik durchsetzen (Flachbildfernseher vs. Fernseher mit Bildröhren) bzw. bisher nicht technisierte Nutzungsmöglichkeiten erschließen muss (wie beim Spurhalteassistenten). Nur dann wird sie auch genutzt. In verschiedenen Studien wurde versucht, die Nutzung mit dem Einfluss sozio-demografischer Variablen wie Alter oder Geschlecht zu erklären. Aber „… der Löwenanteil dessen, was die Einstellung zu neuen Technologien beeinflusst, bleibt durch sozio-demografische Variablen unerklärt."[5]

Die Frage nach der Akzeptanz ist keine einfache „Ja-Nein-Frage" (Wird die neue Technik akzeptiert oder nicht?), sondern ein vielschichtiger Untersuchungsgegenstand. Verschiedene Modelle wurden entwickelt, um die Akzeptanz (und folgende Nutzung) von Technik sowie ihre Einflussfaktoren zu beschreiben. In jüngerer Zeit wurde vor allem die „unified theory of acceptance and use of technology" (UTAUT) [2] angewendet.

Die UTAUT geht davon aus, dass die Nutzung neuer Technik eine – freiwillige – Handlung ist. Darüber, wie Handlungen bzw. auch Handlungsintentionen entstehen, existieren in der Psychologie mehrere Theorien. Acht davon flossen in UTAUT ein. Bezogen auf das Ziel, die Techniknutzung zu erklären, zeigte die UTAUT eine höhere Varianzerklärung verglichen mit den Modellen, aus denen sie hervorging [2].

Die Techniknutzung ist neben der Handlungsintention, also der eigenen Absicht zur Nutzung neuer Technik, durch Begleitumstände beeinflusst. Diese Begleitumstände umfassen z.B. die nötigen Ressourcen wie Zeit zum Erlernen der Funktionsweise oder ausreichend Platz zur Nutzung der neuen Technik. Die Absicht zur Nutzung der neuen Technik wiederum ist nach der UTAUT durch drei weitere Einflussvariablen determiniert: a) Die erwartete Nützlichkeit steht für den Gewinn an Funktionalität bzw. Erleichterung bei der Ausführung von Aufgaben durch die neue Technik. Z.B. erleichtern Fahrerassistenzsysteme das Fahren. b) Die Einfachheit in der Handhabung meint die Komplexität in der Bedienung. Vor allem komplexe technische Systeme und Technik mit mehreren Nutzungsmöglichkeiten sind weniger einfach zu bedienen. Verliert man den Überblick über die Vielzahl an Fahrerassistenzsystemen und deren Bedienung, weil es zu viele Bedienelemente gibt, wird die Handhabung erschwert. c) Der soziale Einfluss wiederum bezieht sich auf die Meinung anderer. Wenn der Anwender selbst der Meinung ist, andere wollen, dass er die neue Technik nutzt, wird er ein Navigationssystem eher nutzen, als wenn er das Gegenteil vermutet.

Auf diese Zusammenhänge zwischen den genannten Einflussfaktoren und der Akzeptanz bzw. Nutzung der neuen Technik nehmen Geschlecht und Alter der potentiellen Anwender sowie Erfahrung und Freiwilligkeit der Nutzung einen weiteren differenzierenden Einfluss. Alle Faktoren, auch in ihren Wechselwirkungen, leisten einen Beitrag zur Erklärung, warum ein Produkt letztendlich vom Anwender (nicht) genutzt wird.

Die Differenzierung der Technikakzeptanz in der UTAUT macht es möglich, sich die Akzeptanz im zeitlichen Verlauf der Entwicklung neuer Technik anzusehen. Denn während die Nutzung der Technik erst nach dem Entwicklungsprozess erhoben werden kann, können die Absicht der Nutzung und deren Einflussvariablen schon vor der Nutzung und im Entwicklungsprozess erfasst werden.

3.4.3 Anwenderorientierung

Die Anwenderorientierung ist ein wichtiger, aber bisher vernachlässigter Teil der Technikentwicklung [5]. Dieser rückt jedoch mehr und mehr in den Fokus, was durch die Vielzahl an aktuellen theoretischen Modellen und Forschungsbeiträgen deutlich wird [u.a. 6, 7, 8, 9]. Anwender werden hinsichtlich ihrer Meinungen, Vorstellungen, aber auch hinsichtlich ihrer Bedenken und Ängste gegenüber neuer Technik befragt, um auf Grundlage der Antworten eben diese Bedenken und Ängste ab- bzw. Vertrauen aufzubauen. Eine solche Befragung kann mittels Fragebogen oder Interviews realisiert werden und lässt sich zu unterschiedlichen Zeitpunkten im Entwicklungsprozess bewerkstelligen.

Auch wenn den Zusammenhängen von Technikakzeptanz und Anwenderintegration noch eine Typologie fehlt [10] – welche Art von Technik wird zu welcher Entwicklungsphase betrachtet – wird im Folgenden eine Dreiteilung vorgeschlagen.

Die Erfassung der Anwenderperspektive kann a) vor der Entwicklung, um die Entwicklung auf die späteren Anwender hin auszurichten, b) während der Entwicklung, um die Ansichten der späteren Anwender in den Entwicklungsprozess mit einfließen zu lassen oder c) nach der Entwicklung, um bspw. die Akzeptanz gegenüber unterschiedlichen technischen Neuerungen miteinander zu vergleichen, stattfinden. Dabei ist zu beachten, dass eine stärkere Zusammenarbeit zwischen Entwickler und potenziellem Anwender nötig wird, je komplexer die Technik ist [11]. Dann bietet sich die Untersuchung zu mehreren Zeitpunkten an.

Im Folgenden soll eine Methode beschrieben werden, die alle drei zeitlichen Aspekte miteinander verbindet, um auf diese Weise einen umfassenderen Einblick in die Akzeptanz neuartiger Technik zu bekommen.

Akzeptanzforschung: vor, während und nach der Entwicklung neuer Technik

Die Technikakzeptanz der potenziellen Anwender im Vorfeld der Entwicklung zu erheben, entspricht einer Bedarfs- oder Anforderungsanalyse. Hier geht es vor allem darum, herauszufinden, ob das geplante Produkt einen Bedarf bedient oder aber der Nutzen erst verdeutlicht werden muss. Wird der Nutzen für eine neue Technik erst nachträglich gesucht, entspricht das dem Gegenteil von akzeptanzorientierter Technikentwicklung.

Will man schon *vor* der Entwicklung neuer Technik die Akzeptanz erhöhen, ließen sich vor allem bei einem überschaubaren potenziellen Anwenderkreis ohne großen Aufwand Wünsche an die neue Technik erfragen. Dabei existiert lediglich eine Idee, wofür die neue Technik genutzt werden kann, wohingegen die Fragen nach der Art der Umsetzbarkeit erst noch geklärt werden müssen, im besten Fall gemeinsam mit den potenziellen Anwendern.

Während der Entwicklung lassen sich durch Befragung potentieller Anwender Impulse sammeln, um die in der Entwicklung eingeschlagene Richtung anzupassen. Wichtig ist dann, die richtigen Personen zu befragen. Nicht nur je nach Entwicklungsschritt, sondern auch nach intendierter Nutzung der neuen Technik muss die geeignete Stichprobe für die Anwenderpartizipation gewählt werden [10]. Der Unterschied zur Erfassung der Akzeptanz vor der Entwicklung ist der, dass externe Vorgaben für die Gestaltung der Technik bestehen, wie die Nutzung eines speziellen Gerätes für einen speziellen Zweck oder die Begrenzung der Entwicklungszeit und -kosten im Vorhinein. Bei einer Befragung im Vorfeld der Technikentwicklung hingegen ist all das noch offen, was eine stärker auf den Menschen und seine Bedürfnisse hin ausgerichtete Entwicklung neuer Technik ermöglicht.

Die Akzeptanzmessung *nach* der Entwicklung neuer Technik könnte im Grunde auf die tatsächliche Nutzung dieser reduziert und damit zur „Ja-Nein-Frage" werden. Schließlich lässt sich die Entwicklung nicht mehr im Sinne einer Akzeptanzerhöhung durch Anwenderpartizipation beeinflussen. Allerdings lässt sich natürlich auch für ein fertiges Produkt die Akzeptanz erhöhen, indem man bspw. den Nutzen für den Anwender verdeutlicht. Ohne dass der Nutzen verdeutlicht wurde und der Gebrauchszweck für den potentiellen Anwender ersichtlich ist, wird die neue Technik nicht auf Akzeptanz stoßen, weil der Anwender keinen Bedarf dafür wahrnimmt [5]. Bei einem Massenprodukt kann der Bedarf bspw. durch Werbung, bei Produkten für einen überschaubaren Anwenderkreis bspw. durch Informationsveranstaltungen gesteigert werden. Voraussetzung ist, dass es für die Produkte einen bereits validierten Nutzen gibt, der lediglich dem potentiellen Anwender noch deutlich gemacht werden muss. Dieser Nutzen könnte sich in einer Arbeitserleichterung, Produktivitätssteigerung oder einfach im Spaß für den Anwender zeigen. Zudem lässt sich mit gezielter Akzeptanzforschung auch Ursachenforschung für hohe bzw. mangelnde Nutzung betreiben. Am Beispiel einer Datenbrille, deren Nutzen zwar schon validiert war, aber den Anwendern noch verdeutlicht werden musste, soll der positive Einfluss der Akzeptanzmessung auf die Technikentwicklung veranschaulicht werden. *Vor* der Entwicklung wurden Experten hinsichtlich der Anforderungen an Hard- und Software befragt. Dabei wurde deutlich, dass die Hardware nicht neu entwickelt werden musste, sondern schon marktreife Produkte zur Verfügung standen. Die Entwicklungsarbeit beschränkte sich demnach auf die Software.

Während der Entwicklung stellte die Anpassung der Software der Datenbrille an den späteren Anwenderkreis einen weiteren Schritt zur Akzeptanzsteigerung dar. Die Software der Datenbrille wurde auf unterschiedliche Arbeitsschritte und den Bedürfnissen der Anwender angepasst, bis die Software für den Anwenderkreis gut genug war, um die Datenbrille zu benutzen, anstatt ihre Nutzung abzulehnen. Dies betraf Schriftgröße und -farbe, Kontrast und die Darstellungsform. Diese Art der Anwenderpartizipation erhöht nicht nur die Akzeptanz [12], sondern lässt auch ein spezifisches Produkt entstehen, das im Extremfall nur für einen speziellen Anwendungsfall entwickelt wird (anwenderzentriertes Design). Hier muss also bedacht vorgegangen werden. Befragt man spätere Anwender und lässt deren Anmerkungen zugunsten eines größeren Anwenderkreises nicht in die Entwicklung einfließen, kann die Enttäuschung über die Zurückweisung der eigenen Vorschläge die Akzeptanz gegenüber dem späteren Produkt schmälern [2].

Nach der Entwicklung wurde der Nutzen der Datenbrille auch für die nicht am Entwicklungsprozess beteiligten Anwender verdeutlicht. Dafür wurden in spezifischen Informationsveranstaltungen auf die arbeitserleichternde Wirkung und die generellen Vorteile wie die gleichzeitige Nutzbarkeit des Informationssystems Datenbrille und beider Hände hingewiesen.

Akzeptanzforschung: vor, während und nach der Nutzung neuer Technik
Zusätzlich zum oben beschriebenen Vorgehen lässt sich die Untersuchung der Akzeptanz vor, während und nach der *Nutzung* dieser neuen Technik verwirklichen. Dabei spielt es keine Rolle, ob die neue Technik schon als fertiges Produkt existiert oder sich noch in der Entwicklung befindet. Denn die unterschiedlichen zeitlichen Dimensionen der Akzeptanzuntersuchung *Entwicklung* und *Nutzung* neuer Technik lassen sich auch kombinieren.
Sich *im Vorfeld der Nutzung* neuer Technik mit der Akzeptanz zu befassen, ist unüblich. Dennoch können damit Probleme in der Annahme neuer Technik durch Anwender, wie sie in der Einleitung genannt wurden, vermieden werden. Verdeutlicht man z.B. Mitarbeitern den Nutzen einer neuen Technik für den Arbeitsprozess in Videos oder Schulungen, wird durch den frühzeitigen Einbezug des Anwenders in die geplante Veränderung, in diesem Fall die geplante Veränderung des Arbeitsprozesses, die Akzeptanz erhöht werden. Dies kann erreicht werden, obwohl die Freiwilligkeit der Nutzung im Arbeitskontext nicht gegeben ist. Übertragen auf andere Formen neuer Technik ließe sich dieses Vorgehen z.B. auf die Einführung neuer Gerätestandards.
Die Akzeptanz *während der Nutzung* zu untersuchen, ist vor allem bei der Entwicklung neuer Technik in einem iterativen Prozess der Technikverbesserung bzw. Technikanpassung an Mensch und Aufgabe üblich. Durch lautes Denken bzw. Verbalisierung der geplanten Handlungsschritte und Gedanken, kann man Aufschluss darüber erlangen, wo die Technik anwenderfreundlich ist oder aber noch anwenderfreundlicher werden muss, indem sie den Annahmen und Wünschen des Anwenders angepasst wird.
Die Akzeptanz *nach der Nutzung* neuer Technik zu untersuchen, ist ebenso ein übliches Vorgehen. Dabei kann man Hinweise darauf erhalten, was den Anwendern gefällt, was verbessert werden muss und die Erkenntnisse in die Weiterentwicklung bzw. Vermarktung der Technik einfließen lassen.
Am Beispiel der Integration eines kooperativen Roboters in den Arbeitsprozess soll akzeptanzorientiertes Vorgehen im Vorfeld der Nutzung neuer Technik verdeutlicht werden. Dieser kooperative Roboter existiert bereits als fertiges Produkt und wurde in der Automobilproduktion erprobt. Hier ließ sich demnach nur eine Untersuchung der Akzeptanz nach der Entwicklung dieser Technik realisieren.
Das Ziel bestand in einer Steigerung der Akzeptanz gegenüber neuer Technik bevor die Technik zum Einsatz kam. Damit sollten mögliche Ängste antizipiert und noch vor der Nutzung der Technik abgebaut werden. Um das zu erreichen, bekamen die potenziellen Anwender an die Situation angepasste Informationen. Die Präsentation eines Videos erhöhte in diesem Fall die Akzeptanz gegenüber dem kooperativen Roboter. Darin wurde dessen Nutzen, eine Arbeitserleichterung und Ergonomieverbesserung, verdeutlicht. Dies

geschah, *bevor* die neue Technik eingesetzt wurde. So wurden die späteren Anwender zur Akzeptanzsteigerung in die Produkteinführung einbezogen.

3.4.4 Fazit

Der Akzeptanz neuartiger Technik kann man sich vielfältig nähern und sie aus verschiedenen Blickwinkeln betrachten. Dabei ist es wichtig zu beachten, zu welchem Zweck man die Akzeptanz von Anwendern gegenüber neuartiger Technik kennen möchte. Daraus ergeben sich auch die Art und vor allem der Zeitpunkt der Akzeptanzmessung.

Eine Untersuchung vor der Entwicklung der Technik ermöglicht es, die Entwicklung auf Bedürfnisse der potenziellen Anwender hin auszurichten und Bedenken im Vorfeld zu zerstreuen. Während der Technikentwicklung die Akzeptanz zu untersuchen ermöglicht es, die Erkenntnisse in den Entwicklungsprozess einfließen und Anwender an der Entwicklung partizipieren zu lassen. Hier kann man auch wichtige Erkenntnisse für Anwenderschulungen oder Werbeveranstaltungen gewinnen. Nach der Entwicklung und Nutzung neuer Technik dient die Untersuchung der Akzeptanz vor allem dem Vergleich neuer Technik, z.B. um Aussagen über die Anwendbarkeit in unterschiedlichen Nutzungskontexten zu bekommen.

In der Konsequenz muss die Akzeptanz fortlaufend vor, während und nach der Entwicklung neuer Technik untersucht werden. Nur auf diese Weise lässt sich überprüfen, ob die Hinführung der Anwender zur Notwendigkeit der Nutzung der neuen Technik, der Einbezug der Anwender in den Entwicklungsprozess und die anwenderorientierte Entwicklung tatsächlich zu dem intendierten Ziel führen: der Steigerung der Akzeptanz neuartiger Technik. Wenn die Akzeptanzforschung die Entwicklung neuer Technik zu jedem Zeitpunkt erfolgreich begleitet, ist die Nutzung durch den Anwender sehr wahrscheinlich.

Literatur

[1]   Deutsches Institut für Normung (Hrsg.): Ergonomie der Mensch-System-Interaktion – Teil 110: Grundsätze der Dialoggestaltung (ISO 9241-110:2006), Berlin, Beuth, 2012.

[2]   Venkatesh, V.; Morris, M. G.; Davis, G. B.; Davis, F. D.: User acceptance of information technology: Toward a unified view, MIS, 27(3), 2003, S. 425-478.

[3]   Jaufmann, D.: Alltagstechnologien – Großtechnologien. Technikakzeptanz als facettenreiches Objekt mit vielfältigen empirischen Zugängen, in: Einstellungen zum technischen Fortschritt, Campus Verlag, 1991, S. 71-94.

[4]   Friedrichs, J.: Unter welchen Bedingungen werden neue Technologien angenommen?, in: Einstellungen zum technischen Fortschritt, Campus Verlag, 1991, S. 117-134.

[5]   Renn, O.; Zwick, M. M.: Risiko- und Technikakzeptanz. Springer, 1997.

[6]   Mayer, A. K.; Rogers, W. A.; Fisk, A. D.: Understanding technology acceptance: Effects of user expectancies on human-automation interaction. Georgia Institute of Technology, 2009.

[7]   Heerink, M.; Kröse, B.; Evers, V.; Wielinga, B.: Assessing acceptance of assistive social agent technology by older adults: The almere model. International Journal of Social Robotics, 2, 2010, S. 361-375.

[8]   Salvini, P.; Laschi, C.; Dario, P.: Design for acceptability: Improving robots' co-existence in human society. International Journal of Social Robotics, 2, 2010, S. 451-460.

[9]   Shin, D.-H.; Choo, H.: Modeling the acceptance of socially interactive robotics. Interaction Studies, 12 (3), 2011, S. 430-460.

[10]   Giesecke, S. (Hrsg.): Technikakzeptanz durch Nutzerintegration? Teltow: VDI/VDE-Technologiezentrum Informationstechnik GmbH, 2003.

[11]   Douthwaite, B.; Keatinge, J. D. H.; Park; J.: Why promising technologies fail: The neglected role of user innovation during adoption, in: Research Policy 30(5), 2001, S. 819-836.

[12]   Alavi, M; Joachimsthaler, E. A.: Revisiting DSS implementation research: A meta-analysis of the literature and suggestion for research. MIS, 16 (1), 1992, S. 95-116.

4 Ausgewählte Technologien

In diesem Kapitel werden ausgewählte Technologien von Unterstützungssystemen vorgestellt. Besonders im Logistik- und Produktionssektor sorgt der demografische Wandel für Handlungsbedarf, da hier grundlegend bereits hohe Anforderungen an die Unternehmen und Mitarbeiter hinsichtlich Produktivität oder physischer und psychischer Belastungen gestellt werden. Es werden Systeme zur physischen und kognitiven Unterstützung des Menschen im Produktions- und Logistikumfeld vorgestellt. Dazu zählen eine körpergetragene Hebehilfe, die durch eine optimierte Kraftumwandlung den Prozess des Hebens und Tragens erleichtert, semi-automatisierte Produktionssysteme, die eine Kollaboration von Robotern und Menschen erlauben sowie ein unterstützender Montagehandschuh, der bei Montagetätigkeiten eine gelenkschonende Haltung in Daumengrund- und Sattelgelenk bewirkt und gleichzeitig eine hohe Bewegungsfreiheit erlaubt. In einem weiteren Abschnitt steht die Thematik Mensch-Roboter-Kollaboration im Mittelpunkt. Es erfolgt die Beschreibungen der rechtlichen Grundlagen, der Disziplinen sowie die Darstellung von Beispielanwendungen von robotergestützten Assistenzsystemen im Bereich der Fertigung und der Rehabilitation. Systeme, denen menschliche Eigenschaften wie Gestalt oder Bewegungsverhalten übertragen werden, stehen im Mittelpunkt eines weiteren Abschnitts. Vorteile solcher anthropomorph genannten Systeme liegen in der Erhöhung der Arbeitssicherheit, Benutzerakzeptanz und Vertrautheit, um dadurch die Effektivität und Effizienz von Mensch-Roboter-Interaktionsprozessen zu verbessern. Modellierung und Simulation von Mensch und Maschine sind wichtige Werkzeuge bei der Entwicklung von Unterstützungssystemen. Besondere Herausforderungen aber auch Chancen liegen in der Abbildung des menschlichen Körpers in den unterschiedlichen (Skalen-) Bereichen (z.B. Atom, Molekül, Muskel, Skelett etc.) und in der Berücksichtigung der Zusammenhänge zwischen ihnen. Diese Problematik ist Gegenstand des letzten Abschnitts.

4.1 Unterstützung des Menschen in der Arbeitswelt der Zukunft

C. Hölzel, J. Schmidtler, V. Knott und K. Bengler

4.1.1 Einleitung und Motivation

Der demografische Wandel stellt eine der Herausforderungen für Produktions- und Logistiksysteme dar. Aufgrund der steigenden Anzahl an Muskel-Skelett-Erkrankungen (M-S-E) mit zunehmendem Alter wird eine ergonomische und alternsgerechte Arbeitsplatzgestaltung immer wichtiger. M-S-E stellen mit 26,5% aller Erkrankungen die häufigste Ursache für Arbeitsunfähigkeit in Deutschland dar und rufen im Verhältnis zu anderen Ursachen zeitlich länger andauernde Arbeitsunfähigkeiten hervor [1]. Die Hauptursachen für die Entstehung von M-S-E sind die manuelle Handhabung hoher Lasten, die Ausführung von Tätigkeiten mit hohen Aktionskräften und vielen Wiederholungen sowie das Arbeiten in extremen Gelenkwinkelpositionen [2]. Laut der Bundesanstalt für Arbeitsschutz und Arbeitsmedizin (BAuA) sind 7,6 Millionen Beschäftigte täglich durch das Heben und Tragen schwerer Lasten sowohl bei der Ausführung von Logistiktätigkeiten als auch im Produktionsumfeld beansprucht [3]. Zudem ist die überwiegend manuelle Montage im Produktionsumfeld durch repetitive Tätigkeiten und hohe Aktionskräfte geprägt [4]. Kürzere Taktzeiten sowie die Vereinfachung von Tätigkeiten verstärken die physischen Belastungen für den Mitarbeiter zusätzlich [5] und rufen zudem erhöhte kognitive Belastungen hervor.

Im Gegensatz zu heutigen Produktionssystemen, bei denen der anhaltende Trend der Automatisierung im Vordergrund steht [6], wird bei der Planung zukünftiger Systeme die zunehmende Anpassung der Produkte an Kundenwünsche [7, 8] eine erhöhte Flexibilität erforderlich machen, um geringere Seriengrößen und hohe Variantenzahlen zu ermöglichen. Auch im Logistikbereich werden die Gewichte und Maße der Lasten zunehmend variabler und vielfältiger. Bestehende Systeme können diese Anforderungen aufgrund des hohen Automatisierungsgrades nur bedingt erfüllen. Der Einsatz des Menschen mit seinen flexiblen Eigenschaften und Fähigkeiten wird demnach in Zukunft eine entscheidende Rolle spielen.

Um physisch (Belastungen durch Aktionskräfte und repetitive Vorgänge) und kognitiv (Belastungen durch Verdichtung, enge Taktgebundenheit und Zeitdruck) hoch belastende manuelle Tätigkeiten optimiert auszuführen und die Lücke zwischen hochautomatisiertem Arbeiten auf der einen und manuellen Tätigkeiten auf der anderen Seite zu verkleinern, werden diverse Handhabungsgeräte beginnend bei einfachen Werkzeugen über körpergetragene Hebehilfen oder Orthesen bis hin zu Exoskeletten, eingesetzt. Der Großteil der bestehenden Assistenzsysteme für manuelle Tätigkeiten ermöglicht es dem Mitarbeiter, seine Tätigkeiten vereinfacht oder mit einer optimierten Körperhaltung durchzuführen. Dennoch bleiben diese Assistenzsysteme überwiegend ungenutzt, da sie zusätzlich Zeit zum Greifen, Positionieren und Wiederablegen benötigen. Der Großteil der Systeme weist derzeit vor allem im Bereich des flexiblen Einsatzes in der Praxis sowie der Akzeptanz durch den Anwender enormes Verbesserungspotenzial auf [10]. Körpergetragene Systeme versprechen, wenn sie entsprechend nutzerfreundlich und einfach bedienbar sind, eine Erhöhung der Akzeptanz durch den Nutzer, da sie keine zusätzliche Zeit beanspruchen. Die hier vorgestellten Technologien stehen deswegen in direktem Kontakt zum Menschen und verfolgen den Ansatz, ihn bereits bei der Planung zukünftiger Produktions- und Logistiksysteme in den Mittelpunkt zu stellen und bei der Ausübung seiner Tätigkeiten zu unterstützen. Dabei steht die Reduzierung von Belastungen im Vordergrund, um die Effizienz zukünftiger Arbeitswelten zu erhöhen.

In den folgenden Abschnitten werden, basierend auf dem Stand der Technik, die Systeme „körpergetragene Hebehilfe" zum Einsatz im Logistikbereich sowie „kollaborative Roboter" und der „unterstützende Montagehandschuh" (Daumenunterstützer) für einen Einsatz im Produktionsumfeld vorgestellt.

4.1.2 Vorstellung der Systeme
Körpergetragene Hebehilfe
Stand der Technik
Bereits das tägliche Bewegen von Lasten zwischen 5 und 35 kg führt bei einer entsprechenden Anzahl an Hebevorgängen zu Gesundheitsrisiken für den Mitarbeiter.

Der Einsatzbereich von Exoskeletten ist breit und reicht von Anwendungen im militärischen Bereich bis hin zum rehabilitativen Bereich. Die Art der Anwendung hat direkten Einfluss auf die Funktionen, die diese Unterstützungssysteme beinhalten. Während im militärischen Bereich auf eine Erhöhung der körpereigenen Kraft abgezielt wird, ist die Hauptaufgabe im rehabilitativen Bereich das Ermöglichen von nicht mehr funktionierenden Bewegungen. Im rehabilitativen Bereich wird vor allem an Systemen zur gezielten Unterstützung bewegungseingeschränkter Menschen geforscht, die im täglichen Leben zum Einsatz kommen [11, 12]. Das Benchmark-Produkt im Bereich der Exoskelett-Forschung ist das System HAL (Hybrid Assistive Limb). Die Steuerung dieses Exoskeletts basiert auf den Nervensignalen des Nutzers, welche durch Sensoren aufgezeichnet und anschließend verarbeitet werden. Die Nervensignale werden an elektrische Motoren im Bereich der Gelenke geleitet, um Muskelbewegungen gezielt anzusteuern. Im Moment wird das System zu Testzwecken in Krankenhäusern eingesetzt [13, 14]. Für einen Einsatz im Logistikbereich ist es jedoch noch nicht wirtschaftlich genug.

Im Logistikbereich gibt es unter anderem Hebehilfen als Assistenzsysteme. Hebehilfen unterstützen die manuelle Lastenhandhabung und erlauben das Heben, Tragen und Umsetzen von Lasten ohne gesundheitliche Risiken, da die auf den Menschen wirkenden Kräfte reduziert werden. Dabei wird unterteilt in stationäre und körpergetragene Systeme, wobei körpergetragene Systeme durch ihre Ortsunabhängigkeit und Flexibilität einige Vorteile gegenüber stationären Systemen aufweisen. Ein weitgehend stationäres System für Hebetätigkeiten wurde für den Bereich der Logistik entwickelt [15]. Der größte Nachteil dieses Seilzugsystems ist seine Ortsgebundenheit, da es an einem Kommissionierfahrzeug montiert ist. Der Arbeiter wird dadurch in seiner Bewegungsfreiheit eingeschränkt und an einen festen Arbeitsplatz gebunden. Die US-Amerikanische Entwicklung eines körpergetragenen Systems zur Unterstützung des Oberkörpers hat den Nachteil, dass die

aufgenommenen Kräfte in den Rücken des Mitarbeiters eingeleitet und von diesem abge-
stützt werden müssen [16, 17]. Zudem steht die Unterstützung der Haltung – im Gegensatz
zur Assistenz bei der Aufnahme von Lasten – im Vordergrund. Eine der bisher besten
Lösungen für den Logistikbereich stellt die japanische Entwicklung Muscle Suit dar [18,
19]. Dieses System arbeitet pneumatisch und unterstützt Pflegedienst- und Krankenhaus-
personal beim Heben oder Tragen von Personen oder schweren Lasten [20].

System

Basierend auf dem Stand der Technik wurden verschiedene Anforderungen an eine körpergetragene Hebehilfe für den Logistikbereich ermittelt. Als oberstes Ziel sollen die auf
den menschlichen Körper wirkenden Kräfte reduziert werden, um Arbeitsbedingungen zu
optimieren. Wichtig ist dabei vor allem eine ergonomisch sinnvolle Krafteinleitung in den
Körper. Dafür wurde zunächst eine detaillierte Analyse der Arbeitstätigkeiten im Feld der
manuellen Lastenhandhabung durchgeführt [21]. Für eine genaue Bewegungsanalyse erfolgte die Nachstellung ausgewählter Logistiktätigkeiten im Labor. Die dabei aufgezeich-
neten Bewegungsdaten werden für ein biomechanisches Menschmodell, mit dessen Hilfe
die genaue Lokalisierung der Krafteinleitungspunkte erfolgte, um die Hebehilfe optimal
an die spezifische Anatomie des menschlichen Körpers anzupassen, genutzt. Dafür wurden Muskelaktivitäten sowie die aus äußeren Lasten resultierenden Beanspruchungen im
Muskel-Skelett-System angelehnt an Guenzkofer 2013 identifiziert [22]. Im Gegensatz zu
bestehenden Systemen können durch die simulationsgestützte Entwicklung der körpergetragenen Hebehilfe Bewegungseinschränkungen des Arbeiters frühzeitig konstruktiv vermieden werden. Die Akzeptanz der Hebehilfe durch den Nutzer wird dadurch erhöht. Zudem können individuell nachlassende physische Fähigkeiten kompensiert und M-S-E präventiv vermieden werden. Die wesentlichen Funktionen der körpergetragenen Hebehilfe
sind in **Abb. 4.1** dargestellt.

Cobot

Stand der Technik

Die einleitend vorgestellten gegenläufigen Trends der zunehmenden Automatisierung und
der Zunahme an Varianten durch eine verstärkte Kundenorientierung führen zu kleineren
Stückzahlen und einem Anspruch an eine flexible Produktion, wobei der Mensch eine
entscheidende Rolle spielt. Um dennoch die Vorteile der Automatisierung, wie Präzision,
Stärke und Reproduzierbarkeit auszunutzen, stellen halbautomatisierte Produktionssysteme eine optimale Lösung dar, da sie zudem, aufgrund der Kombination von kleineren
Losgrößen und steigender Variantenanzahl, Vorteile hinsichtlich der Kosten aufweisen
[9]. Kollaborative Roboter, auch als Cobots (der Begriff wurde 1999 zum ersten Mal durch
Colgate & Peshkin geprägt) bezeichnet, sind eine mögliche Lösung zur Realisierung eines
halbautomatischen Produktionssystems [23]. Cobots, als ein Teil der intelligent assist devices (IAD) repräsentieren eine Klasse von Handhabungssystemen, welche die Eigenschaften industrieller Roboter und handgehaltener Manipulatoren vereint. Cobots ermöglichen durch die Kollaboration mit dem Menschen, das heißt, den direkten Kontakt innerhalb einer Interaktion, die gemeinsame Handhabung einer Last. Cobots sind in der Lage,

Abb. 4.1: Funktionen einer körpergetragenen Hebehilfe

ähnlich wie Hebehilfen, Arbeitsbedingungen, Produktqualität und Produktivität zu steigern. Ein großer Vorteil von Cobots ist die Reduzierung der vom Menschen aufzubringenden Kräfte bei der Handhabung von schweren Bauteilen (speziell der Trägheitskräfte beim Be- und Entschleunigen). Durch die gezielte Kompensation von Reib- sowie Beschleunigungs- und Bremskräften und die Verstärkung der natürlichen Kraft des Menschen können auf den Körper wirkende Kräfte reduziert und Muskel-Skelett-Erkrankungen verhindert werden [24]. Im Gegensatz zu Hebehilfen bieten Cobots zusätzlich den Vorteil der Implementierung virtueller Oberflächen im Handhabungsprozess [23], welche die physische Führung des Menschen entlang eines definierten Pfades erlauben. In lateraler Richtung erforderliche Kräfte werden dadurch stabilisiert und die Belastung der Muskeln des Oberkörpers und Rückens reduziert. Zudem wird die Effizienz des Gesamtsystems durch die präzise und schnelle Ausführbarkeit von Montageprozessen erhöht, während der kognitive Workload für den Menschen verringert wird. Virtuelle Oberflächen bieten zusätzlich die Möglichkeit Hindernisse zu umgehen (virtuelle Barrieren). Cobots können in drei verschiedenen Operationsmodi verwendet werden. Der *hands-on-control mode* bezeichnet den Modus, bei dem der Operateur über das Kontrollinterface (bspw. Griffe) eine physische Interaktion mit dem Cobot ausübt. Im *hands-on-payload* wird zudem als Reaktion auf die vom Operateur aufgebrachten Kräfte eine Nutzlast mit Hilfe des Cobots bewegt. Der dritte Modus ist der *hands-off-control mode* bei dem der Cobot, ohne die Krafteinwirkung des Menschen, einem definierten Pfad folgt, ähnlich dem eines herkömmlichen Robotersystems. Diese drei Operationsmodi ermöglichen die Durchführung von manuellen Handhabungsaufgaben (hauptsächlich hands-on-control und hands-on-payload), mit Unterstützung der ausgeführten Tätigkeiten bis hin zu voll automatisierten

Arbeitsprozessen. Funktionen wie „return-to-home" oder das automatisierte Bereitstellen von Teilen können Produktionsprozesse in Bezug auf die zeitliche Komponente sowie die Flexibilität und Effizienz optimieren.

System

Ein wichtiger Punkt bei der Gestaltung der direkten Interaktion zwischen Menschen und Cobots ist es, die Intention des menschlichen Operateurs zu (er)kennen und ihm im Gegenzug so viel Information wie möglich über Rückmeldung des Interfaces zurückzuspielen. Die Untersuchung menschlicher Aktionen und Reaktionen während der Ausübung von ziehenden und schiebenden Tätigkeiten mit Hilfe von unterstützenden Systemen wird deswegen priorisiert. Basierend auf diesen Untersuchungen erfolgt die Gestaltung der haptischen Rückmeldung auf möglichst natürlichem Weg. Da die Akzeptanz des neuen Systems direkt von der Sensibilität, der intuitiven Bedienung und der Transparenz des haptischen Interfaces sowie seiner Interpretation durch den Nutzer abhängt, ist es unerlässlich, die Reaktionen des Menschen bei der Interaktion mit Cobots zu verstehen. Der Cobot kann dann flexibel und optimal an die individuellen physischen und sensomotorischen Fähigkeiten sowie Bedürfnisse des Menschen angepasst werden, wenn eine einfache, natürliche, intuitive und interaktive Bedienung unabhängig von Alter, Geschlecht und Fähigkeiten möglich ist. Die Funktionen eines Cobots werden in **Abb. 4.2** zusammengefasst.

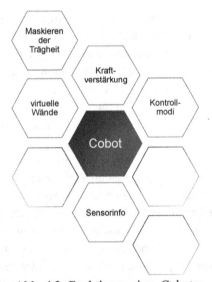

Abb. 4.2: Funktionen eines Cobots

Unterstützender Montagehandschuh

Stand der Technik

Während Hebehilfen und Cobots die Möglichkeit bieten, Belastungen für den gesamten Körper zu reduzieren, fokussiert der Montagehandschuh die im Hand-Arm-System (H-A-S) auftretenden Belastungen. Obwohl der Großteil der bei Mitarbeitern der Automobilproduktion auftretenden Muskel-Skelett-Beschwerden den unteren Rücken, den Nacken und die Schultern betrifft, ist laut Hussain 2004 bei Produktionsarbeitern auch auffällig oft das H-A-S betroffen [25]. Viele Autoren beschreiben zudem eine erhöhte Auftretenswahrscheinlichkeit für Hand- und Handgelenksbeschwerden bei Mitarbeitern der Automobilmontage [26, 27]. Vor allem hohe Wiederholungszahlen, hohe Aktionskräfte und ungünstige Gelenkwinkel führen zum vermehrten Auftreten von sogenannten *Cumulative Trauma Disorders (CTD)* wie dem Karpaltunnelsyndrom oder Sehnenscheidenentzündungen im Bereich der Finger [28]. Der Begriff *CTD* bezeichnet nach Marras und Schoenmarklin 1993 die Schädigung von Nerven und Sehnen basierend auf extremen Bewegungen und sich wiederholenden Belastungen [29]. Die Automatisierung manueller Tätigkeiten wäre eine Lösung zur Reduzierung von M-S-E bzw. *CTD's*. Aufgrund der bereits angesprochenen Ansprüche an zukünftige Produktionssysteme ist ein Ersatz des Menschen jedoch keine optimale Lösung. Vielmehr empfiehlt es sich auch hier den Mitarbeiter gezielt zu unterstützen, ohne die Flexibilität einzuschränken. Die Bandbreite der Lösungen um die Hand zu schützen, reicht von gewöhnlichen Arbeitshandschuhen, die Schutz vor vielen äußeren Einflüssen wie z.B. Temperatur, mechanischen Einwirkungen oder Flüssigkeiten bieten, über ergonomische Werkzeuge, bis hin zu hoch technologisierten Handexoskeletten. Handgehaltene Werkzeuge bieten Unterstützung bei verschiedenen Montagetätigkeiten wie bspw. dem Setzen von Plastikclipsen. Durch eine Veränderung des Hebels oder der Krafteinleitungsfläche werden physische Belastungen reduziert. Hand-Exoskelette, die im Gegensatz dazu, direkt mit der Hand in Verbindung stehen, können aktive Unterstützung bieten, um Handbewegungen zu automatisieren oder den natürlichen Griff, die natürliche Fingerkraft zu verstärken [30]. Beide Ansätze haben Vor- und Nachteile. Die Problematik bei Werkzeugen besteht darin, dass diese unter zusätzlichem Zeitaufwand gegriffen werden müssen und das Erreichen schwer zugänglicher Verbaustellen eingeschränkt ist. Beide Faktoren beeinflussen die Akzeptanz bei der Nutzung diverser Werkzeuge negativ. Bestehende Exoskelette für die Hand sind für den Einsatz in der Automobilproduktion bautechnisch noch zu groß und schränken die Flexibilität und Bewegungsfreiheit des Mitarbeiters enorm ein. Zudem sind die an Exoskelette gestellten Sicherheitsanforderungen durch den direkten Kontakt zum Menschen entsprechend hoch, da Fehlfunktionen den Nutzer direkt schädigen können. Die Akzeptanz solcher aktiven Systeme durch den Mitarbeiter ist dementsprechend ebenfalls gering. Eines der am weitesten entwickelten Systeme zur Verstärkung der natürlichen Griffkraft, bspw. beim Halten von Power Tools, ist der Robo-Glove, der über ein spezielles Seilzugsystem die Fingerbewegung unterstützt [31]. Auch dieses System ist für einen Einsatz in der Automobilproduktion noch nicht geeignet, da es das sensorische Empfinden sowie das Feingefühl des Mitarbeiters einschränkt und sich somit negativ auf die Ausübung seiner Tätigkeiten auswirkt. Vorteile wie der flexible Einsatz des Mitarbeiters gehen dadurch verloren. Ein weiterer Ansatz sind Arbeitshandschuhe mit zusätzlich integrierten Funktionen, wie passive Unterstützung bei Impacts, Vibrationen oder extremen Gelenkwinkeln. Durch die Integration einfacher Schaummaterialien oder elastischer Stoffe kann die Hand, zusätzlich zum standardisierten Arbeitsschutz, vor mechanischen Belastungen geschützt werden. Bestehende Lösungen sind wenig komfortabel und bisher, soweit den Autoren bekannt, nicht im Hinblick auf ihre Wirksamkeit evaluiert. In einigen Studien wurden zudem probehalber Orthesen aus dem medizinischen Bereich eingesetzt, um Muskelaktivitäten bei manuellen Tätigkeiten zu reduzieren. Laut Johansson et al. 2004 und Bulthaupt et al. 1999 findet jedoch keine Reduzierung der Muskelaktivität, sondern lediglich eine Einschränkung der Bewegungsfreiheit statt [25, 32, 33].

System

Um den allgemeinen Ansatz eines unterstützenden Montagehandschuhs zu konkretisieren und die am stärksten belastenden manuellen Tätigkeiten zu ermitteln, wurde zunächst eine Analyse der manuellen Tätigkeiten unter Betrachtung der zur Entstehung von M-S-E beitragenden Risikofaktoren, durchgeführt. Die zusätzliche Analyse von Krankenstatistiken zeigte bei manuellen Montagevorgängen eine erhöhte Belastung des Daumens gegenüber den restlichen Fingern. Besonders beansprucht wird der Daumen bei manuellen Eindrückvorgängen wie dem Setzen von Stopfen und Clipsen. Zur Unterstützung des Daumens wurden, orientiert am Stand der Technik, verschiedene aktive und passive Konzepte entwickelt. Die diversen Vor- und Nachteile der jeweiligen Systeme resultierten in der Umsetzung der passiven Konzepte, um eine einfache Handhabbarkeit sowie eine möglichst hohe Nutzerakzeptanz zu gewährleisten. Im Vordergrund bei der Entwicklung des Daumenunterstützers steht die Belastungsreduzierung für den Daumen durch eine Erleichterung des Eindrückvorgangs. Dazu wird die Extension des distalen (körperfernen) Daumengelenkes in einer neutralen Gelenkstellung begrenzt, was zu einem geänderten Kraftfluss und dadurch zu einer Belastungsreduzierung führt. Zudem wird der Daumen – ähnlich einem passiven Exoskelett – beim Eindrückvorgang durch eine Verriegelung der Struktur gestützt. Die Flexionsbewegung ist weiterhin uneingeschränkt möglich.

Die Flexibilität und Beweglichkeit im Bereich des Daumens bleiben dabei soweit wie möglich erhalten. Um die Funktion des Daumenunterstützers sicherzustellen, wurde ein individuelles Anpassungskonzept an die jeweilige Anthropometrie der Mitarbeiter entwickelt. Vor der Konstruktion des Daumenunterstützers wird der Daumen des jeweiligen Mitarbeiters eingescannt, wodurch die optimale, individuelle Anpassung sichergestellt und die richtige Funktion gewährleistet wird. Die Konstruktion erfolgt basierend auf einem 3D-Scan. Mit Hilfe des Daumenunterstützers (siehe **Abb. 4.3**) wird die Flexibilität in einem Produktionsprozess, für den durchaus auch automatisierte Lösungen denkbar wären, bei gleichzeitiger Reduktion der Belastungen für den Mitarbeiter erhalten.

Abb. 4.3: Eindrücken eines Stopfens mit angelegter Unterstützung

Zusammenfassend sind die, in **Abb. 4.4** dargestellten Anforderungen, an eine Unterstützung im Bereich der Hand (Montagehandschuh), welche die Vorteile von gewöhnlichen Arbeitshandschuhen mit denen von Handexoskeletten kombiniert, aufgezählt.

Abb. 4.4: Funktionen eines Montagehandschuhs

- Die Verbesserung der Arbeitsbedingungen durch die Reduzierung physischer Belastungen für das Hand-Arm-System. Dazu ist eine geeignete Kraftübertragung, weg vom Krafteinleitungsort, notwendig.
- Die leichte und flexible Gestaltung des Handschuhs.
- Geforderte (aufgrund von konstruktiven Vorgaben), adaptierte (tatsächlich aufgebrachte) und akzeptierte Kraft müssen in Einklang gebracht werden, um Tätigkeiten langfristig bei gleichbleibender Gesundheit ausführen zu können.
- Eine Verbesserung der Arbeitsbedingungen sowie der Qualität durch integrierte Zusatzfunktionen und Messtechnik.
- Die integrierte Möglichkeit der Krafterfassung (Datengrundlage) und die Rückmeldung der Daten an den Mitarbeiter (ergonomische Tätigkeitsausführung).

Durch das vorgestellte System (Daumenunterstützer) wurden die ersten beiden Anforderungen bereits erfüllt.

4.1.3 Diskussion und Ausblick

Die drei vorgestellten Ansätze werden unter dem Begriff der *human centered assistance applications* [34] zusammengefasst und kombinieren die Vorteile der bestehenden Lösungskonzepte in den Bereichen Produktion und Logistik, wobei der Mensch mit seinen individuellen Fähigkeiten, Erfahrungen, Bedürfnissen und seiner Flexibilität in den Mittelpunkt gestellt wird [35]. Besonders wichtig ist es, den Menschen bereits in einer frühen Phase in die Gestaltung zukünftiger Arbeitswelten einzubinden, um dadurch eine Anpassung der Systeme und Technologien an den Menschen und nicht umgekehrt zu erzielen. Durch die an ergonomischen Kriterien orientierte Anpassung von Assistenzsystemen können Belastungen für den Menschen reduziert und die Effizienz bei Arbeitstätigkeiten gesteigert werden. Das übergeordnete Ziel, das Wohlbefinden des Mitarbeiters unter Zuhilfenahme von Assistenzsystemen zu steigern, kann nur durch eine Erhöhung der Akzeptanz der unterstützenden Systeme seitens des Mitarbeiters erreicht werden. Zu diesem Zweck sind detaillierte Analysen der Bewegungen, Körperkräfte und kognitiven Fähigkeiten des Mitarbeiters notwendig. Für die Gestaltung zukünftiger Produktionssysteme bieten sich vielfältige Möglichkeiten. Das vorgestellte Vorgehen folgt dem partizipativem Ansatz von Weidner und Redlich 2014, der den bisher weitgehend verfolgten Ansatz einer technologiegetriebenen Technikentwicklung, basierend auf einer vorausgegangenen Bedarfsanalyse, ersetzen soll [10]. Weidner und Redlich 2014 verstehen unter dem partizipativen Ansatz ein frühzeitiges Einbinden der Bedürfnisse und Anforderungen des Nutzers und versprechen sich dadurch die Entwicklung von Unterstützungssystemen, die die Menschen wirklich wollen.

In der Zukunft ist eine Kombination der Forschungsthemen (Hebehilfe, Cobot und Montagehandschuh) zur Schaffung eines ganzheitlichen Ansatzes der kognitiven und physischen Belastungsreduzierung denkbar. Zudem soll untersucht werden, inwiefern die Lösungen auf andere Bereiche (Pflegebereich, Servicerobotik, Rehabilitation oder Ähnliches) übertragen werden können.

Literatur

[1]   BKK Bundesverband: Gesundheitsreport 2012. Gesundheit fördern – Krankheit versorgen – mit Krankheit leben, 2012.

[2]   Spallek, M.; Kuhn, W.; Uibel, S.; van Mark, A.; Quarcoo, D.: Work-related musculoskeletal disorders in the automotive industry due to repetitive work – implications for rehabilitation, in: J Occup Med Toxicol 5, 2010, S. 6.

[3]   Brenscheidt, F.; Nöllenheidt, Ch.; Siefer, A.: Arbeitswelt im Wandel: Zahlen – Daten – Fakten, Ausgabe 2012, http://www.baua.de/de/Publikationen/Broschueren/ A81.pdf;jsessionid=5E164D065DED25E43F0AEB6036499FD5.1_cid389?__blo b=publicationFile&v=8, 2012.

[4]   Fransson-Hall, C.; Byström, S.; Kilbom, A.: Characteristics of forearm-hand exposure in relation to symptoms among automobile assembly line workers, in: Am. J. Ind. Med. 29 (1), 1996, S. 15-22.

[5]   Diaz, J.; Weichel, J.; Frieling, E.: Analyse körperlicher Belastung beim Einbau des Kabelbaums in das Fahrzeug und Empfehlung zur Belastungsreduktion – eine Feldstudie in einem Werk der deutschen Automobilindustrie, in: Zeitschrift für Arbeitswissenschaft, 1-2012, S. 13-23.

[6]   Schlick, C. M.: Industrial engineering and ergonomics: Visions, concepts, methods and tools: Festschrift in honor of Professor Holger Luczak, Berlin, Heidelberg, Springer-Verlag, 2009.

[7]   Fogliatto, F. S.; da Silveira, G. J.; Borenstein, D.: The mass customization decade: An updated review of the literature, in: International Journal of Production Economics, 138(1), 2012, S. 14-25.

[8] Da Silveira, G.; Borenstein, D.; Fogliatto, F. S.: Mass customization: Literature review and research directions, in: International journal of production economics, 72(1), 2001, S. 1-13.

[9] Lotter, B.; Wiendahl, H. P.: Montage in der industriellen Produktion, Springer-Verlag, Berlin, Heidelberg, 2006.

[10] Weidner, R.; Redlich, T.; Wulfsberg, J. P.: Technik, die die Menschen wollen. Unterstützungssysteme für Beruf und Alltag, in: R. Weidner; T. Redlich (Hrsg.): Erste Transdisziplinäre Konferenz „Technische Unterstützungssysteme, die die Menschen wirklich wollen", Hamburg, 2014, S. 1-8.

[11] Kazerooni, H.; Steger R.: The Berkeley Lower Extremity Exoskeletons, in: ASME Journal of Dynamics Systems, Measurements and Control (V128), 2006, S. 14-25.

[12] Kazerooni, H.: Human Augmentation and Exoskeleton Systems in Berkeley, in: International Journal of Humanoid Robotics. 04 (03), 2007, S. 575-605.

[13] Sankai, Y.: Leading Edge of Cybernics: Robot Suit HAL, in: SICE-ICASE: International Joint Conference 2006, Oct. 18-21, Bexco, Busan, Korea, 2006.

[14] Nabeshima, C; Kawamoto, H.; Sankai, Y.: Strength testing machines for wearable walking assistant robots based on risk assessment of Robot Suit HAL, in: IEEE International Conference on Robotics and Automation (ICRA), May 14-18, 2012.

[15] Gebhardt. "ECOPICK® ausgezeichnet", http://www.gebhardt.eu, 2008.

[16] Strong Arm (n.d.): Strengthening Our Workforce. http://strongarmvest.com.

[17] RIT: Venture Creations. Featured Story - Strong Arm. Hrsg. v. Rochester N. Y. Rochester Institute of Technology. http://www.rit.edu/research/vc/story/strong-arm, 2011.

[18] Kobayashi, H.; Nozaki, H.: Development of Muscle Suit for Supporting Manual Worker, in: Proceedings of 2007 IEEE/RSJ International Conference on Intelligent Robots and Systems, San Diego, CA, USA, Oct. 20-Nov. 2007, S. 1769-1774.

[19] Muramatsu, Y.; Kobayashi, H.; Sato, Y.; Jiaou, H. und Hashimoto, T.: Quantitative Performance Analysis of Exoskeleton Augmenting Devices – Muscle Suit – for Manual Worker, in: Journal of Automation Technology 5 (4), 2011, S. 559-567.

[20] Ponsford, M.: Robot exoskeleton suits that could make us superhuman, in: CNN, May 22, 2013.

[21] Knott, V.; Kraus, W.; Schmidt, V.; Bengler, K.: Manual Handling of Loads Supported by a Body-worn Lifting Aid. Proceedings of the 3rd International Digital Human Modeling Symposium DHM 2014, Odaiba, Japan, 20-22 May 2014.

[22] Guenzkofer, F.: Elbow Strength Modelling for Digital Human Models. Dissertation, Technische Universität München, 2013.

[23] Peshkin, M.; Colgate, J. E.: Cobots, in: Industrial Robot: An International Journal, 26(5), 1999, S. 335-341.

[24] Akella, P.; Peshkin, M.; Colgate, E.; Wannasuphoprasit, W.; Nagesh, N.; Wells, J.: Cobots for the automobile assembly line, in: International Conference on Robotics, 10-15 May 1999, S. 728-733.

[25] Hussain, T.: Musculoskeletal symptoms among truck assembly workers, in: Occup Med, 54 (8), 2004, S. 506-512.

[26]   Silverstein, B. A.; Fine, L. J.; Armstrong, T. J.: Hand wrist cumulative trauma dis-
       orders in industry, in: British Journal of industrial Medicine 43 (11), 1986, S. 779-
       784.

[27]   Jantree, C.; Bunterngchit, Y.; Tapechum, S.; Vijitpornk, V.: An Experimental In-
       vestigation on Occupation Factors Affecting Carpal Tunnel Syndrome in Manu-
       facturing Industry Works, in: AIJSTPME - Asian International Journal of Science
       and Technology in Production and Manufacturing Engineering 3 (1), 2010, S. 47-
       53.

[28]   Schoenmarklin, R. W.; Marras, W. S.; Leurgans, S. E.: Industrial wrist motions and
       incidence of hand/wrist cumulative trauma disorders, in: Ergonomics 37 (9), 1994,
       S. 1449-1459.

[29]   Marras, W. S.; Schoenmarklin, R. W.: Wrist motions in industry, in: Ergonomics
       36 (4), 1993, S. 341-351.

[30]   Heo, P.; Gu, G. M.; Lee, S.; Rhee, K.; Kim, J.: Current hand exoskeleton technol-
       ogies for rehabilitation and assistive engineering, in: Int. J. Precis. Eng. Manuf. 13
       (5), 2012, S. 807-824.

[31]   http://www.nasa.gov/mission_pages/station/main/robo-glove.html.

[32]   Johansson, L.; Björing, G.; Hägg, G. M.: The effect of wrist orthoses on forearm
       muscle activity, in: Applied Ergonomics, 35 (2), 2004, S. 129-136.

[33]   Bulthaup, S.; Cipriani, D. J.; Thomas, J. J.: An electromyography study of wrist
       extension orthoses and upper-extremity function, in: The American Journal of Oc-
       cupational Therapie 53 (5), 1999, S. 434-440.

[34]   Schmidtler, J.; Hölzel, C.; Knott, V.; Bengler, K.: Human Centered Assistance Ap-
       plications for Production, in: Advances in the Ergonomics in Manufacturing: Man-
       aging the Enterprise of the Future, 13, 2014, S. 380.

[35]   Hölzel, C.; Knott, V.; Schmidtler, J.; Bengler, K.: Unterstützung des Menschen in
       der Arbeitswelt der Zukunft. Human Centered Assistance Applications, in: R.
       Weidner; T. Redlich (Hrsg.): Erste Transdisziplinäre Konferenz „Technische Un-
       terstützungssysteme, die die Menschen wirklich wollen", Hamburg, 2014, S. 359-
       369.

4.2 Mensch-Roboter-Kollaboration

C. Thomas, M. Klöckner und B. Kuhlenkötter

4.2.1 Einleitung

In den meisten produzierenden Unternehmen besteht stetig die Herausforderung, Kosten zu reduzieren, die Effizienz zu steigern und qualitativ hochwertige Produkte zu fertigen, um im internationalen Vergleich, insbesondere gegen Nationen mit deutlich niedrigeren Lohnstrukturen, wettbewerbsfähig zu bleiben. Der demografische Wandel, der zu einem kontinuierlichen Anstieg des Durchschnittsalters in vielen Belegschaften führt, und die Einführung der „Rente mit 63" stellen derzeit viele Unternehmen im deutschen Maschinen- und Anlagenbau sowie in der Automobil- und deren Zulieferindustrie vor große Herausforderungen. Aber auch in öffentlichen Einrichtungen des Gesundheitswesens führen Ressourcenknappheit, der Mangel an qualifiziertem und gut ausgebildetem Fachpersonal sowie die steigende Nachfrage aufgrund der älter werdenden Gesellschaft zu weiterem Handlungsbedarf.

Eine Möglichkeit, diesen Problemen entgegenzuwirken, ist der Einsatz von technischen Unterstützungssystemen, die in Form reiner Unterstützungssysteme oder als Assistenzsysteme ausgeführt werden können. Technisch einfache Elemente wie Hebehilfen sind seit vielen Jahren im Einsatz, haben jedoch ein begrenztes Potenzial. Hier ist der Einsatz von Systemen der Mensch-Roboter-Kollaboration (MRK) eine bedeutende Möglichkeit, um zukünftig auch in Hochlohnländern wettbewerbsfähig fertigen zu können. Der Begriff Kollaboration bezeichnet in der Robotik die Zusammenarbeit von Mensch und Roboter und leitet sich aus dem Lateinischen con (= mit) und laborare (= arbeiten) ab. Die DIN EN ISO 10218-1 [1] definiert den kollaborierenden Betrieb als Zustand, in dem hierfür konstruierte Roboter innerhalb eines festgelegten Arbeitsraums direkt mit dem Menschen zusammenarbeiten. Der gemeinsame Arbeitsraum wird auch als Kollaborationsraum bezeichnet.

Die Mensch-Roboter-Kollaboration bietet die Möglichkeit, die Stärken des Menschen, wie kognitive Fähigkeiten und Entscheidungsfähigkeit, und die Stärken der Automatisierungs- und Robotertechnik, wie hohe Traglasten, Präzision und ein unermüdlicher Einsatz, zu kombinieren. Im Ergebnis folgen oftmals eine physische Entlastung des Mitarbeiters und Steigerungen in den Bereichen Effektivität, Flexibilität und Wirtschaftlichkeit. Die Einordnung der Mensch-Roboter-Kollaboration, oft als hybride Arbeitssysteme bezeichnet, stellt eine dritte Produktionsform zwischen der rein manuellen und der vollständig automatisierten Produktion dar (**Abb. 4.5**). Der Einsatz von hybriden Produktionssystemen kann durch Veränderungen des Produktionsvolumens eine Übergangslösung darstellen oder die Lücke zwischen manueller und automatisierter Produktion schließen.

4.2.2 Disziplinen der Mensch-Roboter-Kollaboration

Die Entwicklung von Lösungen mit Mensch-Roboter-Kollaboration stellt eine neue Herausforderung dar. Hier besteht die Notwendigkeit, das Know-how aus verschiedenen Disziplinen zu vereinen. Speziell im Bereich der Robotik bedingt der Einsatz von technischen Unterstützungssystemen das interdisziplinäre Zusammenwirken der Disziplinen Maschinenbau, Arbeitswissenschaften, Elektro- und Steuerungstechnik sowie der Informatik. Darüber hinaus sind Kenntnisse der jeweiligen Prozesse, in deren Rahmen die Mensch-Roboter-Kollaboration eingesetzt werden soll, erforderlich.

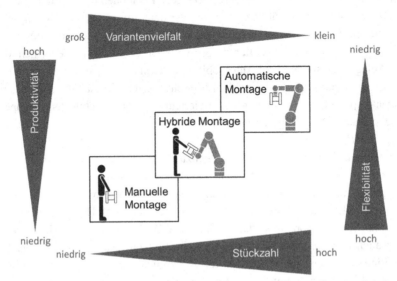

Abb. 4.5: Einordnung der hybriden Montage in der industriellen Produktion
(nach Lotter und Wiendahl 2006)

Der Mensch als Teil des Mensch-Roboter-Kollaborationssystems lässt sich aus verschiedenen Blickwinkeln betrachten. Somit ist das Interesse des Menschen als Teil dieses Systems stark von dessen Standpunkt und dessen Umwelt abhängig. Unmittelbar ist der Mitarbeiter, der in seinem Arbeitsprozess unterstützt werden soll, beteiligt. Sein Interesse ist eine bestmögliche Unterstützung und Entlastung von physischen Belastungen, monotonen, repetitiven sowie taktgebundenen Tätigkeiten. Im Sinne des Mitarbeiters sind zudem eine schnelle Erlernbarkeit und eine intuitive Bedienung Grundvoraussetzung. Dem gegenüber stellen eine vollständige Entbindung von der Tätigkeit und die Befürchtung des Arbeitsplatzverlustes, wie es oftmals bei der Vollautomatisierung der Fall ist, negative Assoziationen dar. Eine wissenschaftliche Betrachtung der Sichtweise des Mitarbeiters in der Fertigung kann durch Arbeitspsychologie, -physiologie und -medizin erfolgen. Aus der Perspektive der Unternehmen und aus betriebswirtschaftlicher Sicht sind die Kosten-Nutzen-Bilanz und der „Return on Investment" bedeutende Argumente. Aber auch langfristige Betrachtungen, wie eine Steigerung der ergonomischen Arbeitsbedingungen, aus denen geringere Ausfallzeiten resultieren, gewinnen zunehmend an Bedeutung. In den Bereichen Medizin, Rehabilitation und Pflege sind die gesetzlichen und privaten Versicherer durch den gesellschaftlichen Wunsch geringer Beiträge getrieben, Behandlungs- und Pflegekosten zu reduzieren. Aus den verschiedenen Blickwinkeln auf die Mensch-Roboter-Kollaboration lassen sich verschiedene Anforderungen und Wünsche ableiten. Hierzu gehört unter anderem eine schnelle und einfache Entwicklung sowie Inbetriebnahme von MRK-Systemen. Des Weiteren wird eine Unterstützung bei der interdisziplinären Teamarbeit in der Entwicklung sowie eine Unterstützung des Mitarbeiters bei belastenden Tätigkeiten benötigt. Zudem ist eine intuitive Bedienung der Assistenzsysteme wesentlich für deren Einsatz. Nur wenn dies verwirklicht wird, sind eine Steigerung der Effektivität, die Schaffung neuer Fertigungsmöglichkeiten sowie die Schaffung neuer Behandlungsmöglichkeiten realistisch. Weiterhin sind geringe Investitionskosten ein Aspekt, der bedient werden möchte. Unabhängig vom Einsatz in der Industrie oder im Gesundheitswesen ergeben sich bei der Zusammenarbeit von Mensch und Roboter viele rechtliche Fragen, wodurch auch die Einbeziehung von Juristen ein probates Mittel sein kann. Die Rechtssicherheit für das Inverkehrbringen und Betreiben ist von wesentlicher Bedeutung (vgl. Abschnitt 2.6 Rechtliche Herausforderungen).

Die Nachfrage zu Systemen mit direkter Mensch-Technik-Interaktion steigt stetig. Gründe hierfür sind der demografische Wandel mit den Folgen des steigenden Altersdurchschnitts in den Belegschaften und ein steigender Fachkräftemangel, sowohl in technischen Berufen als auch im Gesundheitswesen. Der Einsatz von Assistenzsystemen kann die physischen Belastungen reduzieren und somit Berufskrankheiten verhindern oder Mitarbeiter befähigen, trotz altersbedingter Leistungseinschränkungen weiterhin im Beruf tätig zu sein.

Zudem ermöglichen Systeme mit direkter Mensch-Roboter-Kollaboration neue Produktionssysteme. So können Unterstützungs- und Assistenzsysteme als „3. Hand" fungieren und dem Mitarbeiter Bauteile anreichen oder in einer gewünschten Position und Orientierung fixieren. Durch ein neues Design von Produktionslinien, etwa nach dem Prinzip des mitarbeitergebundenen Arbeitsflusses, können Schutzzäune und Fördereinrichtungen zwischen manuellen und automatisierten Stationen entfallen und die Montage kompakt an einer Station erfolgen. Prozesse, bei denen eine vollständige Automatisierung aufgrund der Komplexität einzelner Montageschritte nicht möglich ist, können durch MRK-Systeme in eine hybride Montage überführt werden.

Ein weiterer Mehrwert von Assistenzsystemen ist die Steigerung der Attraktivität von Berufen des Handwerks sowie im Rehabilitations- oder Pflegebereich. Mittelfristig lassen sich durch den Einsatz moderner und entlastender Assistenz- und Unterstützungssysteme, Berufe wie Schweißfachkraft, Monteur, oder Kranken- und Altenpfleger als weniger physisch belastend darstellen. In der Metallindustrie kann ein moderner Arbeitsplatz, an dem der Mitarbeiter mit einem Roboter zusammenarbeitet, insbesondere junge Leute motivieren, klassische Handwerksberufe zu erlernen. Bei Pflegeberufen rücken die Fürsorge und der direkte Umgang mit dem Menschen in den Fokus der Tätigkeit.

4.2.3 Grundlagen für die Mensch-Roboter-Kollaboration

Für eine effektive und direkte Zusammenarbeit von Mensch und Roboter ist eine Aufhebung der räumlichen Trennung, die oftmals durch Schutzzäune erfolgt, unumgänglich.

Arbeitsbereiche werden bei der Mensch-Roboter-Kollaboration gemeinsam genutzt. Hierbei ist sicher zu stellen, dass sowohl im regulären Betriebszustand als auch im Fall einer Störung eine Gefährdung des Mitarbeiters ausgeschlossen wird. Dies betrifft neben den am Prozess beteiligten Mitarbeitern auch weitere Personen. Die Änderung des Zellenaufbaus ergibt neben der Befähigung der direkten Zusammenarbeit von Mensch und Roboter weitere neue Möglichkeiten, etwa bei der Anlagengestaltung oder bei der Gestaltung des Prozessablaufes. Bei sehr schnellen Handhabungsoperationen, bei denen Teile aus der definierten Lage umherfliegen können oder prozessbedingte Emissionen wie Reflexionen eines Laserstrahls oder Stäuben bei Fräsapplikationen, entstehen können übernimmt die Schutzeinhausung über den Zutrittsschutz weitere Aufgaben und kann nicht entfallen.

Im Bereich der Robotik sind Schnittstellen zur Übergabe von Materialen, wie etwa durch Wendepositionierer oder geschützte Förderbänder, Standardapplikationen. Seit den letzten Jahren können sich erste Systeme mit einer direkten Mensch-Roboter-Kollaboration am Markt etablieren. Verschiedene Unternehmen der Automobilindustrie setzen Systeme ein, um den Mitarbeiter in der Endmontage von mühsamen und belastenden Tätigkeiten, wie dem Setzen von Türdichtungen oder der Handhabung empfindlicher Glühstiftkerzen, zu entlasten [2]. Dass derartige Anlagen zuvor nicht eingesetzt wurden, hat verschiedene Gründe.

Zum einen erfolgte durch die Hersteller die Entwicklung von Komponenten, welche die technische Grundlage für sichere Applikationen der Mensch-Roboter-Kollaboration bieten. Beispiele hierfür sind Roboterkinematiken, die einerseits durch die Integration von Sensorik und der Steuerungstechnik, andererseits durch ein Design ohne scharfe Kanten oder durch nachgiebige Oberflächen ein deutlich geringeres Gefährdungspotenzial mitbringen. Ferner existieren inzwischen sichere kamerabasierte Sensorsysteme oder Sicherheits-Laserscanner, die eine flexible Absicherung von Arbeitsräumen ermöglichen.

Zum anderen wurden vor wenigen Jahren Normen, wie die DIN EN ISO 10218 „Industrieroboter – Sicherheitsanforderungen" Teil 1 [1] und 2 [3], überarbeitet. Gegenüber der Version von 2006 wurden in der Version von 2012 der DIN EN ISO 10218-1 viele Bereiche, wie Stoppfunktionen des Roboters (Kapitel 5.5), Zustimmeinrichtungen (Kapitel 5.8.3) oder Verifizierung und Validierung von Sicherheitsanforderungen und Schutzmaßnahmen (Kapitel 6), erstmals definiert. Andere Punkte, wie Steuerung der Geschwindigkeit (Kapitel 5.6), Leistungs- und Kraftbegrenzung durch inhärente Konstruktion oder Steuerung (Kapitel 5.10.5), wurden verändert. Durch eine detaillierte Betrachtung in der erforderlichen Risikobeurteilung steigt zwar der Aufwand für den Inverkehrbringer, ein kollaborierender Betrieb wird somit aber zulässig. Kapitel 5.10 der DIN EN ISO 10218-1 zeigt die vier grundsätzlichen Schutzprinzipien: sicherheitsgerichteter überwachter Stillstand, Handführung, Geschwindigkeits- und Abstandsüberwachung sowie Leistungs- und Kraftbegrenzung auf. Eine Überwachung durch sichere Technik ist Voraussetzung. Um trotz der erweiterten Normensituation einen gefahrlosen Betrieb sicherzustellen, muss der Inverkehrbringer, bei Eigenkonstruktionen der Betreiber, nach dem Produktsicherungsgesetz die Maschinenrichtlinie (2006/42/EG) befolgen, welche die Durchführung einer Risikobeurteilung fordert. Bei der Risikobeurteilung wird untersucht, ob eine Risikomini-

mierung erforderlich ist und wie eine Beseitigung oder – durch den Einsatz von Schutz-
einrichtungen – eine Minimierung der Gefährdung erfolgen kann. Zwar steigt der Aufwand für den Inverkehrbringer, jedoch entsteht so erst die Möglichkeit, neue Systeme mit
einer direkten Mensch-Roboter-Kollaboration zielgerichtet nutzbar zu machen. Weiterführende Informationen sind in [4] zusammengefasst. Da sich die Rechtsprechung meist
auf den Stand der Technik und die aktuelle Normenlage stützt, erfolgte durch die Änderung der Normen auch eine Veränderung der juristischen Situation.

4.2.4 Assistenzsysteme für die industrielle Produktion

In der industriellen Produktion stellt insbesondere das Handhaben hoher Bauteilgewichte
eine physische Belastung der Mitarbeiter dar. Hilfsmittel wie Krananlagen und Handhabungsgeräte stellen zwar eine Unterstützung dar, sind jedoch entweder aufgrund ihrer Uni-
versalität nur eine Teilunterstützung oder sehr speziell ausgelegt, was zum einen hohe Investitionskosten, zum anderen kaum Flexibilität mitbringt. Zudem ist der Einsatz oftmals
sehr zeitintensiv. Assistenzsysteme bieten eine Möglichkeit, den Anforderungen nach ergonomischen und altersgerechten Arbeitsbedingungen nachzukommen und die Mitarbeiter durch Entlastung von körperlich schweren und belastenden Tätigkeiten zu unterstützen. Erste Entwicklungen zeigen, dass durch die Änderung der Normenlage der Einsatz
von Standardindustrierobotern in Grenzen zulässig ist und somit neue Möglichkeiten entstehen. Die hohe Anzahl an Freiheitsgraden und die Anpassbarkeit an verschiedenste Aufgaben schaffen neue Möglichkeiten der Assistenz. Hierbei ist die Implementierung entsprechender Sicherheitssensorik und Nutzung von sicheren Robotersteuerungen unabdingbar. Ferner gilt es, aus den verschiedenen Einzelkomponenten, wie Robotern und deren Steuerungen, Sensorik und allen weiteren Komponenten einer Roboterzelle, ein sicheres Gesamtsystem zu erstellen.

Nachfolgend werden zwei aktuelle technische Entwicklungen als Beispiele im Bereich der
Mensch-Roboter-Kollaboration dargestellt, die den Mitarbeiter befähigen, unter ergonomisch günstigen Bedingungen zu arbeiten.

Robotergestütztes Assistenzsystem für Schweißaufgaben

Im Rahmen der Entwicklung eines robotergestützten Assistenzsystems für Schweißaufga-
ben lagen die handhabungsbedingten Nebenzeiten bei 1/3 der Gesamtprozesszeit. Ergonomische Analysen der Tätigkeiten in verschiedenen manuellen Schweißprozessen erga-
ben, dass die physischen Belastungen der Mitarbeiter aus statischen, unergonomischen
Haltepositionen resultieren, etwa durch stark gebeugte oder gedrehte Rumpfhaltung und
Überkopfarbeiten (**Abb. 4.6**, links). Die Bauteile werden in der Regel erst positioniert,
fixiert und anschließend verschweißt. Dies geschieht entweder in der späteren Einbaulage,
in Spannvorrichtungen oder auf einem starren Schweißtisch. Eine ergonomische Arbeits-
position für den Mitarbeiter oder eine schweißtechnisch optimale Ausrichtung der Bauteile kann nicht berücksichtigt werden. Durch den Einsatz von zwei Robotern mit Traglasten bis zu 400 kg wurde ein Assistenzsystem implementiert, das dem Mitarbeiter die zu
schweißenden Bauteile in einer ergonomisch günstigen Position bereitstellt. Des Weiteren
konnte erzielt werden, dass optimierte Schweißreihenfolgen eingehalten werden können

und das Schweißen in Vorzugslage erfolgen kann. Somit können, neben einer Verbesserung der ergonomischen Bedingungen für den Mitarbeiter, auch die Qualität der Bauteile
erhöht und Nacharbeiten reduziert werden [5, 6]. **Abb. 4.6** zeigt das Schweißen der gleichen Naht einer Baugruppe ohne und mit robotergestütztem Assistenzsystem.

Abb. 4.6: Schweißen der gleichen Naht ohne und mit robotergestütztem Assistenzsystem

Unterstützung von Montagemitarbeitern durch den Einsatz von Assistenzrobotern
Ein weiterer Einsatzbereich sind Montagetätigkeiten. Hier können schnell erlernbare Assistenzsysteme den Mitarbeiter bei stark monotonen und repetitiven Tätigkeiten unterstützen und von einem Anlagentakt entkoppeln. Durch eine Gestaltung zum Einsatz an verschiedenen Arbeitsstationen können gezielt leistungsgeminderte Mitarbeiter unterstützt
werden oder das Assistenzsystem kann gezielt an Engpässen bei schwankenden Auftrags-
volumina unterstützen. In der zum größten Teil manuell erfolgenden Endmontage der Automobilindustrie steigt der Bedarf an roboterbasierten Assistenzsystemen aus ergonomischen und wirtschaftlichen Gesichtspunkten. Die Fertigungsstruktur sieht vor, viele Baugruppen von Zulieferbetrieben vormontiert in die Montagewerke liefern zu lassen oder die
Vormontage von Baugruppen nahe dem Endmontagebereich bedarfsgerecht und ohne
Zwischenlagerung vornehmen zu lassen. Der Einbau der zum Teil sehr großen, sperrigen
und schweren Baugruppen in die bereits lackierte Fahrzeugkarosserie erfordert großen
technischen und zeitlichen Aufwand sowie hohe Sorgfalt. Die derzeit eingesetzten technischen Hilfsmittel sind zum einen zu unflexibel für die stetig steigende Variantenvielfalt
und immer kürzere Produktlebenszyklen. Zum anderen führt die Bedienung der derzeiti-
gen eingesetzten Hebehilfe immer noch zu ergonomisch kritischen Arbeitsbedingungen.
Bei Montageprozessen in der Automobilindustrie, etwa dem Montieren von Sitzen, Ar-
maturentafeln oder Verkleidungselementen, sind oft mehrere Mitarbeiter gebunden, um
die Bauteile durch Karosserieöffnungen, wie Türen oder den Kofferraum, in das Fahrzeug
zu führen. Das Befestigen selbst kann wiederum oftmals nur ein Mitarbeiter durchführen,
da der Platz im Fahrzeug begrenzt ist. Hier können robotergestützte Assistenzsysteme neben der Ergonomie auch die Ressourcenplanung verbessern. Als Herausforderungen gel-

ten hier der Einsatz von Robotern in der Fließfertigung und die häufig geringen Platzver-
hältnisse. Für eine barrierefreie Interaktion von Mensch und Roboter müssen die assistie-
renden Robotersysteme zum einen sicher gestaltet sein und Gefährdungen ausschließen,
zum anderen ist eine Visualisierung der überwachten Bereiche sinnvoll, damit Mitarbeiter
die Prozesse nicht ungewollt unterbrechen.

Bei Montagetätigkeiten mit geringen Handhabungskapazitäten können Leichtbauroboter
eingesetzt werden. Diese haben den Vorteil, dass ein Teil der erforderlichen Sicherheitssensorik bereits in der Kinematik verbaut ist. Ein weiterer Vorteil ist die geringe Eigen-
masse im Verhältnis zur Traglast. Hierdurch kommt es bei Bewegungen des Roboters zu
geringeren bewegten Massen und somit zu geringeren Kollisionskräften als bei Standard-
kinematiken. Dennoch bedarf es auch beim Einsatz von Leichtbaukinematiken der Durchführung einer Risikobeurteilung.

Ziel des Aufbaus eines roboterbasierten Assistenzsystems ist es, dass der Mitarbeiter das
System einlernt und anschließend der Roboter die wiederkehrenden Tätigkeiten selbst-
ständig durchführt. Die Interaktion erfolgt hierbei intuitiv durch ein manuelles Führen des
Roboters (siehe **Abb. 4.7**).

Abb. 4.7: Grafische Darstellung des manuellen Führens eines Leichtbauroboters

4.2.5 Technische Unterstützungssysteme in der Rehabilitationsrobotik

Technische Unterstützungssysteme zu generieren, die die Menschen wirklich wollen, ist
ein äußerst komplexes Vorgehen, welches von der eigentlichen Entwicklungsstruktur ab-
weicht. Der Endnutzer hat zunächst keine Kenntnisse darüber, was er will. Dazu muss bei
ihm zunächst durch einen (äußeren) Reiz ein Bedürfnis geweckt werden. Dadurch erlangt
der potentielle Endnutzer zwar einen Eindruck über seine möglichen Bedürfnisse, dieser
ist allerdings maßgeblich von außerhalb beeinflusst, sodass die wesentlichen Bedürfnisse
der Nutzer häufig ungeachtet bleiben. Dabei kommt die Frage auf, wie bspw. Entwickler
von Rehabilitationsrobotik Produkte auf Nutzerbasis entwickeln können, ohne weitere
Reize oder Impulse zu setzen. Gerade im Bereich der Rehabilitationsrobotik stellt die
Ebene der Therapeuten den essentiellen Anknüpfpunkt dar, um bedarfsgerecht zu entwickeln.

Im Rahmen der Rehabilitationsrobotik sind im wesentlichen Patienten, Therapeuten und Kostenträger von den Produktentwicklungen der Hersteller betroffen und abhängig. Hier kommt die Frage auf, welche Anreize die Rehabilitationsrobotik für die verschiedenen Institutionen bietet. Um ein optimales Produkt zu entwickeln, ist die durchgängige Zusammenarbeit aller beteiligten Institutionen (vom Entwickler bis zum Endanwender) ein wesentlicher Aspekt, um auf Basis gemeinsamer Ziele zum Gelingen beizutragen. Im Zuge des demografischen Wandels und einer bei steigender Lebenserwartung immer älter werdenden Bevölkerung kommt es zu einem erhöhten Bedarf an medizinischer Versorgung. Auffallend ist dabei, dass eine Vielzahl der Erkrankungen nicht nur die alternde Gesellschaft betrifft, sondern auch vermehrt bei jungen Menschen auftritt. Aufgrund intensiver Aufklärungsarbeit, fortschreitender Technik und effektiverer Behandlungsmöglichkeiten haben Patienten zunehmend bessere Überlebenschancen, etwa nach einem Schlaganfall oder einem Schädel-Hirn-Trauma. Die steigende Anzahl an Betroffenen erfordert einen Zuwachs an therapeutischen Ressourcen. Somit sind technische Unterstützungssysteme in der Rehabilitation unausweichlich. Hierdurch wird es möglich, der steigenden Anzahl an Patienten gerecht zu werden, wiederholgenaueres Training zu gewährleisten und gleichzeitig die Kapazitäten für eine intensivere Betreuung, bei gleichzeitiger körperlicher und zeitlicher Entlastung der Therapeuten, zu schaffen. Somit ist dies auch ein Weg, um vorzubeugen, dass der „Helfende" zum „Betroffenen" wird.

Bei den bisher entwickelten Rehabilitationsrobotern handelt es sich zumeist um Systeme, die komplexe, vielfach spezielle, bzw. neu entwickelte Komponenten umfassen und so entsprechend teuer in Anschaffung und Wartung sind (vgl. **Abb. 4.8**: Lokomat, Hocoma [7]; HIROB, Intelligent Motion [8]).

Abb. 4.8: links/Mitte: Hirob [8]; rechts: Lokomat [7]

Ein kommerziell rentabler Einsatz der robotischen Therapiesysteme bzw. der damit verbundenen Therapie kann daher aktuell noch in Frage gestellt werden und mindert die Wahrscheinlichkeit einer entsprechenden Kostenübernahme durch die Rehabilitationsträger. Aufgrund des benötigten Platzbedarfs und der erwähnten Komplexität kann die Mehrheit der bisher entwickelten Systeme ausschließlich in Rehabilitationseinrichtungen einer ausreichenden räumlichen Größe und technischen Ausstattung eingesetzt werden. Es besteht somit bisher ein Mangel an robotergestützten Therapiesystemen, die zum einen entsprechend kostengünstig gestaltet sind sowie zum anderen möglichst geringen Platzbedarf erfordern. Des Weiteren dürfen die Bedienung und die technischen Voraussetzungen den

Anwender nicht überfordern, so besteht sogar die Möglichkeit, Therapiesysteme im häuslichen Umfeld des Patienten zur motorischen Rehabilitation einzusetzen.

Im Rahmen einer Befragung der Techniker Krankenkasse äußerte sich diese, dass es grundsätzlich nötig sei, die Evidenzlage von Rehabilitationsrobotern bezüglich Nutzen und Wirtschaftlichkeit zu verbessern. Zudem ist es aus Sicht der Krankenkasse erforderlich, herauszufinden, wann es am sinnvollsten ist, eine robotergestützte Therapie beim Patienten anzuwenden und welche Patienten am ehesten von einer solchen Therapie profitieren.

Durch Physiotherapeuten aufgezeigter Handlungsbedarf liegt bspw. in der Verbesserung von Möglichkeiten zur Beurteilung des Therapiefortschritts, um so eine entsprechende Dokumentation zu gewährleisten. Des Weiteren spielt die Nutzerfreundlichkeit der zur Verfügung stehenden Systeme eine wesentliche Rolle. Zudem ist es notwendig, dass die Anschaffungskosten und der Personalaufwand für Vorbereitung und Durchführung der Therapie im zukünftigen Entwicklungsprozess von Rehabilitationsrobotern entsprechende Berücksichtigung finden. [9]

4.2.6 Zusammenfassung und Ausblick

Die Entwicklungen zeigen, dass Systeme mit direkter Mensch-Roboter-Kollaboration sowohl aus Sicht der industriellen Produktion als auch für den Bereich der Rehabilitation von großem Nutzen sind. Zudem verstärken der demografische Wandel und die damit verbundene Veränderung des Durchschnittsalters von Belegschaften und der Gesellschaft zukünftig die Nachfrage. Die Änderungen der Normenlage sowie technische Weiterentwicklungen ermöglichen den Einsatz erster Systeme, in denen Mensch und Roboter direkt miteinander interagieren. Es ist zu erwarten, dass die Nachfrage technischer Unterstützungssysteme stark steigen wird, wodurch sich der technische und entwicklungstechnische Mehraufwand rechtfertigen lässt. Im Vergleich zur klassischen Automatisierung stellt neben der erweiterten Risikobeurteilung die Entwicklung von intuitiven Benutzerschnittstellen eine Herausforderung dar. Sowohl für den industriellen Einsatz als auch im Bereich der Rehabilitation werden die Assistenz- und Unterstützungssysteme von Anwendern genutzt, bei denen weder Expertenwissen aus dem Bereich der Robotik noch eine außerordentliche Technikaffinität vorausgesetzt werden kann. Intuitive Systeme, wie grafische Bedienoberflächen in der Kommunikationselektronik oder das Einlernen durch direktes Führen des Systems am Werkzeug des Roboters stellen hier anzustrebende Technologien dar.

Bei der Entwicklung von technischen Unterstützungssystemen in der Rehabilitationsrobotik ist eine durchgängige Zusammenarbeit von Entwicklern, Kostenträgern und Endanwendern (aktiv und passiv) notwendig, um bedarfsgerecht zu entwickeln und eine hohe Nutzung der Unterstützungssysteme zu erlangen. Da bei Produkten der Reharobotik der Begeisterungsfaktor (vgl. Kano-Modell) nicht in dem Produkt selbst liegt, sondern in den Ergebnissen, die bei den Patienten und Therapeuten durch dieses Produkt erzielt werden können, ist der Weg, eine breite Anwendergruppe mit dem Produkt zu begeistern, wesentlich erschwert. Um die Akzeptanz der Nutzer zu erhöhen und eine breite Anwendergruppe zu erreichen, werden im Kontrast zu den bislang großen, teuren und nur stationär einzusetzenden Unterstützungssystemen solche benötigt werden, die kleiner und kostengünstiger sind und zudem ortsunabhängig eingesetzt werden können.

Literatur

[1]   DIN EN ISO 10218-1:2011 Industrieroboter - Sicherheitsanforderungen - Teil 1: Roboter.

[2]   http://www.automationspraxis.de/home/-/article/33568397/38810240/Robo-Assistenten-blasen-zum-Sturm-auf-die-Fabrik/art_co_INSTANCE_0000/maximized/ (aufgerufen am 23.02.2015).

[3]   DIN EN ISO 10218-2:2011 Industrieroboter - Sicherheitsanforderungen - Teil 2: Robotersysteme und Integration.

[4]   VDMA Positionspapier: Sicherheit bei der Mensch-Roboter-Kollaboration, herausgegeben vom VDMA Robotik + Automation, 2014.

[5]   Thomas, C.; Kuhlenkötter, B.; Busch, F.; Deuse, J.: Gewährleistung der Humansicherheit durch optische Arbeitsraumüberwachung in der Mensch-Roboter-Kollaboration: Automation 2011, VDI-Berichte 2143, 2011, S. 259-262.

[6]   Thomas, C.; Busch, F.; Kuhlenkötter, B.; Deuse, J.: Ensuring Human Safety with Offline Simulation and Real-time Workspace Surveillance to Develop a Hybrid Robot Assistance System for Welding of Assemblies. In: Enabling Manufacturing Competitiveness and Economic Sustainability, Springer, 2011, S. 464-470.

[7]   Hocoma: Product overview, URL: http://www.hocoma.com/products/ (aufgerufen am 23.02.2015).

[8]   Barth, A.: Hirob. Intelligent Motion GmbH, http://www.intelligentmotion.at/index.php/de/produkte/hirob?limitstart=0 (aufgerufen am 23.02.2015).

[9]   Befragte Einrichtungen: AMBULANTICUM, Helios Kliniken.

4.3 Anthropomorphe (Unterstützungs)Systeme

C. M. Schlick, S. Kuz und J. Bützler

4.3.1 Einleitung

In heutigen Mensch-Maschine-Systemen ist trotz oder gerade aufgrund des hohen Automatisierungsgrades die Qualität der menschlichen Führung und Intervention oft das ausschlaggebende Kriterium für Sicherheit und Effizienz im laufenden Betrieb. Deswegen muss der Operateur unabhängig vom Automatisierungsgrad zu jedem Zeitpunkt die notwendigen Kenntnisse über den Systemzustand besitzen. Da kognitive Systeme in der Lage sind, einen Produktionsprozess autonom planen zu können, ergeben sich somit hohe Anforderungen an die Arbeitsperson, die mit diesen Systemen arbeiten soll. Aufgrund der Vielzahl und Vielfalt ihrer untereinander vernetzten Elemente konfrontieren diese komplexen Systeme den überwachenden Menschen mit vielen intransparenten Verhaltensmustern. Auf Basis dieser Aspekte wird im Rahmen des Exzellenzclusters „Integrative Produktionstechnik für Hochlohnländer" das Zusammenwirken von Mensch und Maschine in selbstoptimierenden Produktionssystemen untersucht. Das langfristige Ziel ist dabei, dass Mensch und kognitiv automatisiertes System im Sinne eines soziotechnischen Systems sicher und zuverlässig funktionieren können. Hierzu wurde eine experimentelle Montagezelle mit einem Portalroboter entwickelt, in der der Roboter koordinierte Abfolgen von Pick&Place-Operationen mit kleinen Werkstücken durchführt [1]. Das Verständnis der Selbstoptimierung ist hier die Fähigkeit eines Systems, sich an verändernde Situationen und Umstände anzupassen und aus Erfahrungen zu lernen. Dieses Verhalten des Systems kann als zielgerichtet und autonom angesehen werden. Jedoch kann ein solches System keineswegs die Flexibilität, Kenntnisse und Fähigkeiten eines Menschen erreichen. Aus diesem Grund muss die Arbeitsperson immer als ein integraler Teil des Produktionsprozesses betrachtet werden. Daher ist es interessant, die Kreativität und die Vielseitigkeit des Menschen und die ständig wachsende Wiederholungsgenauigkeit und technische Zuverlässigkeit von Robotern durch eine Kooperation in Produktionsumgebungen zu nutzen. Eine direkte Kooperation kann jedoch in der heutigen Produktion nicht ohne weiteres umgesetzt werden. Roboter sind derzeit technisch noch nicht in der Lage, sicher mit der Arbeitsperson bei der Durchführung von Produktionsaufgaben zu interagieren. Darüber hinaus sind für eine effektive und sichere Kooperation zwischen Mensch und Maschine das Niveau der Beanspruchung und das Wohlbefinden der Arbeitsperson während der Interaktion ebenfalls wichtige Faktoren, die es zu betrachten gilt. Hierzu stellt der Anthropomorphismus einen vielversprechenden Ansatz dar, d.h. die Simulation menschlicher Eigenschaften. Aus diesem Grund konzentrieren sich aktuelle Arbeiten auf dem Gebiet der Mensch-Roboter-Interaktion mehr und mehr auf dieses Konzept. Neuere Forschungen konnten u.a. belegen, dass durch Anthropomorphismus, ein höheres Maß an Sicherheit und Benutzerakzeptanz erreicht werden kann [2]. Daher konzentriert sich die Forschungsfrage im Rahmen dieses Beitrags auf die Auswirkungen einer anthropomorphen Bewegungssteuerung eines Portalroboters und in diesem Zusammenhang speziell auf die Vorhersagbarkeit von zielgerichteten Bewegungen. Dieser Beitrag fasst die ersten Ergebnisse einer empirischen Studie mit 18 männlichen Teilnehmern in Bezug auf die Reaktionszeit, die Vorhersagegenauigkeit und die Blickbewegungsdaten zusammen.

4.3.2 Anthropomorphismus als Gestaltungsgrundlage in der Industrie

Anthropomorphismus stammt aus der griechischen Sprache und ist aus den Wörtern *anthropos* „Mensch" und *morphe* „Form" bzw. „Gestalt" zusammengesetzt [3]. Der Anthropomorphismus wird als eine Anschauungsweise betrachtet, die menschliche Eigenschaften oder menschliches Verhalten Außermenschlichem zuschreibt (»vermenschlicht«). Dabei kann es sich um Naturphänomene verschiedenster Art, um Tiere, Gestirne usw., andererseits v.a. um Gottesvorstellungen handeln. Je nach Kontext werden jedoch dem Begriff verschiedene Bedeutungen beigemessen. Nach [4] wird unter Anthropomorphismus die Absicht und praktische Umsetzung der Entwickler verstanden, menschliche Eigenschaften auf Nichtmenschliches zu übertragen. Eine andere Definition beschreibt Anthropomorphismus als alle Eigenschaften eines Objektes, die dessen Interaktion mit Menschen erleichtern [5]. Diese Arbeit bezieht sich jedoch auf die allgemein gültige Definition, die Anthropomorphismus als Übertragung von menschlichen Eigenschaften oder menschlichen Verhaltens auf Nichtmenschliches beschreibt. Im engeren Sinne wird der Begriff in Ähnlichkeit zu [2] auch als Strategie zur Gestaltung der Mensch-Roboter-Kooperation betrachtet.

Luczak et al. [6] haben bereits früh die Auswirkungen von Anthropomorphismus im Zusammenhang mit technischen Systemen untersucht. Sie behaupteten, dass die durch die tägliche Interaktion mit technischen Geräten (z.B. Autos, Automaten, Computer) hervorgerufene Belastung und die psychische Beanspruchung die Ausgangspunkte für das Anthropomorphisierungsverhalten der Menschen darstellen. Durch ihre Untersuchungen konnte nachgewiesen werden, dass Menschen Geräte mit anthropomorphen Eigenschaften in der Regel als Helfer oder Freunde wahrnehmen und sie freundlicher als einfache Geräte behandeln. In einer weiteren Studie haben Krach et al. [7] die Auswirkungen von Menschenähnlichkeit auf die wahrgenommene Intelligenz in der Interaktion mit Computersystemen untersucht. Die Studie basierte auf einem einfachen Computerspiel, wobei die Probanden gegen unterschiedliche Gegner spielten. Die Gegner variierten dabei von einem einfachen Laptop über einen funktional gestalteten und einen anthropomorphen Roboter bis hin zu einer echten Person. Die Ergebnisse zeigten eine positive Korrelation zwischen dem Grad der Menschenähnlichkeit und der wahrgenommenen Intelligenz. Hinds et al. [8] haben sich auf Roboter fokussiert und untersuchten, wie sich ein anthropomorphes Aussehen auf die menschliche Wahrnehmung während der Ausführung einer gemeinsamen Aufgabe mit dem Roboter auswirkt. Es stellte sich heraus, dass Menschen in Situationen, in denen es um die Übertragung von Verantwortung geht, Roboter mit anthropomorphen Eigenschaften als besser geeignet empfinden.

Nichtsdestotrotz ist zu berücksichtigen, dass eine höhere Ähnlichkeit zum Menschen zwar zu einer gesteigerten Vertrautheit führt, gleichzeitig aber auch negative Konsequenzen nach sich ziehen kann. Nach Foner [9] können die Erwartungen von Benutzern durch anthropomorphe Paradigmen stark zunehmen und schnell die Systemfähigkeiten übertreffen. Nach Duffy [2] hingegen liegt das Problem nicht an den anthropomorphen Merkmalen der

Gestaltung, sondern an den Entwicklern, die durch die Anthropomorphisierung des Systems geprägte Benutzererwartungen nicht in Betracht ziehen und die anthropomorphen Merkmale willkürlich einsetzen. Auch die Theorie des „Uncanny Valley" von Mori [10] postuliert in diesem Zusammenhang zunächst einen Anstieg der Vertrautheit in nicht-menschliche Instanzen mit zunehmender Menschähnlichkeit, wobei ab einem gewissen Punkt der Grad an Menschähnlichkeit das Maximum erreicht die Vertrautheit abnimmt und in Ablehnung umschlägt (**Abb. 4.9**).

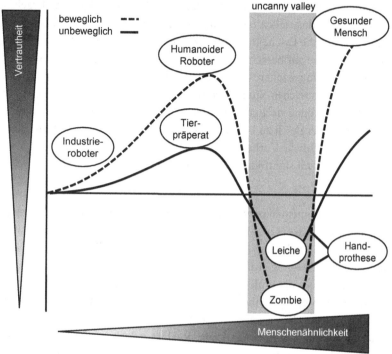

Abb. 4.9: Zusammenhang zwischen Vertrautheit und Menschenähnlichkeit

Traditionelle Ansätze in der industriellen Robotik fokussieren im Allgemeinen rein effiziente, hoch-automatisierte Lösungen. Mögliche Effekte des Ansatzes des Anthropomorphismus in Mensch-Roboter-Arbeitssystemen wurden bislang kaum erforscht. Nach Mori und somit gemäß dem Uncanny-Valley-Modell würde eine Erhöhung der Menschähnlichkeit zunächst einen positiven Effekt auf die Vertrautheit der Arbeitsperson haben. Die Arbeiten von Zanchettin [11] konzentrieren sich hierzu auf die Bewegungssteuerung eines Industrieroboters während Manipulationsaufgaben, wodurch für jede beliebige Position des Endeffektors eine anthropomorphe Stellung des Ellbogengelenks bestimmt werden kann. Hierbei bleiben die menschlichen Bewegungsbahnen bzw. Trajektorien jedoch unbeachtet. Bei Anwendung der anthropomorphen Stellungen auf einen Sieben-Achs-Dualarmroboter konnte in empirischen Studien eine Minderung des Beanspruchungsniveaus der Teilnehmer nachgewiesen werden, die mit diesem Dualarmroboter zusammenarbeiteten. HUBER et al. [12] untersuchten, wie sich menschliches Kooperationsverhalten durch modifizierte Robotertrajektorien auf die Mensch-Roboter-Zusammenarbeit übertragen lässt. Als Basis ihrer Untersuchungen verwendeten sie einen Übergabeprozess, bei dem sie die Mensch-Mensch-, Mensch-Knickarmroboter- und Mensch-Humanoid-Kooperation verglichen. Gleichzeitig nutzten sie eine an menschlichen Bewegungen orientierte Bahn, die sie nach der Maxime eines möglichst ruckfreien Ablaufs modellierten und verglichen diese mit einer Trajektorie, die sich aus einem trapezförmigen Geschwindigkeitsprofil ergab. Die Ergebnisse zeigen, dass die Reaktionszeiten, d.h. die Dauer zwischen dem Moment des Übergebens und dem des Übernehmens, bei der menschenähnlich gestalteten Bahn geringer waren als im trapezförmigen Fall. Ein ähnliches Ergebnis ergab der Vergleich einer industriellen und humanoiden Robotergestaltung, da auch in diesem Fall das anthropomorphe Erscheinungsbild zu einer verkürzten Reaktionszeit führte. Hier basieren die Ergebnisse auf berechneten Trajektorien und nicht auf den natürlichen anthropomorphen Bewegungsbahnen oder Geschwindigkeitsprofilen. Diesbezüglich konnte im Rahmen einer empirischen Studie von Kuz et al. [13] mit einem Industrieroboter in einer virtuellen Umgebung nachgewiesen werden, dass anthropomorph modellierte Bewegungsbahnen im Vergleich zu konventionellen Trajektorien eines industriellen Knickarmroboters die menschliche Vorhersagegenauigkeit von Zielpositionen positiv beeinflussen und die Reaktionszeit signifikant verkürzen können.

4.3.3 Methodik

Das dargestellte Experimentalkonzept ist eine Weiterführung der bereits erwähnten Studien von den Autoren Kuz et al. [13]. In der Studie wurden ebenfalls die Auswirkungen von anthropomorph modellierten Trajektorien eines Industrieroboters auf die Vorhersehbarkeit von Roboterbewegungen im Vergleich zu roboterartigen Bewegungsbahnverläufen analysiert. Auf Basis der eruierten Ergebnisse sollen diese in einer virtuellen Umgebung durchgeführten Versuchsreihen im Rahmen einer späteren Untersuchung mittels einer realen Versuchsanordnung validiert werden. Für eine derartige Umsetzung müssen aufgrund der Kinematik des Roboters in der Realität jedoch bestimmte Parameter angepasst werden. Deshalb wurden Parameter wie Blickwinkel oder Abstand zum Versuchsobjekt im Rahmen dieser empirischen Studie explizit so gewählt, dass eine möglichst hohe Realitätsnähe erreicht werden konnte, wodurch der Aufbau sich für spätere Untersuchungen maßgetreu in reale Umgebung übertragen lässt. Dafür wurden Messungen in der bereits erwähnten Montagezelle durchgeführt [1]. Die Simulation setzte sich schließlich aus einem Portalroboter und dem davor positionierten Ablagefeld (20 Felder) zusammen (**Abb. 4.10** links). Der Portalroboter wurde gewählt, damit die Versuchsreihe nach dieser Durchführung in der realen Umgebung sicher repliziert werden kann. Eine wichtige Fragestellung, die im Rahmen dieser Untersuchung noch untersucht werden soll, ist das Blickverhalten der Probanden während der Beobachtung der präsentierten Bewegungssequenzen. Deshalb wurde die Untersuchung an einem monitorbasierten Eye-Tracking System durchgeführt, das aus einem 22" LCD-Monitor mit integrierten Infrarotsensoren zum Blickregistrierung und einem Laptop zur Steuerung besteht. Die Eingabe der Prädiktion erfolgte über eine Standardtastatur. Zudem wurde die Einhaltung des Sehabstands und der Kalibrierungsdaten mittels einer Kinnstütze realisiert (**Abb. 4.10** rechts).

Abb. 4.10: Virtuelle Simulation der Roboterbewegung (links) und
Aufbau der Versuchsumgebung (rechts)

Die Bewegungsbahnen des Portalroboters in der virtuellen Umgebung sind im Rahmen der Studie von Kuz et. al [13] entstanden. Hierbei wurden zunächst mittels eines Infrarot-Tracking-Systems menschliche Bewegungsbahnen während Platzierungsbewegungen erfasst und für die Übertragung auf die virtuelle Versuchsumgebung angepasst. Während der Aufnahmen wurden 20 Platzierungsbewegungen mit unterschiedlichen Zielpositionen ausgeführt. Die aufgenommenen Bewegungsbahnen wurden dann sowohl mit anthropomorphen als auch konstanten Geschwindigkeitsprofilen kombiniert, so dass insgesamt 40 Bewegungsbahnen für die Versuchsreihe generiert wurden. Während der Durchführung sollte jeder Proband die 40 Bewegungssequenzen beobachten und das Zielfeld dieser Bewegung vorhersagen. Hierbei sollte die Versuchsperson, nachdem eine Zielposition erkannt wurde, die Bewegung mit der Leertaste anhalten und im Anschluss die Nummer des vermuteten Zielorts nennen. Diese vorhergesagte Zielposition wurde durch den Versuchsleiter entsprechend protokolliert. Im Anschluss konnte die nächste Bewegungssequenz durch die Versuchsperson gestartet werden.

Als unabhängige Variablen wurden die Robotertrajektorien mit zwei Geschwindigkeitsprofilen (anthropomorph & konstant) und die Feldposition mit 20 Stufen betrachtet. Als abhängige Variablen wurden die Prädiktionsdauer und die Prädiktionsfehler untersucht. Zudem wurden die Versuchskonditionen vor jeder Versuchsdurchführung permutiert, damit mögliche Reihenfolgeneffekte vermieden werden konnten. Zur Auswertung der Daten wurde eine Varianzanalyse mit Messwiederholung berechnet. Das Signifikanzniveau betrug $\alpha=0,05$.

4.3.4 Ergebnisse

Die durchschnittliche Reaktionszeit der Probanden bei dem konstanten Geschwindigkeitsprofil liegt bei 1658,23 ms und beim anthropomorphen Profil bei 1239,96 ms. Die Varianzanalyse zeigt, dass nicht nur die zwei unterschiedlichen Geschwindigkeitsprofile ($F_{(1; 17)} = 736,152$, $p < 0,001$) sondern auch die Feldposition ($F_{(7,333; 124,662)} = 92,273$, $p < 0,001$) einen signifikanten Effekt auf die Reaktionszeit haben. Darüber hinaus ergibt sich ein starker Effekt ($\omega^2 = 0,911$) des Geschwindigkeitsprofils sowie der Feldposition ($\omega^2 = 0,606$). Bei der Betrachtung der Interaktionseffekte treten ebenfalls signifikante Effekte zwischen diesen beiden unabhängigen Variablen auf ($F_{(7,252; 123,279)} =$

12,114, p < 0,001). Nach näherer Betrachtung konnte aber festgestellt werden, dass die Interaktion ordinal ist und somit die Hauptvariablen unabhängig voneinander interpretiert werden können. Darüber hinaus gilt, dass die Reaktionszeiten für von der Startposition weiter entferntere Distanzen höhere Werte aufweisen. Diese Tatsache ist erwartungskonform, da die Platzierungsbewegung für weiter entfernte Distanzen eine längere Dauer hat im Vergleich zu den Zielpositionen, die sich in unmittelbarer Nähe der Startposition der Bewegung befinden.

Während des Experiments wurden insgesamt 720 (jeweils 360 pro Geschwindigkeitsprofil) Bewegungssequenzen präsentiert, die durch die Probanden vorhergesagt werden sollten. In 511 Fällen stimmte hierbei das vorhergesagte Zielfeld mit der tatsächlich angefahrenen Zielposition überein. Dabei wurde 278 Mal beim anthropomorphen und 233 Mal beim konstanten Geschwindigkeitsprofil eine korrekte Vorhersage getroffen (**Abb. 4.11**). 168 der Vorhersagen stimmten nicht überein mit dem tatsächlichen Zielfeld. Dabei wurden beim konstanten Profil 89 Mal und beim anthropomorphen Profil 79 Mal falsch vorhergesagt. Schließlich erfolgten 41 Prädiktionen nicht innerhalb der Bewegungsdauer und wurden somit nicht mit aufgenommen. Die Anzahl der fehlenden Prädiktionen liegt beim anthropomorphen Profil bei 3 und beim konstanten bei 38. Inferenzstatistische Analysen zeigen, dass die Unterschiede zwischen den korrekten, inkorrekten und fehlenden Prädiktionen signifikant sind ($\chi^2(2, N=720) = 34{,}436$, p < 0,001).

Auf Basis der ermittelten Ergebnisse kann festgehalten werden, dass die Probanden ihre Prädiktion deutlich schneller und zutreffender gegeben haben und es eine signifikant geringere Anzahl an fehlenden Prädiktionen bei anthropomorphen Bewegungsbahnen gab.

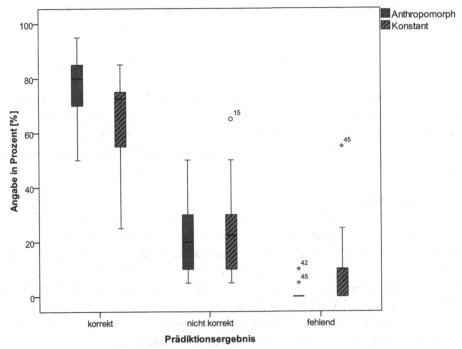

Abb. 4.11: Vergleich der Prädiktionsergebnisse

Abschließend soll noch das Blickverhalten der Probanden während der Durchführung analysiert werden. Dabei ist es unabhängig von der Bewegungsart zu untersuchen, worauf die Blicke der Versuchsteilnehmer während der Betrachtung der Bewegungen gerichtet bzw. welche beweglichen Teile des Roboters (Gelenke bzw. Endeffektor) für die Bewegungsinterpretation maßgebend waren. Zunächst mussten für die Auswertung die sogenannten „area of interests" (AOI) definiert werden. Wie in **Abb. 4.12** zu sehen, wurden drei AOIs, nämlich die Gelenke, das Quadratgitter und der Endeffektor definiert. Diese werden „global" eingestuft, um sicherzustellen, dass für alle Aufnahmen immer dieselben AOIs mit der gleichen Form und Größe angewendet werden. Zudem handelt es sich bei dem AOI „Quadratgitter" um eine statische Fläche, deren Form und Ort sich während den Aufnahmen nicht ändern. Dagegen sind die AOIs „Gelenke" und „Endeffektor" dynamisch aufgrund der Bewegung des Roboters während der Erfassung der Blickrichtung.

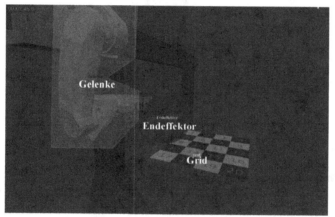

Abb. 4.12: Die definierten AOIs

Neben der Form und Größe muss auch das Zeitintervall, in dem ein AOI aktiv wird, festgelegt werden. Da das Blickverhalten der Probanden während des Bewegungsablaufs untersucht werden soll, ist nur das Zeitintervall zwischen dem Anfang und Ende einer Bewegung für die Auswertung relevant. Dementsprechend wurden die AOIs so ausgelegt, dass sie mit dem Start jeder Bewegung aktiviert und mit deren Anhalten wieder deaktiviert werden.

Analysiert wurden die Anzahl der Fixationen innerhalb der vordefiniert AOI. **Abb. 4.13** zeigt die sich ergebene Anzahl der Blickfixationen. Es ist zu erkennen, dass mit einer Anzahl von 1584 die meisten Fixationen sich auf das Quadratgitter fallen. Dazu fallen 575 und damit ca. ein Viertel der gesamten Fixationen in dem AOI „Endeffektor" an. Bemerkenswert ist es hingegen, dass die Anzahl der Fixationen für das AOI „Gelenke" lediglich bei 13 liegt, obwohl dieses Areal im Durchschnitt 21,4% der Gesamtbildschirmoberfläche ausmacht. Dafür betragen die Anteile „Endeffektor" und „Quadratgitter" nur 2,7 % bzw. 7,1%. Darüber hinaus wurde die durchschnittliche Fixationsdauer je AOI und Proband näher analysiert. Hierbei fallen die Unterschiede noch deutlicher auf. Es ist ersichtlich, dass das Quadratgitter mit 354,37 s den größten Anteil an Gesamtfixationsdauer aufweist. Für den Endeffektor ergibt sich hingegen eine durchschnittliche Fixationsdauer von 91,49 s während der Anteil der Gelenke nur noch 0,97 s beträgt. Die Ergebnisse deuten darauf hin, dass die Probanden während des Bewegungsablaufs nicht auf die Gelenke des Roboters achten, sondern sich eher auf den Endeffektor und Zielfeld konzentrieren. Damit kann vermutlich davon ausgegangen werden, dass für die Interpretation einer von einem Industrieroboter ausgeführten Bewegung nicht die Position und Bewegungsmuster der Gelenke, sondern die Bewegungsbahn und das Geschwindigkeitsprofil maßgebend sind.

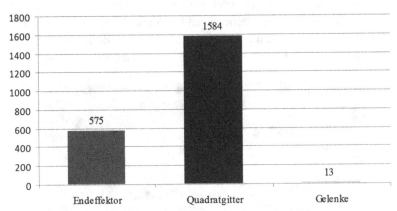

Abb. 4.13: Anzahl der Fixationen je AOI

4.3.5 Zusammenfassung und Ausblick

Ziel der Untersuchungen war es, die Auswirkungen von anthropomorphen Bewegungsbahnen eines Portalroboters auf die Vorhersagegeschwindigkeit von Zielpositionen sowie Vorhersagefehler zu untersuchen. Als abhängige Variablen wurden die Reaktionszeit und Prädiktionsergebnisse näher betrachtet. Darüber hinaus gingen die mittels des Eye-Tracking Systems erhobene Daten in die Auswertung ein.

Hinsichtlich der Reaktionszeit konnten signifikante Unterschiede zwischen anthropomorphen und konstanten Geschwindigkeitsprofilen nachgewiesen werden. Die Ergebnisse zeigen auch, dass die Qualität der Vorhersage in Bezug auf korrekte, inkorrekte und fehlende Prädiktionen signifikant besser für das anthropomorphe Geschwindigkeitsprofil war. Schließlich haben die Ergebnisse unabhängig von dem Bewegungstyp gezeigt, dass für die Interpretation der Bewegungen eines Industrieroboters nicht die Position und Bewegungsmuster der Gelenke, sondern die Bewegungsbahn und das Geschwindigkeitsprofil maßgebend sind.

Zusammenfassend ist darauf hinzuweisen, dass anthropomorphe Geschwindigkeitsprofile vermutlich ein erhöhtes Sicherheitsgefühl vermitteln. So haben die Probanden ihre Eingaben bei der Präsentation der Bewegungen mit anthropomorphem Geschwindigkeitsprofil insgesamt früher und häufiger als im Fall des konstanten Geschwindigkeitsprofils gegeben. Diese Resultate geben bereits einen ersten Hinweis darauf, dass anthropomorph modellierte Geschwindigkeitsprofile die Mensch-Roboter Kooperation in der Montage optimieren können.

Literatur

[1]   Kempf, T.; Herfs, W.; Brecher, C.: Cognitive Control Technology for a Self-Opti-
      mizing Robot Based Assembly Cell, Proceedings of the ASME 2008 International
      Design Engineering Technical Conferences & Computers and Information in En-
      gineering Conference, American Society of Mechanical Engineers, 2008.

[2]   Duffy, B.: Anthropomorphism and the Social Robot. Special Issue on Socially In-
      teractive Robots, Robotics and Autonomous Systems, 42 (3-4), 2003, S. 177-190.

[3]   Fink, J.: Anthropomorphism and human likeness in the design of robots and hu-
      man-robot interaction. Proceedings of the 4th international conference on Social
      Robotics, 2012, S. 199-208.

[4]   Zhang, T.; Zhu, B.; Kaber, D. B.: Anthropomorphism and Social Robots: Setting
      Etiquette Expectations, Hrsg.: C.C. Hayes & C.A. Miller, Human Computer Eti-
      quette: Cultural Expectation and the Design Implications They Place on Computers
      and Technology; Boca Raton: CRC Press, 2011, S. 231-259.

[5]   Nass, C.; Moon, Y.: Machines and mindlessness: Social responses to computers.
      Journal of Social Issues, 56(1), 2000, S. 81-103.

[6]   Luczak, H.; Rötting, M.; Schmidt, L.: Let's talk: anthropomorphization as means
      to cope with stress of interacting with technical devices, in: Ergonomics, London,
      2003, S. 1361-1374.

[7]   Krach, S.; Hegel F.; Wrede B.; Sagerer G.; Binkofski F.; Kircher T.: Interaction
      and perspective taking with robots investigated via fMRI, PLoS ONE (2008) 3(7):
      e2597, doi: 10.1371/journal.pone.0002597#.

[8]   Hinds, P.J.; Roberts, T.L.; Jones, H.: Whose job is it anyway? A study of human-
      robot interaction in a collaborative task, Hum.-Comput. Interact, 19, 1, 2004, S.
      151-181, doi: 10.1207/s15327051hci1901&2_7.

[9]   Foner, L.: What's an agent, anyway? A sociological case study, Proceedings of the
      First International Conference on Autonomous Agents, 1997.

[10] Mori, M.: The Uncanny Valley, Energy, 7(4), 1970, S. 33-35, translated by Karl F.
      MacDorman and Takashi Minato.

[11] Zanchettin, A. M.: Human-centric behavior of redundant manipulators under kin-
      ematic control, PhD Thesis, Politecnico di Milano, 2012.

[12] Huber, M.; Rickert, M.; Knoll, A.; Brandt, T.; Glausauer: Human-robot interaction
      in handing-over tasks, Proc. of RO-MAN, München, 2008, S. 107-112.

[13] Kuz, S.; Bützler, J.; Schlick, C. M.: Anthropomorphismus in der ergonomischen
      Gestaltung der Mensch-Roboter-Interaktion in Montagezellen, 60. Kongress der
      Gesellschaft für Arbeitswissenschaft, TU und Hochschule München, 2014, S. 513-
      515.

4.4 Modellierung und Simulation als Werkzeug für das Design von Mensch-Maschine-Systemen

S. Schmitt, A. Lechler und O. Röhrle

4.4.1 Einführung

Für den Handwerker ist der Griff zum Schraubendreher unverzichtbar und funktioniert in der Regel auch problemlos. Die Komplexität, die sich hinter dieser scheinbar trivialen Bewegung verbirgt, wird allerdings oftmals nicht wahrgenommen. Tatsächlich aber stellt jede zielgerichtete Bewegung im Raum, die eine Ortsänderung unter der Einwirkung von Kräften zur Folge hat, eine Meisterleistung dar. Für eine Bewegung des Körpers ist das koordinierte Zusammenspiel vieler verschiedener Komponenten erforderlich. Die Einflüsse reichen von den biophysikalischen und biochemischen Eigenschaften und Vorgängen in Zellen, über das Verhalten eines Gewebes bis hin zur Funktion von Organen. Das wissenschaftliche Verständnis über einzelne, isolierte Vorgänge sowie deren Zusammenspiel stellt letztendlich die Grundlage dafür dar, den Menschen in seiner Bewegung zu unterstützen, wo es notwendig ist. Ganz besonders wichtig ist es pathologische Vorgänge zu identifizieren und zu verstehen, Schmerzen zu lindern oder im Idealfall Krankheiten zu heilen. In ähnlicher Weise erscheint es sinnvoll den Menschen durch technische Hilfsmittel im Alltag aber auch im Arbeitsleben zu unterstützen. Je größer das Wissen über menschliche Bewegung ist und je komplexer die Zusammenhänge sind, desto schwieriger wird es, weitere Erkenntnis ohne hochentwickelte technische Hilfsmittel im richtigen Kontext zu gewinnen. In den Forschungsgebieten der computerorientierten Biomechanik und der Systembiologie liefern neue Simulationswerkzeuge und -methoden bereits heute einen entscheidenden Beitrag zur Berechnung wichtiger Kennzahlen, die es erlauben, komplexe Mechanismen von biologischen Systemen, wie es der Mensch ist, zu analysieren und zu verstehen. Eine große Herausforderung liegt dabei in der validen Erfassung dieser Kennzahlen. So sind z.B. innere Kräfte und die Belastungen, die aus inneren und äußeren Kräften resultieren, oft nicht oder nur sehr bedingt am lebenden Körper experimentell zu bestimmen. Direkte experimentelle Messungen am Menschen sind oft auch aus ethischen Gründen nicht vertretbar. Zum Teil lassen sich wichtige Kennzahlen jedoch mit geeigneten wissenschaftlichen Methoden indirekt bestimmen. In diesem Zusammenhang stellt die Simulationstechnik, gepaart mit neuen methodischen Grundlagen der Mechanik, insbesondere der Kontinuumsmechanik in Kombination mit der konstitutiven Materialtheorie, einen methodischen Rahmen für die Lösung dieser Problemstellung zur Verfügung. Dieser methodische Rahmen ermöglicht eine problemspezifische Abbildung (Abstraktion und Modellierung) und darauf aufbauend die Realisierung einer validen Vorhersage (Simulation) des Verhaltens der untersuchten biologischen Systeme.

4.4.2 Der Mensch als virtuelles Abbild

Um relevante, biomechanische Größen bestimmen zu können, müssen, wie in **Abb. 4.14** angedeutet, Prozesse auf verschiedenen Skalen berücksichtigt und miteinander gekoppelt

werden. Die zu berücksichtigenden Phänomene erstrecken sich über zeitliche und räumliche Skalen von mehreren Größenordnungen (von einzelnen Molekülen über Zellen, Gewebe und Organe bis hin zum Organismus). Nach heutigem Wissensstand und unter Berücksichtigung der derzeit zur Verfügung stehenden Rechnersysteme ist ein komplexes
Modell des Menschen, welches alle Skalen beinhaltet, eine Vision, die an unterschiedlichen Forschungsstandorten verfolgt wird – das „Physiome Project" [4], das „VPH" [2]
und auch die Vision des Forschungszentrums und Exzellenzclusters für Simulationstechnik (SimTech) des ganzheitlichen Menschmodells, das sogenannte „Overall Human Model". Zum gegenwärtigen Zeitpunkt kann diese Vision noch nicht oder nur sehr unvollkommen umgesetzt werden. Daher ist es nicht das Ziel derzeitiger Forschungsarbeiten, ein
ganzheitliches Modell zu schaffen, sondern mehrere Menschmodelle mit verschiedenen
Abstraktionsgraden zu untersuchen, die unterschiedliche Komplexitäten aufweisen.
Dadurch können bereits heute bestimmte Teilaspekte analysiert, Teilfragen beantwortet
und das Verhalten für spezielle Szenarien vorhergesagt werden. Die Grundlage für diese
Computermodelle bilden neue Simulationsmethoden, verbesserte geometrische Modelle
und ausreichend Rechenleistung. Diese breit aufgestellte Ausgangsbasis erlaubt es, virtuelle Untersuchungen durchzuführen, um neue Einsichten und Erkenntnisse über die zugrunde liegenden Mechanismen und das Verhalten bei komplexen Randbedingungen zu
erhalten. Ein allumfassendes Menschmodell ist derzeit nicht unbedingt erforderlich, da je
nach Problemstellung andere Größenordnungen (Skalen) und Effekte dominieren. So spielen bspw. auf der Körper- und Organebene hauptsächlich biomechanische Gesetzmäßigkeiten eine Rolle, wohingegen auf den darunter liegenden Skalen vermehrt systembiolo-
gische Aspekte zum Tragen kommen.

Abb. 4.14: Verschiedene örtlich und zeitlich gekoppelte Skalen, die bei der Modellbil-
dung zur Betrachtung bestimmter Phänomene im menschlichen Körper berücksichtigt
oder simplifiziert werden müssen

Anwendungsspezifische Menschmodelle entstehen idealerweise durch die Verknüpfung
von verschiedenen existierenden aber isolierten Teilmodellen von unterschiedlichen Kör-
perteilen und Organen. Die baukastenartige Verwendung isolierter Modelle mit unterschiedlichen Auflösungen ermöglicht es stufenweise, integrierte, anwendungsbezogene
Gesamtmodelle zu entwickeln und zur Verfügung zu stellen. Realisiert werden kann solch
eine konsistente Kopplung bspw. mit Hilfe des wissenschaftlichen Workflow-Verfahrens,
das ist eine definierte Abfolge von Prozessen, durch skalenüberbrückende Techniken oder

geeignete Homogenisierungsmethoden. Letztere stellen virtuelle Mittelungsansätze dar, wie dies z.B. an einem mehrskaligen Bandscheibenmodell [5] gezeigt wurde.

Bei der Verwendung von skalenüberbrückenden Techniken und Homogenisierungsmethoden können die Ergebnisse eines übergeordneten Modells als Eingangsgrößen für benachbarte feinere Modelle verwendet werden. Umgekehrt kann ein übergeordnetes Modell von homogenisierten Ergebnissen profitieren, welche auf kleineren Skalen ermittelt werden. Diesbezüglich ist es weiterhin erforderlich, neuartige Simulationsansätze zu entwickeln, die mehrskalige und multiphysikalische Modelle sinnvoll miteinander verknüpfen können. Da die Lösung der resultierenden mathematischen Probleme oftmals numerisch sehr aufwendig ist, können zudem Reduktionsmethoden in Erwägung gezogen werden, um eine möglichst schnelle Antwort (bis hin zur Echtzeitberechnung) auf eine konkrete Fragestellung erhalten zu können. Nicht zuletzt ist die Verwendung von personenspezifischen Eingabewerten von entscheidender Bedeutung, um die personalisierte Gesundheitsversorgung oder individuelle Unterstützungssysteme zukünftig zu gewährleisten. Dabei steht die Forschung vor großen Herausforderungen, denn ein biologisches System in sich selbst ist eben gerade nicht als Baukasten zu verstehen, sondern basiert auf Wechselwirkungen aller Teile miteinander. Z.B. ist bekannt, dass hormonelle Schwankungen, beeinflusst durch Störungen auf der Organismusebene, sich bis zu veränderten mechanischen Parametern auf Gewebeebene auswirken können. Diese skalenübergreifenden Effekte gilt es zukünftig ebenso zu berücksichtigen, wie Umwelteinflüsse und die Interaktion der Psyche mit der Physis.

4.4.3 Die Interaktion von Mensch und Maschine

Interaktionen zwischen Mensch und Maschinen finden in vielen Lebensbereichen im Alltag statt, wie bspw. beim Autofahren, im Haushalt, aber auch zunehmend im Bereich der Medizin und Pflege. Am weitesten fortgeschritten ist die Mensch-Maschine-Interaktion jedoch in der Produktionstechnik [12]. Dabei haben manuelle Tätigkeiten, wie bspw. Montageaufgaben, einen erheblichen Anteil am gesamten Produktentstehungsprozess. Für eine hocheffiziente Produktion wird versucht diese weitestgehend zu automatisieren, was aufgrund filigraner Prozessschritte, kleinerer Losgrößen und kundenspezifischer Anforderungen an Produkte nur begrenzt möglich ist. Daher nimmt die robotergestützte, aber vom Menschen gelenkte, Automatisierung von Montageaufgaben ständig zu. Sie hat vielfältige Vorteile gegenüber einer vollständigen Automatisierung. Gerade in Montageprozessen bietet die Mensch-Maschine-Interaktion ein großes Potenzial, da hier gegenüber formgebenden Prozessen nicht die reine Genauigkeit, sondern eher die Flexibilität und das Erkennen von komplexen Zusammenhängen im Vordergrund stehen.

Flexibilität und Wandelbarkeit von Montageprozessen erfordern eine enge Verbindung zwischen dem Arbeiter und dem Automatisierungssystem. Die Interaktion zwischen Mensch und Maschine kann komplexe Montageprozesse optimieren, insbesondere wenn ein Roboter von einem Arbeiter geführt werden kann und der Roboter dem Arbeiter Kraftunterstützung gibt.

Verschiedene Arten von Interaktionen zwischen Mensch und Maschine kommen in der Produktionstechnik und darüber hinaus in Frage, diese sind abhängig vom benötigten Grad der Unterstützung durch Komponenten wie Sensoren, Aktoren oder informationstechnische Methoden (**Abb. 4.15**).

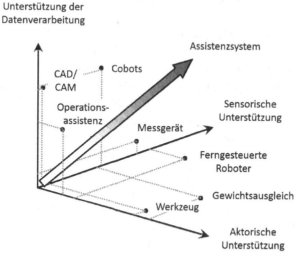

Abb. 4.15: Arten möglicher Mensch-Maschine-Interaktion als Assistenzsysteme

Die aktorische oder sensorische Unterstützung kann durch eine Maschine als cyber-physischen „Kollegen" erfolgen oder aber in Form von Exoskeletten, bei denen der Roboter die Bewegung des Menschen unterstützt. Die Mensch-Maschine-Interaktion beinhaltet auch Kommunikationsmöglichkeiten über Anzeigen oder Sprache von der Maschine zum Menschen oder aber umgekehrt über intuitive Manipulatoren zur Bedienung.

Bei der Entwicklung, Auslegung und Parametrierung von Systemen zur Mensch-Maschine-Interaktion kann die Simulationstechnik bereits vor dem Betrieb herangezogen werden, um die Systeme möglichst ideal auf den Menschen anzupassen und diese sicher zu gestalten. Darüber hinaus kann aber auch die Simulation eingesetzt werden, um während der Interaktion automatisiert Entscheidungen zu treffen oder diese vorauszuplanen. Eine virtuelle Abbildung des Menschen ermöglicht es zusätzlich individuelle Schnittstellen zwischen Mensch und Maschine zu gestalten. Es können dabei bspw. unterschiedliche Körpergrößen, Gewebetypen oder auch Handikaps bei der Gestaltung der Maschinen berücksichtigt werden.

4.4.4 Ausgewählte Beispiele technischer Innovation durch Menschmodelle

Im Arbeitsumfeld treten Belastungen des Muskel-Skelett-Systems auf, die auf unterschiedlichen Zeit- und Größenskalen stattfinden, d.h. bestimmte Körperhaltungen werden über mehrere Arbeitsstunden aufrechterhalten, während bspw. kurzfristig, schnelle Vibrationen auftreten. Dabei könnten fließende Verformungen des biologischen Gewebes auftreten, die sich auf die Kräfte des gesamten Menschen auswirken. Zur Untersuchung von einseitiger Tätigkeit am Arbeitsplatz und der Auswirkung auf innere Belastungen an der

Wirbelsäule kann ein digitales Modell des Menschen verwendet werden. Durch einen Vergleich der inneren Kräfte in den Bandscheiben und in den umgebenden Bändern bei intakten Bandstrukturen und bei Bandstrukturen, die bereits über einen längeren Zeitraum belastet wurden, kann festgestellt werden, ob es zu Verformungen gekommen ist. Somit ergeben sich neue Perspektiven zur Prävention arbeitsbezogener Muskel-Skeletterkrankungen [9, 10].

Das Wissen über innere Belastungen im Menschen ist unabdingbare Voraussetzung für das Design von Implantaten. Mit einem virtuellen Ganzkörper-Modell eines Menschen, das durch Muskeln getrieben ist [8], können verschiedene digitale Prototypen von Implantaten an der Wirbelsäule getestet werden. Gleichzeitig kann durch veränderte Parametrierung Altern simuliert werden. Somit ergibt sich die Möglichkeit, dass die Auswirkung von Implantaten während des biologischen Alterungsprozesses untersucht werden kann. Damit wird die Möglichkeit eröffnet, dass zukünftige Generationen von z.B. Bandscheibenimplantaten besser an den Menschen angepasst werden können.

Ein weiteres Beispiel für die Mensch-Maschine-Interaktion liegt im Bereich der Medizintechnik und Prothesenentwicklung. Digitale Menschmodelle können in Zukunft in der klinischen Rehabilitation eingesetzt werden, z.B. zur Simulation spezieller, individualisierter Orthesen und Prothesen [7] oder für die sichere und zuverlässige Entwicklung von Exoskeletten für bewegungseingeschränkte oder ältere Menschen. Um aufgrund der komplexen Muskeleigenschaften, wie der komplexen Muskelgeometrien oder dem Kontakt zwischen Muskel und benachbartem Gewebe, die Interaktion zwischen menschlichem Weichgewebe und von nicht-menschlichen, externen Objekten beschreiben zu können, sind kontinuumsmechanische dreidimensionale Modellansätze nötig. Diese dreidimensionalen Muskelmodelle sind aber momentan fast ausschließlich Gegenstand der Forschung und beschränken sich oft sogar nur auf einzelne Muskeln. Allerdings zeigen diese komplexen kontinuumsmechanischen Modelle ein hohes Anwendungspotenzial für Mensch-Maschine-Anwendungen im Bereich der Medizintechnik, insbesondere für die Designphase von (individualisierten) Prothesen, z.B. bei der Analyse der Stumpf-Schaft-Interaktion.

Aktuelle Forschungsarbeiten erweitern die kontinuumsmechanischen, dreidimensionalen Muskelmodelle durch neurophysiologische Ansteuerungsmodelle und elektrochemische Muskeleigenschaften, um (sub-)zelluläre biophysikalische Größen oder Ermüdung mit zu berücksichtigen [2, 3]. Aus solchen chemo-elektro-mechanischen Modellierungsansätzen können virtuelle EMG Signale berechnet werden [6], die als Vorhersagen dabei helfen können, direkte Schnittstellen zwischen Mensch und Maschine, wie es z.B. für Neuroprothesen heute bereits der Fall ist, besser zu definieren und zu verstehen.

Die Problematik der Interaktion von Mensch und Maschine speziell im Bereich der Produktionstechnik [12] ist noch lange nicht umfassend gelöst. Aktuelle Forschungsthemen beschäftigen sich mit der Reduzierung etwaiger Verletzungsrisiken durch Mensch-Maschine-Interaktion. Auch Ansätze zur Nutzung von *Augmented Reality* Systemen, die einen effizienteren Informationsaustausch zwischen Mensch und Maschine ermöglichen, sind Gegenstand der Forschung.

Mit der Methode der Modellierung und Simulation des Menschen ist man in der Lage in den Menschen "hinein zu schauen" oder die Schnittstelle zwischen Mensch und Maschine zu verstehen und weiter zu entwickeln. Darüber hinaus können mit der Kenntnis von aktiven, digitalen Menschmodellen weitergehende Entwicklungen technischer Systeme vorangetrieben werden. So ist es möglich, die Entwicklung neuartiger Antriebssysteme basierend auf der Biologie und im Speziellen dem biologischen Muskel zu unterstützen. Biologische Muskeln gelten als hoch effizient, robust und system-stabilisierend. Diese Eigenschaften sind gefragt für Antriebe von technischen Unterstützungssystemen. Es konnte gezeigt werden, dass künstliche Muskeln, entwickelt auf der Grundlage mathematischer Modelle des biologischen Muskels, ebenso diese positiven Eigenschaften aufweisen [11].

4.4.5 Fazit

Die Modellierung und Simulation des biologischen Systems Mensch ist eine Technologie, die uns ein verbessertes Verständnis der komplexen Vorgänge im Menschen liefert, um existierende Mensch-Maschine-Schnittstellen besser zu verstehen und besser nutzen zu können. Sie eröffnet neue Möglichkeiten für das Design technischer Unterstützungssysteme der Zukunft.

Literatur

[1] Clapworthy, G.; Kohl, P.; Gregerson, H.; Thomas, S.; Viceconti, M.; Hose, D.; Pinney, D.; Fenner, J.; McCormack, K.; Lawford, P.; Van Sint Jan, S.; Waters, S.; Coveney, P.: Digital Human Modelling: A Global Vision and a European Perspective, in: Digital Human Modelling: A Global Vision and a European Perspective, Berlin, Springer, 2007, S. 549-558.

[2] Heidlauf, T.; Röhrle, O.: Modeling the Chemoelectromechanical Behavior of Skeletal Muscle Using the Parallel Open-Source Software Library OpenCMISS. Computational and Mathematical Methods in Medicine, Article ID 517287, 2013, doi: 10.1155/2013/517287.

[3] Heidlauf, T.; Röhrle, O.: A multiscale chemo-electro-mechanical skeletal muscle model to analyze muscle contraction and force generation for different muscle fiber arrangements, Frontiers in Physiology 5, 498, 2014, doi:10.3389/fphys.2014.00498.

[4] Hunter, P.J.: Modeling living systems: the IUPS/EMBS Physiome project, in: Proceedings IEEE, 94, 2006, S. 678-991.

[5] Karajan, N.; Röhrle, O.; Ehlers, W.; Schmitt, S.: Linking continuous and discrete intervertebral disc models through homogenisation. Biomechanics and Modeling in Mechanobiology 12(3), 2013, S. 453-466.

[6] Mordhorst, M.; Heidlauf, T.; Röhrle, O.: Predicting EMG signals under realistic conditions using a multiscale chemo-electro-mechanical finite element model, Journal Interface Focus, akzeptiert, 2015.

[7] Ramasamy, E.; Dorow, B.; Schneider, U.; Röhrle, O.: Berechnung der dynamischen Belastung von Prothesen während des Gehens mithilfe eines virtuellen Menschmodells, Orthopädie-Technik (akzeptiert), 2015.

[8]   Rupp, T.; Ehlers, W.; Karajan, N.; Günther, M.; Schmitt, S.: A forward dynamics simulation of human lumbar spine flexion predicting the load sharing of intervertebral discs, ligaments, and muscles. Biomechanics and Modeling in Mechanobiology, published online, 2015, doi:10.1007/s10237-015-0656-2.

[9]   Schmitt, S.; Bayer, A.; Bradl, I.; Günther, M.; Mörl, F.; Rupp, T.: Einseitige Arbeit gleich einseitige Belastung? Simulation des Einflusses von passiven Eigenschaften des Muskel-Skelett-Systems auf die inneren Kräfte in den Wirbelsegmenten, in: 20. Erfurter Tage - Prävention von arbeitsbedingten Gesundheitsgefahren und Erkrankungen, Bussert u. Stadeler, 2014, S. 205-212.

[10] Schmitt, S.; Günther, M.; Rupp, T.; Mörl, F.; Bradl, I.: Mehrkörpersimulation einer detaillierten Lendenwirbelsäule - ein Werkzeug für die Präventionsforschung?, in: 19. Erfurter Tage - Prävention von arbeitsbedingten Gesundheitsgefahren und Erkrankungen, Bussert u. Stadeler, 2013, S. 55-62.

[11] Schmitt, S.; Häufle, D.F.B.; Blickhan, R.; Günther, M.: Nature as an engineer: one simple concept of a bio-inspired functional artificial muscle, Bioinspiration & Biomimetics, 7 (2012) 036022, 2012.

[12] Verl, A.; Krüger, J.; Lechler, A.; Hägele, M.: Mensch-Maschine-Kooperation, Fertigungstechnisches Kolloquium FTK 2012, Produktionstechnik für den Wandel, Gesellschaft für Fertigungstechnik, Stuttgart, 2012, S.103-154.

5 Anwendungen

In diesem Kapitel werden bereits entwickelte Unterstützungssysteme für verschiedene Anwendungskontexte im Alltags- und Berufsleben exemplarisch dargestellt. Für den Bereich Medizin, Rehabilitation und Pflege werden Unterstützungssysteme gezeigt, die dem Ausgleich und Training fehlender körperlicher Funktionen dienen können. Hierzu gehören Aufstehhilfen, ein autonomer Rollstuhl, ein universell einsetzbares Computer-Eingabegerät, Handprothesen und Therapiehilfen bei neuromuskulären Störungen und Hilfsmittel zur Kompensation sensorischer Defizite. Außerdem wird eine Internetplattform vorgestellt, die pflegebedürftigen Menschen und deren Familien dabei unterstützen kann den Alltag besser zu gestalten. Schließlich werden Unterstützungssysteme für Operateure im Operationssaal beschrieben, mit deren Hilfe die Implantationsqualität von Endoprothesen verbessert werden kann. Für den Bereich des produzierenden Gewerbes werden Systeme zur Unterstützung von Fertigungs-, Montage- und Handhabungsprozessen dargestellt. Außerdem werden Systeme vorgestellt, die auf verschiedene Art und Weise auch jenseits von Industrie, Pflege und Medizin im Alltagsleben zum Einsatz kommen können. Hierzu zählen die intelligente Wohnung, eine intelligente Zahnbürste, ein mit kognitiven Fähigkeiten ausgestatteter Roboterhund sowie ein Unterstützungssystem speziell für den Rennruder-Sport.

5.1 Aufstehhilfen

O. Sankowski, B. Wollesen und D. Krause

Motivation

Die heutige Generation älterer Erwachsener ist meist aktiver als frühere und wünscht sich möglichst lange Selbstständigkeit und Unabhängigkeit. Gleichzeitig können jedoch weiterhin altersphysiologische Veränderungen zu körperlichen Einschränkungen und daraus resultierenden Problemen, wie Stürzen oder Immobilität, führen. Als Hauptursachen gelten hierfür Muskelschwäche und Gleichgewichtsschwierigkeiten. Auch Positionsveränderungen mit schneller orthostatischer Anpassung, wie das Aufstehen, können zum Sturz führen. Die Nutzung technischer Unterstützungssysteme zum Aufstehen kann hier Abhilfe verschaffen. Diese Systeme sollten dabei vorhandene Ressourcen ausbauen (Muskelkraft und Beweglichkeit) sowie Standsicherheit gewährleisten.

Umsetzung

Für die Entwicklung einer Aufstehhilfe muss der Vorgang als Ganzes betrachtet werden. Das beinhaltet zuerst eine Oberkörpervorneigung, um den Körperschwerpunkt von der Sitzfläche zu verschieben. Gleichzeitig werden die Beine zur Vertikalbewegung gestreckt. Im Stand trägt u.a. die Haltemuskulatur dazu bei, das Gleichgewicht zu stabilisieren. Hieraus resultieren drei körperliche Anforderungen beim Aufstehen aus sitzender Position, bei denen ältere Menschen Schwierigkeiten zeigen: (1) die Verschiebung des Körperschwerpunktes nach vorne, (2) vertikale Verschiebung des Körperschwerpunktes vom Sitzen zum Stehen und (3) der Übergang von einer größeren Unterstützungsfläche im Sitzen zu einer kleineren im Stehen.

Bei der Auslegung der Aufstehhilfe ist es entscheidend, dass das System an die physiologischen und pathologischen Restriktionen des Individuums angepasst wird. Die Entlastung muss sich an den individuellen Bewegungsfähigkeiten orientieren. Geringfügige Erleichterungen stellen dabei u.a. die Erhöhung der Sitzfläche oder gefederte Sitze dar. Bei größeren Bewegungseinschränkungen reichen diese jedoch nicht aus, da neben der Körperschwerpunkt-Verschiebung vom Sitz, auch der Übergang zum stabilen Standbein ein Problem darstellt. Ein passfähiges System sollte daher den vollständigen, natürlichen Aufstehprozess unterstützen und abbilden.

Zuerst muss dabei eine sichere Standfläche ermöglicht und die Fußposition ggf. durch Führungen korrigiert werden. Für die Oberkörpervorneigung sollte die Sitzflächenverschiebung in Kombination mit einer Oberkörperführung verbunden werden, so dass der Körperschwerpunkt nicht hinter den Knien und Füßen in der Luft verbleibt. Da Kräfte und Beweglichkeit sich sehr schnell verändern können, ist zudem die Anpassung der Unterstützungsleistung mithilfe einer Sensorregelung notwendig.

Im letzten Schritt der Körperaufrichtung (Vertikalbewegung) muss das natürliche Schwanken des Körpers stabilisiert und kompensiert werden, damit nicht durch fehlende Kraft und Beweglichkeit ein Sturz bzw. ein Zurückfallen der Person in den Sitz erfolgt.

Die Aufstehhilfe sollte hierfür eine durchgehende Stabilisierung anbieten sowie unter Umständen auch eine Sicherungsfunktion (z.B. durch Gurte) beinhalten. Eine starke Vereinfachung einer solchen Aufstehhilfe ist in **Abb. 5.1** dargestellt.

Für den Einsatz dieser Aufstehhilfe im Pflegebereich sind zudem automatische, sensorbasierte Längen- und Gewichtseinstellungen auf Basis von Nutzerprofilen notwendig. Die Nutzung kann dadurch durch verschiedene Personen ohne Mehraufwand (keine Einrichtungs- und Einstellungsmaßnahmen nötig) erfolgen.

Abb. 5.1: Beispiel für eine Aufstehhilfe

Potenziale

Da ein sehr hoher Unterstützungsgrad der Aufstehhilfe zwar sehr komfortabel ist, aber durch Nicht-Nutzung der eigenen Ressourcen zum Abbau von Muskeln und Bewegungsfähigkeiten, ein zu niedriger Unterstützungsgrad dagegen zur Überanstrengung führen kann, ist nur die individuelle Anpassung zweckdienlich. Eine solche Aufstehhilfe hat das Potenzial ältere und geschwächte Personen nicht nur beim Aufstehen zu sichern und Stürze zu vermeiden, sondern auch auf Dauer die Mobilität dieser Personen zu erhöhen. Beim Einsatz der Aufstehhilfe in der ambulanten und stationären Pflege ergeben sich wiederum auch Vorteile für die Pflegekräfte. Denn durch die automatische Anpassung an das Individuum, ist die Einstellung der Aufstehhilfe auf das Minimum beschränkt und kostet dadurch nicht unnötig Zeit, die dann für die eigentlichen Pflegeaufgaben genutzt werden kann. Gleichzeitig führt die Nutzung der Aufstehhilfe zu einer körperlichen Entlastung der Pflegekraft, da nun die Führung und Unterstützung der geschwächten Person nicht mehr zu Lasten von Kraft und Gesundheit geht. Hier besteht somit das Potenzial die Pflege nicht nur wertvoller für die zu pflegende Person, sondern auch effizienter und komfortabler für die Pflegekraft zu gestalten.

5.2 Autonomer Rollstuhl

A. Llarena, B. Fischer, J. Álvarez-Ruiz und R. Rojas

Motivation
Die zunehmende Alterung der Bevölkerung motiviert die Suche nach neuen Ansätzen für unterstützende Technologien, die Menschen mit eingeschränkter Bewegungsfähigkeit eine größere Selbständigkeit ermöglichen können.

Der entwickelte robotische Rollstuhl ist ein Beispiel für autonome Unterstützung. Der Rollstuhl kann mittels abstrakter Befehle wie „Bring mich in die Küche" oder über Gehirnsteuerung kontrolliert werden. Die Software kann ohne Zutun des Nutzers die Fahrtstrecke planen und Hindernissen ausweichen. Dieser hohe Grad an Automatisierung kann somit zur Verbesserung der Lebensqualität beitragen.

Umsetzung
Um das vorgestellte Unterstützungssystem zu realisieren, war es zunächst nötig einen Rollstuhl um Aktorik und Sensorik zu erweitern. Für die Umgebungswahrnehmung wurde der Rollstuhl mit zwei Laserscannern und einem Odometer ausgestattet. Da der Rollstuhl bereits über einen internen CAN-Steuerbus verfügt, können wir mittels eines Adapters die Fahrbefehle absetzen.

Die Steuersoftware wurde für drei Autonomiestufen entwickelt:

- Erste Stufe: Direkte Kontrolle mit einfacher Hinderniserkennung, -vermeidung oder automatischem Anhalten.
- Zweite Stufe: Assistierte Steuerung der Fahrtrichtung (semi-autonom) mittels Sprachbefehlen (z.B. „vorwärts"), Gesichtsbewegungen, Mundbewegungen, Augensteuerung oder Brain-Computer-Interfaces (BCI).
- Dritte Stufe: Volle Autonomie und Interaktion auf hoher Abstraktionsebene. Der Rollstuhl besitzt einen hohen Grad an Autonomie. Er ist in der Lage, mittels einer Karte der Umgebung seine eigene Position zu ermitteln. Innerhalb dieser Umgebung ist es ihm möglich, den Weg zu einem gegebenen Ziel zu planen und dabei unerwarteten Hindernissen auszuweichen. Der Benutzer interagiert mit dem Rollstuhl mittels Sprachbefehlen und kann somit ein Ziel vorgeben.

Je nach Grad der Beeinträchtigung des Benutzers kann eine geeignete Autonomiestufe gewählt werden. Niedrigere Stufen erlauben dem Benutzer größere Freiheiten, fordern jedoch eine größere Aufmerksamkeit. Im Gegensatz dazu bieten höhere Stufen mehr Unterstützung und entlasten den Benutzer. In **Abb. 5.2** sind das System und die Sensorik dargestellt.

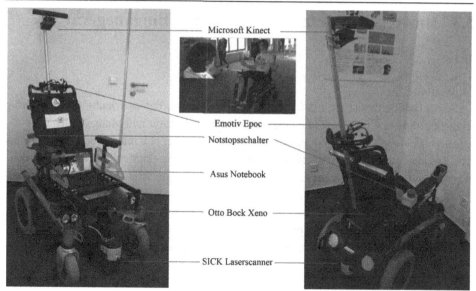

Abb. 5.2: „Alleine", der intelligente Rollstuhl der FU Berlin

Potenziale

Der vorgestellte Ansatz zeigt auf, wie ein konventioneller elektrischer Rollstuhl zu einem intelligenten Rollstuhl weiterentwickelt wurde. Dieser ist in der Lage, sich in unbekannter Umgebung zu orientieren und komplexe Sprachbefehle wie „gehe in die Küche" zu erkennen und auszuführen. Die Ansteuerung kann durch Sprache, Augenbewegung oder BCIs erfolgen. Der Ansatz verfolgt das Prinzip der Einfachheit, Robustheit und Marktfähigkeit. Letztere ist gegeben durch den minimalen Bedarf an zusätzlicher Hardware, außerdem ist die Software mit minimalem Einrichtungsaufwand einsatzbereit.

Nächstes Ziel ist es, „Alleine" im Freien fahren zu lassen. Das Vorhaben stellt die Entwickler vor viele neue Herausforderungen, da die Anzahl von unvorhersehbaren Situationen deutlich höher ist verglichen mit Situationen in Innenräumen. Um zuverlässig im Freien fahren zu können, muss der Rollstuhl mit unbekannter Bodenbeschaffenheit und variablen Wetterbedingungen umgehen können.

5.3 Universell einsetzbares Computer-Eingabegerät

T. Felzer

Motivation

OnScreenDualScribe ist ein mächtiges Softwarewerkzeug, das es erlaubt, die Standard-Eingabegeräte zur Computerbedienung – gewöhnliche Tastatur und Maus – durch ein einziges Gerät, ein mit Aufklebern versehener, handelsüblicher Nummernblock, zu ersetzen. Das Computerprogramm ist speziell auf dieses Gerät zugeschnitten und unterstützt den Benutzer auf vielfältige Weise. Entwickelt wurde das System vom Autor dieses Beitrags, der mit der neuromuskulären Krankheit Friedreich'sche Ataxie lebt und daher zum Umgang mit einem Computer auf eine effiziente Eingabealternative angewiesen ist. Sein Ziel war es, durch Bereitstellen einer optimal an seine Bedürfnisse und Fähigkeiten angepassten Lösung, dem Mangel an für seine Symptomatik geeigneten Alternativen zu trotzen.

Umsetzung

Verwenden der Standardtastatur war für den Autor unter anderem deswegen sehr mühselig, weil er ständig die Hände umpositionieren musste, um von einer Taste zur nächsten zu gelangen. Dabei musste er sehr sorgfältig und entsprechend langsam vorgehen, um trotz motorischer Probleme den Anteil ungewollter Tastenbetätigungen zu minimieren.

Aufgrund seiner Größe erlaubt es der angesprochene Nummernblock, jede Taste von derselben Handposition aus zu erreichen. Umgreifen ist also nicht mehr notwendig. Außerdem bietet es sich an, das Gerät in beide Hände zu nehmen und mit den Daumen zu bedienen (siehe **Abb. 5.3**), was zu einem erheblichen Zuwachs an Stabilität führt. Es stehen allerdings viel weniger Tasten als gewöhnlich zur Verfügung, was die Software dadurch kompensiert, dass sie physische Tastendrücke abfängt und abhängig vom Programmzustand virtuelle Tastendrücke ermittelt, die an das Fenster im Eingabefokus gesendet werden.

Zur Eingabe von Text bietet die Software zwei Methoden: zum einen die Auswahl von Zeichen über eine zweidimensionale Zeichenmatrix und zum anderen ein mehrdeutiges Tastenfeld. Bei der ersten Methode wählt der Benutzer Zeile und Spalte eines Zeichens innerhalb einer auf dem Bildschirm angezeigten Matrix, um das betreffende Zeichen zu schreiben. Im Falle von nacheinander geschriebenen Buchstaben wird versucht, die als Wortanfang interpretierte Zeichenfolge zu ergänzen. Dazu sucht das Programm in einem Wörterbuch nach möglichen Kandidaten, unter denen der Benutzer wählen kann, um Tastendrücke zu sparen. Im T6-Modus wird das Alphabet auf sechs Tasten verteilt. Analog zur Eingabe von Text über das Ziffernfeld eines Mobiltelefons erzeugt der Benutzer eine Tastensequenz, und das Programm sieht in demselben Wörterbuch wie zuvor nach, welche Wörter zur eingegebenen Sequenz passen. Zum Schreiben muss der Benutzer nur einen dieser Kandidaten bestätigen. Diese zweite Methode ist sehr effizient, funktioniert aber nur für Wörter, die im Wörterbuch enthalten sind.

Neben Texteingabe unterstützt das System Zeigeoperationen. Als einfachere Technik ist eine simple Tastaturmaus implementiert, bei der ein Teil der Tasten für die Bewegung des

Mauszeigers zuständig sind und ein anderer Teil für die Emulation eines Klicks an der aktuellen Zeigerposition. Dadurch wird Maussteuerung jedoch zeitkritisch, denn zum Beenden einer Bewegung muss der Benutzer genau im richtigen Moment eine Taste drücken oder loslassen, um nicht über das Ziel hinauszuschießen. In der alternativen Variante „springt" der Mauszeiger ans Ziel, welches schrittweise „herangezoomt" wird.

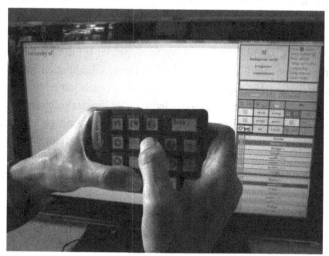

Abb. 5.3: Computer-Eingabegerät und Software

Potenziale

Daneben bietet die Software eine ganze Reihe weiterer, hilfreicher Funktionen, die den Nummernblock zu einem universellen, praktisch einsetzbaren Computer-Eingabegerät machen. So etwa gibt es einen Makro-Modus für beliebige, mitunter lange und komplexe, Tastensequenzen, die nach Definition mit wenigen Tastendrücken angewählt werden können. Außerdem lässt sich dynamisch die gewünschte Sprachumgebung (Deutsch oder Englisch) einstellen. Und zum Editieren werden neben der Rücktaste auch Textcursor, Selektieren und Kopieren unterstützt.

Das Gerät ist ideal für Personen mit einer neurologischen Erkrankung, die einerseits motorische Probleme mit der Standardtastatur haben, andererseits aber aufgrund von Dysarthrie Spracherkennung nicht nutzen können. Der Entwickler des Systems selbst nutzt mittlerweile kaum noch ein anderes Eingabegerät im Umgang mit einem Computer. Sämtliche seiner Eingabeprobleme werden dadurch gelöst oder gemildert, und das Werkzeug, welches Computerbedienung weniger mühevoll, aber nicht langsamer macht, hat sein Leben tatsächlich nachhaltig verändert. Schließlich ist die hier beschriebene Eingabemethode allgemein für Personen interessant, die nach einem kompakten, aber effizienten Tastaturersatz (z.B. als mobilem Reisebegleiter oder für Internet@TV) suchen. Für die Zukunft sind verschiedentliche Nutzerstudien vorgesehen, und es ist beabsichtigt, das Eingabegerät mit einer Anzeige für die Kandidatenlisten zu versehen. Als vorerst letzter Schritt steht dann die Vermarktung an.

5.4 Additiv gefertigte Handprothese

I. S. Yoo, S. Reitelshöfer und J. Franke

Motivation

Die derzeit auf dem Markt befindlichen Systeme zur prothetischen Versorgung der oberen Extremitäten sind mit einer Vielzahl von hochentwickelten mechatronischen Komponenten ausgestattet: Taktile Sensoren, leistungsfähige Elektronik zur digitalen Signalverarbeitung sowie miniaturisierte kraftgesteuerte Servogetriebemotoren. Diese intelligenten Handprothesen ersetzen die Funktionen der verlorenen Gliedmaßen in höchstem Maße und können dadurch die Lebensqualität des Anwenders erheblich erhöhen.

In vielen Entwicklungs- und Konfliktländern ist aber der Einsatz solcher hochentwickelten Handprothesen, die einer aktuellen Kosten-Nutzen-Analyse zufolge bis zu 55.000 Euro kosten, in erster Linie wirtschaftlich nicht zumutbar. Überdies mangelt es dort häufig an stabiler Infrastruktur, die für die nachhaltige medizinische Versorgung der Amputierten notwendig ist. Des Weiteren ist die Möglichkeit zur technischen Unterstützung der komplexen prothetischen Systeme stark eingeschränkt.

Ein dringender Handlungsbedarf besteht darin, eine technisch einfache aber effektive Handprothese zu entwickeln, diese kostengünstig zu fertigen und zur nachhaltigen Anwendung in Entwicklungsländern bereitzustellen.

Umsetzung

Vorbildprojekte adressieren diesen Handlungsbedarf und befassen sich mit der kostengünstigen Herstellung einer einfachen, aber effektiven Handprothese. Die Bauteile dieser rein mechanischen Handprothese (insgesamt sechs Fingerglieder, drei Gelenkblöcke und vier Handgelenkbefestigungen unterschiedlicher Länge) werden aus einem thermoplastischen Kunststoff mit dem additiven Fertigungsverfahren Fused Deposition Modeling (FDM) kostengünstig gefertigt (**Abb. 5.4 a**). Zur Montage werden überwiegend preisgünstige Normteile (Schrauben, Muttern und Gewindestange) sowie haushaltsübliche Materialien (Gummikordeln, Nylonseile und Nähgarn) verwendet (**Abb. 5.4 b** links).

Zur additiven Fertigung der Bauteile wird ein FDM-basierter 3D-Drucker eingesetzt. Das Fertigungssystem zeichnet sich durch einen erschwinglichen Preis, niedrige Systemkomplexität sowie einfache Bedienbarkeit aus. Der Kostenaufwand für die FDM-generierten Kunststoffteile beträgt rund 5 Euro und für die Handprothese (bis auf den Adapter aus orthopädischem Kunststoff) ungefähr 10 Euro, jedoch ohne Berücksichtigung von Investition-, Arbeits- und sonstigen Betriebskosten.

Die Funktion der mechanisch betätigten Handprothese setzt voraus, dass das proximale Handwurzelgelenk anatomisch vorhanden und die Palmarflexion möglich ist. Durch die Beugung der Hand werden fünf Nylonseile, welche die fünf zweiteiligen Fingerglieder mit der proximalen Handgelenkbefestigung mechanisch verbindet, auf Zug belastet. Die Betätigung dieses einfachen Seilzugmechanismus führt zu einer gleichzeitigen Beugung aller Fingerglieder einschließlich des Daumens und schließlich zu einer einfachen Greifbewegung.

Die ursprüngliche Handprothese im Vorbildprojekt ist für die prothetische Versorgung von Kleinkindern vorgesehen. Um ohne klinische Studien mit pädiatrischen Patienten die Funktionalität des prothetischen Systems technisch analysieren und Optimierungspotenziale identifizieren zu können, wurde eine etwa 1,8-fach vergrößerte Variante zur Erprobung an gesunden erwachsenen Probanden gefertigt (**Abb. 5.4 b** rechts, **c**). Bei der vorläufigen Laborprüfung war es möglich, einfache Alltagsgegenstände wie z.B. Tassen und Bälle zu handhaben. Aufgrund der stark vereinfachten Konstruktion der Fingerglieder sowie der ungünstigen Position des Daumengelenks war die Greifbewegung jedoch sehr eingeschränkt (unvollständiger Klemm- sowie Kraftgriff ohne vollständige Opposition, **Abb. 5.4 d**).

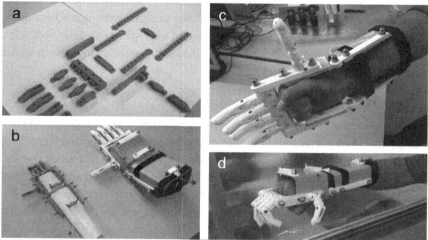

Abb. 5.4: Additive Fertigung, Aufbau und Laborerprobung der Handprothese

Potenziale

Die kostenminimierte, additiv gefertigte Handprothese als Anwendungsbeispiel eines technischen Unterstützungssystems am Menschen bietet großes Potenzial für weitere Entwicklungen bis hin zu einer kostengünstigen mechatronisierten Handprothese und erfüllt bereits jetzt die wichtigen Anforderungen in vielerlei Hinsichten: Sie basiert auf einem unkomplizierten Funktionsprinzip und ist daher intuitiv bedienbar (technischer und ergonomischer Aspekt). Die zugrunde liegende Produktionstechnologie ist transparent, schnell erlernbar und ermöglicht eine flexible und kostengünstige Fertigung der Systemkomponenten sowie individuelle Anpassung der Prothese (technologisch-ökonomischer Aspekt). Das prothetische System ist trotz einiger technischer Begrenzungen in der Lage, die überlebenswichtige Funktion der verlorenen Gliedermaßen zu kompensieren und trägt so zur signifikanten und nachhaltigen Steigerung der Lebensqualität bei (medizinischer und ethischer Aspekt).

Der Schwerpunkt der weiteren Forschungsarbeit liegt auf der Optimierung der Handprothese, insbesondere im Hinblick auf Funktionalität, Ergonomie und Sicherheit, um die positiven Eigenschaften zu verstärken und dessen Akzeptanz zu erhöhen.

5.5 Bio-inspirierter Drei-Finger-Greifer mit Formgedächtnisaktorik

F. Simone, P. Motzki, B. Holz und S. Seelecke

Motivation

Durch die zunehmende Mensch-Maschine-Interaktion in der Robotik wird der Einsatz von flexiblen und vor allem sicherheitsrelevanten Handhabungssystemen immer wichtiger. Erreicht wird dies entweder aktiv durch komplexe Sensorik oder passiv, indem die Struktur eines Roboterarms in Leichtbautechnik konstruiert wird. In diesem Beispiel wird die Entwicklung eines bio-inspirierten Drei-Finger-Greifers beschrieben, dessen Bewegung durch die Nutzung sogenannter Formgedächtnisaktoren realisiert wurde. Diese auch als „metallene Muskeln" bezeichneten Aktoren besitzen eine sehr hohe Energiedichte und gestatten somit den Aufbau leichter Systeme, die durch inhärente Superelastizität weiteres, verletzungsminimierendes Potenzial bieten.

Umsetzung

In dem Greifer werden Drähte aus einer thermischen Formgedächtnislegierung (FGL) als Aktoren genutzt. FGL-Drähte erfahren bei einer bestimmten Temperatur eine Phasentransformation ihrer Kristallstruktur. Dieser Effekt wird ausgenutzt, um einen Hub zu erzeugen. In dem Greifer wirken die FGL-Drähte wie Muskeln, die in einer Protagonist-Antagonist-Konfiguration die einzelnen Finger beugen und strecken können. Der Greifer ist modular konzipiert, die Finger werden separat aufgebaut und anschließend in die Hand integriert. Bei dem Design der Finger wurde die menschliche Fingerstruktur als Vorbild genommen, wobei sich die Dimensionen der einzelnen Fingerglieder an den Durchschnittswerten für menschliche Finger orientieren. Die einzelnen Fingerglieder sind über Scharniergelenke mit einem Freiheitsgrad miteinander verbunden. Die Drähte werden in das Innere der Fingerstruktur eingefügt und mit den einzelnen Fingergliedern verbunden. Die Befestigungspunkte der verwendeten FGL-Drähte wurden durch eine kinematische Analyse bestimmt, sodass sich ein maximaler Gelenkbiegewinkel von 90° bei einer Materialdehnung von 3,5% ergibt. Diese wurde bewusst kleiner als die für FGL-Drähte mögliche Dehnung von 4,5% gewählt, um einen dauerfesten Betrieb zu gewährleisten. Die Protagonisten-Drähte werden auf der Innenseite des Fingers eingebaut, sodass die gewünschte Beugebewegung realisiert wird. Bei Aktivierung des Drahtes auf der Fingeraußenseite kann eine komplette Streckung des Fingers erreicht werden. Auf der Innenseite werden zwei einzelne Drähte verwendet, um die ersten beiden Fingerglieder unabhängig voneinander bewegen zu können. Der erste Draht steuert die Beugungsbewegung im obersten Gelenk, der zweite Draht die Beugung des mittleren Gelenkes. Die Herausforderung an die Konstruktion ist es, die gegebene Kontraktion der FGL-Drähte von ca. 3,5 % in die gewünschte Rotationsbewegung umzuwandeln und trotzdem ein ausreichendes Drehmoment zu erhalten. Entscheidend dabei ist der Abstand der Drahtführung zu dem Drehpunkt des jeweiligen Gelenkes. In **Abb. 5.5** sind verschiedene Greiferkonfigurationen dargestellt. Die obere Zeile zeigt die Bewegung des Mittelfingers, die untere Zeile die

Daumenkinematik. Das unabhängige Ansteuern der einzelnen Finger und Gelenke ermöglicht das Greifen von Objekten mit großer geometrischer Vielfalt. Die gewünschte Schnelligkeit der Bewegungen wird dabei durch eine Multi-Drahtkonfiguration mit dünnen Drahtdurchmessern gewährleistet, welche die Abkühlzeit der Drähte stark reduziert.

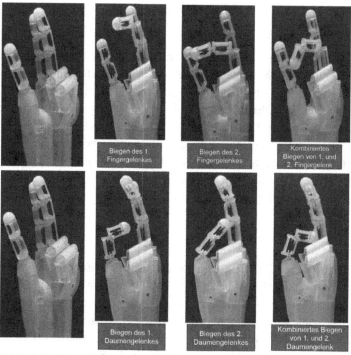

Abb. 5.5: Verschiedene Konfigurationen des Drei-Finger-Greifers

Potenziale

Ziel ist die Entwicklung eines neuartigen Prothesen-Greifers, indem die biologische Struktur der menschlichen Hand und ihr Muskel-Sehnen Aufbau nachgebildet wird. In dem Prototypen wurden Drähte aus einer Formgedächtnislegierung in einer Protagonist-Antagonist Konfiguration eingesetzt, um die Beugebewegung und das Strecken der Finger zu realisieren. Eine gezielte Auslegung und Anordnung der Drähte gewährleistet eine starke und schnelle Greifbewegung. Der Prototyp zeigt, wie durch den Einsatz der FGL-Technologie eine vielseitige, leichte und robuste Greiferhand kostengünstig aufgebaut werden kann. Denkbare Anwendungsfelder sind die Prothesentechnik sowie die Greifer- und Handhabungstechnik. In zukünftigen Arbeiten werden den Fingern weitere Freiheitsgrade in Form von Abduktions- und Adduktionsbewegungen hinzugefügt, um dem Vorbild der menschlichen Hand einen Schritt näher zu kommen. Es wird erwartet, dass in Zukunft neuartige, leichte Prothesensysteme auf Basis der vorgestellten Lösung entwickelt werden können, die dem Patienten einen deutlich gesteigerten Tragekomfort bei erhöhter Funktionalität vermitteln. Weiterhin können FGL-basierte Hände speziell in Mensch-Maschine Umgebungen erfolgreich eingesetzt werden, da sie ein inhärent weiches Verhalten zeigen, das im Falle einer Fehlfunktion die Gefahr für Verletzungen minimieren kann.

5.6 Assistenzsysteme zur Therapie neuromuskulärer Störungen

A. Hein, F. Feldhege, A. Mau-Moeller, R. Bader, U. K. Zettl, O. Burmeister und T. Kirste

Motivation

Spastische Lähmungen können in Folge frühkindlicher Hirnschädigungen als auch im Erwachsenenalter durch z.B. Multiple Sklerose oder Schlaganfall verursacht werden. Mögliche Folgen davon können eine Beeinträchtigung der Mobilität oder auch der Lebensqualität der Betroffenen darstellen. Bis heute gibt es keine Möglichkeit die Ursachen einer Spastik direkt zu behandeln. Daher werden im Wesentlichen die Symptome durch physiotherapeutische oder medikamentöse Therapien, im fortgeschrittenen Verlauf durch operative und orthopädietechnische Maßnahmen behandelt. Obwohl die Spastik stark von Tagesform und Befinden des Patienten abhängt, wird die Form der Therapie meist im Zuge einer zeitlich begrenzten Bewertung der Spastik in der Sprechstunde durch den Behandler festgelegt.

Umsetzung

Ziel des Projektes NASFIT ist die Entwicklung eines Assistenzsystems, welches die kontinuierliche Erfassung der Bewegungs (Mobilität) und Spastik des Beines im häuslichen Umfeld des Patienten über einen längeren Zeitraum erlaubt, um eine erweiterte Therapiebewertung zu ermöglichen. Im Rahmen der technischen Machbarkeit und unter Berücksichtigung der medizinischen Erfordernisse wurden die Anforderungen an Messtechnik und Orthese sowie Zielparameter für die Algorithmen des Systems erarbeitet. Um sicherzustellen, dass das System die Bedürfnisse und Werte von Zielpatienten widerspiegelt, werden diese mittels Werteorientiertem Design (VSD) in alle Phasen des Entwicklungsprozesses einbezogen. Das Assistenzsystem wurde in eine neuartige Softorthese integriert und besteht aus Bewegungssensoren an Ober- und Unterschenkel zur Erfassung der körperlichen Aktivität und Gelenkbeweglichkeit, einem EMG-System zur Messung der Muskelaktivität sowie einer Elektrostimulationskomponente zur Detonisierung der von der Spastik betroffenen Muskulatur. Das Assistenzsystem ist in **Abb. 5.6** dargestellt. Einen wesentlichen Bestandteil des Systems bilden die auf statistischen Modellen basierenden Algorithmen, um klinisch relevante Kennwerte im Bewegungsverhalten der Patienten zu identifizieren. Für die Bewertung der Mobilität wird eine Low-Level-Aktivitätserkennung durchgeführt, die die Tätigkeiten *Liegen*, *Sitzen*, *Stehen* und *Gehen* sowie die dazugehörigen Übergänge identifiziert. Als weiteres wesentliches Maß wurde der Bewegungsumfang des betroffenen Knies, bestehend aus relativem Gelenkwinkel und Änderungsrate, festgelegt. Ebenfalls sollen einschießende Spasmen im Tagesverlauf erkannt und Zeitpunkt des Auftretens, Dauer sowie Intensität aufgezeichnet werden.

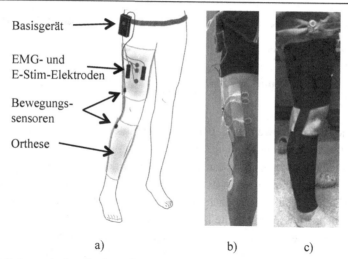

Basisgerät

EMG- und
E-Stim-Elektroden

Bewegungs-
sensoren

Orthese

a)   b)   c)

Abb. 5.6: a) Schematischer Aufbau des Assistenzsystems, b) Funktionsmuster der Messtechnik (geklebt), c) Messtechnik integriert in Softorthese

Potenziale

Die ersten Funktionsmuster des vorgestellten Assistenzsystems werden derzeit in Lang-
zeittrageversuchen an Probanden getestet. Untersuchungsschwerpunkte sind dabei die
Stabilität und Qualität der Datenaufzeichnung über den gesamten Messzeitraum. Im
nächsten Schritt wird das Pilotstudiendesign mit ausgewählten Patienten besprochen und
optimiert sowie die Durchführbarkeit erprobt. Als Ergebnisse dieser Studie werden Aussagen über die Anwendbarkeit des Assistenzsystems für Monitoring und Therapie sowie
Qualität und Validität der algorithmischen Datenanalyse erwartet.

Die frühzeitige Einbeziehung von Patienten in den Entwicklungsprozess hat sich von Be-
ginn an als sehr konstruktiv herausgestellt. So konnten Erfahrungen und Feedback aus
erster Hand gewonnen werden und in die Gestaltung des Assistenzsystems mit einfließen.
Das Risiko potentieller Kollisionen zwischen den Anforderungen der Entwickler, der
technischen Umsetzung des Assistenzsystems und den Wünschen der Patienten als Anwender kann dadurch minimiert werden. Der zunächst zusätzliche Arbeitsaufwand wird
um ein vielfaches durch wertvolle Erkenntnisse aufgewogen, die unter anderem auch dazu
dienen können, mögliche Probleme etwa in späteren klinischen Studien mit diesem Assistenzsystem zu vermeiden.

5.7 Medizinische Hilfsmittel zur Kompensation sensorischer Defizite

S. Dannehl, L. Doria und M. Kraft

Motivation

Medizinische Hilfsmittel werden u. a. bei altersbedingten Einschränkungen der Mobilität verwendet. Die tatsächliche Nutzung weicht im Alltag häufig von den Therapieempfehlungen ab, wodurch u. a. die Patientensicherheit gefährdet ist. Die Einhaltung der Vorgaben (Adhärenz) kann verbessert werden, wenn die bisherigen Hilfsmittel auch genutzt werden, um Patienten bei sensorischen Defiziten zu entlasten. Es gibt bereits medizinische Hilfsmittel, die sensorische Defizite kompensieren, bspw. Blindenstock oder Hörhilfen. Die Motivation, Unterstützungssysteme mit sensorischen Funktionen in Mobilitätshilfsmittel zu integrieren, liegt darin, bei Nutzern die Hilfsmittelversorgung mit einer höheren Adhärenz zuverlässiger und sicherer zu gestalten.

Umsetzung

Die Zielsetzung umfasst die Verbesserung von bisher gebräuchlichen Hilfsmitteln durch zusätzliche Rückmeldungen von sensorischen Informationen, bei deren Erfassung bzw. Wahrnehmung für die Patienten erkrankungsbedingt Einschränkungen bestehen. Diese interaktive technische Funktionserweiterung erleichtert zum einen die Nutzung der Hilfsmittel und erreicht zum anderen einen Mehrwert für die Patienten in der Anwendung, bspw. beim Training der Körperbalance oder Vermeidung von Komplikationen. Für die Hilfsmitteloptimierung sind zudem die Sicherheit der Verwendung, die Gebrauchstauglichkeit und der Komfort bei der Nutzung relevant, um die Akzeptanz zu gewährleisten (**Abb. 5.7**).

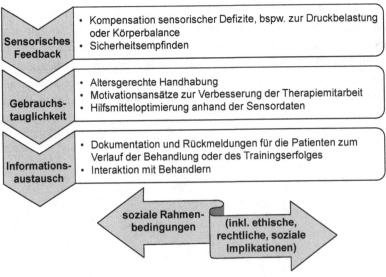

Abb. 5.7: Schematische Darstellung der technischen Umsetzung

Der Datenaustausch bei der Verwendung von Mobilitätshilfsmitteln wird durch ein sensorbasiertes Monitoring der Nutzung und der sensorischen Parameter mit einer direkten Rückmeldung am Hilfsmittel gewährleistet. Zudem kann eine Datenübertragung und -verarbeitung mittels Anwendungsserver, sowie Betreuungsangebote an mobile Endgeräte der Nutzer ermöglicht werden. Verfügbare Sensortechnik und technische Schnittstellen werden auf ihre Eignung untersucht, um die Datenaufnahme und -übermittlung an die verwendeten Medien, sowie Verschlüsselungsverfahren zu realisieren. Die grafischen Benutzeroberflächen werden altersgerecht gestaltet und bspw. durch Spiel-Elemente zur Motivationsförderung (Gamification) ergänzt.

Die Patienten werden durch eine Sensorik in dem Hilfsmittel in die Lage versetzt, fehlende sensorische Informationen in Echtzeit zu registrieren und die entsprechenden Therapievorgaben (bspw. zur Teilentlastung) einzuhalten. Der Datenaustausch zwischen Patienten und Therapeuten wird zur Abstimmung des Behandlungsverlaufes zusätzlich durch eine mobile Anwendung ermöglicht. Dazu sind mobile Smartphone-Lösungen gemäß dem Konzept *Bring Your Own Device* (BYOD) mit einer dem eigenen Kommunikationsmedium angepassten Präsentation der Daten in Form einer speziellen App nutzbar. Die Verbindung dieser mobilen Endgeräte mit geeigneten Kraft-/Drucksensoren des Sensorknotens in der Orthese erfolgt über ein drahtloses körpernahes Netzwerk (*Wireless Body Area Network* - WBAN). Bei der Entwicklung der beschriebenen technischen Unterstützungssysteme müssen die sozialen Rahmenbedingungen sowie die ethischen, rechtlichen und sozialen Implikationen der technischen Funktionserweiterungen besonders berücksichtigt werden, um die Akzeptanz durch die Nutzer nicht zu gefährden.

Potenziale

Im Gesundheitswesen werden durch die beschriebenen technischen Unterstützungssysteme Einsparungen über die Verringerung von Komplikationen und die Vermeidung von Pflegeaufwendungen ermöglicht. Die (Mehr)Ausgaben, die bspw. auf eine stärkere Nachfrage bei den optimierten Hilfsmitteln und die technische Ausstattung zurückgehen, werden durch die Einsparungen aufgewogen. Zudem erreichen die Patienten eine höhere Lebensqualität und eine schnellere Genesung.

Die stationäre Aufenthaltsdauer von Patienten wird zunehmend kürzer. Damit verlagert sich der Genesungsprozess stärker in den häuslichen Bereich und muss durch medizinische Hilfsmittel unterstützt werden. Die Betreuung der Patienten kann dabei über technische Unterstützungssysteme gewährleistet werden, wenn bedarfsgerechte Monitoring- und Feedbackfunktionen zur Verfügung stehen und ein Austausch mit den Behandlern über interaktive Kommunikationssysteme erfolgt.

Das Informations- und Autonomiebedürfnis von Patienten wächst durch die zunehmende Verfügbarkeit von Daten, u. a. durch das Internet und mobile Endgeräte. Diese Entwicklung erfordert auch eine aktive Einbeziehung der Patienten in die therapeutischen Angebote. Die vorgesehenen Innovationen werden diesen veränderten Ansprüchen von Patienten gerecht und schaffen damit nachhaltige Versorgungsstrukturen.

In den beschriebenen technischen Unterstützungssystemen wird explizit ein Konzept für den Informationsaustausch entwickelt, der die Interaktion mit Therapeuten einschließt.

5.8 Pflegeassistenz

D. Buhr, L. Haug und T. Heine

Motivation

1,2 Millionen Pflegebedürftige werden in Deutschland von informell Pflegenden betreut, die Gesamtzahl der informell Pflegenden beläuft sich auf ungefähr 4 Millionen. Die körperliche und psychische Belastung in dieser Personengruppe ist in vielen Fällen gravierend (z.B. Rückenbeschwerden und hohes Depressionsrisiko). Überfordernde häusliche Pflege ist ein Problem, das sich in Zukunft noch verschärfen wird. Der demografische Wandel und der Mangel an professionellen Pflegekräften macht eine Professionalisierung dieser Pflege unmöglich. Der Rückgriff auf die Familie als Leistungserbringerin wird sich im Bereich der Pflege in absehbarer Zeit nicht vermeiden lassen. Hier sind alternative Lösungsansätze auch aus dem Bereich technischer Assistenzsysteme nötig.

Umsetzung

Die Einführung technischer Unterstützungssysteme im Bereich der häuslichen Pflege ist in vielerlei Hinsicht voraussetzungsreich. Der Unterstützungsbedarf ist sehr hoch, die Skepsis gegenüber Technik allerdings auch. Die Befürchtung, Menschen bzw. soziale Kontakte sollten durch Technik ersetzt werden, ist besonders virulent. Das Projekt TABLU (Technische Assistenzsysteme befähigen zu einem Leben in Unabhängigkeit) vereint deshalb technische mit persönlichen Hilfen. Im vorliegenden Beispiel besteht das Angebot aus vier Modulen: Pflege-Schulung, Pflege-Mediathek, Pflege-Kontakt und Pflege-Bildtelefon. In der Pflege-Schulung werden Grundlagen der Mobilisation vermittelt und die Bedienung des Tablet-PCs und der App erklärt. Die App beinhaltet die Pflege-Mediathek mit Anleitungsvideos, die dabei helfen das Gelernte aus der Schulung aufzufrischen und zu vertiefen. Außerdem besteht die Möglichkeit, bei individuellen Fragen und Problemen eine Pflegefachkraft zu kontaktieren, entweder schriftlich per Kontaktformular oder über das Bildtelefon.

Ziel des hier verfolgten Ansatzes ist es, niedrigschwellige Hilfe anzubieten. Technik kommt nur als Medium der Vermittlung zum Einsatz. Die mobile Technik eines Tablet-PCs erleichtert den Zugang zu Unterstützung: Menschen finden von zuhause aus Hilfe und müssen keine auswärtigen Termine wahrnehmen. Sie können sich für das Medium entscheiden, das ihnen angenehm ist: Anleitung ohne Interaktion, Schriftkontakt, direkter audiovisueller Kontakt. Hilfe ist auch nachts und am Wochenende gewährleistet, wenn andere Unterstützung rar ist (Ärzte und Nachbarn nicht zur Verfügung stehen) und deshalb die Sorgen überhand nehmen und im Zweifelsfall nur das Absetzen eines Notrufs bleibt. Neben der direkten Hilfe spielt auch die psychologische Komponente eine große Rolle: Das Wissen darum, dass eine Fachkraft erreichbar ist, nimmt viel Unsicherheit.

Die technische Umsetzung folgt einem klaren Motto: Keine Umbaumaßnahmen, keine Sensoren, keine stigmatisierende Hardware. Vielmehr soll das Potenzial einer sozialen Innovation genutzt werden und Internet und Tablet-Computer für weitere Gruppen und

Anwendungsbereiche nutzbar gemacht werden. Informations- und Kommunikationstechnologien machen es auch für die Gruppe der pflegenden Angehörigen leichter ihre Bedürfnisse nach Information, Beratung und sozialen Kontakten zu befriedigen. Die intuitive Bedienbarkeit von Tablet-Computern ermöglicht auch Menschen den Zugang zu internetbasierten Diensten, denen Desktop-Computer zu voraussetzungsvoll erschienen. In diesem Zusammenhang wird auch viel Wert auf den ästhetisch ansprechenden Gesamteindruck und das nutzerzentrierte Design gelegt (**Abb. 5.8**).

Abb. 5.8: App-Menü

Potenziale

Was sich zeigt, ist, dass das Angebot praxistauglich ist: Pflegende konnten ihren Angehörigen nach einem Sturz alleine aufhelfen, was ihnen bisher nicht möglich war. Das Sicherheitsgefühl auch bei Angehörigen, die schon lange pflegen, ist gestiegen. Die rückenschonenden Techniken werden durchgängig gelobt. In Bezug auf das Marktpotenzial besteht wie bei vielen AAL-Lösungen das Problem, dass die Technik eine Hürde darstellt – strukturell insbesondere im ländlichen Raum, wo bspw. kein schnelles Internet vorhanden ist, aber auch individuell hinsichtlich der Bereitschaft Technik zu nutzen. Die Inanspruchnahme von Unterstützungsangeboten im Pflegebereich ist zudem allgemein gering.

Tablet-PCs mit Pflege-Apps können hier einen Kollateralnutzen entwickeln. Nicht nur können dringend benötigte Pflegeanleitungen und -beratung zur Verfügung gestellt werden, sondern darüber hinaus haben die interessierten Nutzer Zugang zu allen weiteren Anwendungsmöglichkeiten, wie Erinnerungsfotos, Medienkonsum etc. Diese wurden von Teilnehmenden an der begleitenden Studie auch durchaus nachgefragt. So kann über den konkreten Nutzen der Anwendung im Pflegebereich auch eine Akzeptanz der Technik für Unterhaltung und Kommunikation geschaffen werden. Zudem eröffnet dieser „minimalinvasive" Erstkontakt mit Technik die Möglichkeit bei den Nutzern, schrittweise Vertrauen in „technische Assistenzsysteme" und ihren Mehrwert aufzubauen und allgemein die Akzeptanz für diese Systeme zu erhöhen.

5.9 VATI-Online-Navigator

A. Hoff, G. Thiele, J. Lässig, A. Schulz und D. Schwertfeger

Motivation

Selbständige, unabhängige Lebensführung und Einbindung in ein soziales Umfeld sind entscheidende Determinanten von Lebensqualität im höheren Lebensalter. Technische Assistenzsysteme können dies unterstützen. Allerdings herrscht ein flächendeckender Mangel an altersgerechtem Wohnraum bei gleichzeitig deutlicher Risikobehaftung des Wohnungsbestands. Einen Ansatz stellt ein interaktiver Technologie-Navigator dar, der Berührungsängste mit AAL-Technologien durch konsequente Orientierung an der Lebenswirklichkeit älterer Menschen abbauen soll. Die Informationsvermittlung erfolgt frei von wirtschaftlichen Interessen und zielt auf die regionale Vernetzung von AAL-Anbietern und AAL-Nachfragern.

Umsetzung

Aufbauend auf den individuellen Bedürfnissen älterer Menschen wird mit dem Online-Navigator des Forschungsprojekt „VATI – Vertrauen in Assistenztechnologien zur Inklusion" eine interaktive, webbasierte Plattform mit einem leicht verständlichen und intuitiv-anschaulichen Zugang zur Nutzung technischer Assistenzsysteme entwickelt.

Design und Usability des Online-Navigators orientieren sich an den konkreten Bedürfnissen der Nutzer, der Berücksichtigung von Krankheitsbildern und Wohnumfeld sowie der Bereitstellung eines niedrigschwelligen und sprachlich barrierefreien Angebots. Hierzu zählen die Verwendung von Begriffen, die der Alltagssprache Älterer entlehnt sind, und ein Verzicht auf wissenschaftliche Terminologie. Die Akzeptanz technischer Systeme hängt maßgeblich von der Berücksichtigung der Bedürfnisse ihrer Nutzer, also älteren Menschen ab.

Ein wichtiges Detail in der Entwicklung des Online-Navigators ist die Gestaltung von abgeschirmten Interaktionsräumen der verschiedenen Nutzergruppen. Abhängig von konkreten Nutzereigenschaften werden sowohl eine barrierefreie Kommunikation als auch der Schutz personenbezogener Daten sichergestellt. Die Knowledge-Engineering-Komponente sorgt dabei für die Bereitstellung von Informationen zu assistiven Technologien und Wohnraumanpassungen in Abhängigkeit von konkreten Bedürfnissen, Krankheitsbildern und physischen oder kognitiven Einschränkungen des Nutzers.

Fester Bestandteil ist eine umfassende Datenerhebung zu Bedürfnissen und Präferenzen über Inanspruchnahme von Assistenztechnologien im häuslichen Umfeld und mögliche Barrieren. Es werden zwei Längsschnitterhebungen durchgeführt: Zum einen wird mit dem *AAL-Panel* eine regional repräsentative Stichprobe älterer Menschen zu ihren bisherigen Erfahrungen mit assistiven Technologien befragt. Zum anderen werden die Nutzer des Online-Navigators befragt. Das Längsschnittdesign ermöglicht eine Abbildung von Veränderungen in der Akzeptanz von und dem Vertrauen in assistive Technologien im Zeitverlauf. Die aus den erhobenen Daten gewonnenen Informationen fließen in die (Weiter-)Entwicklung des Online-Navigators ein (vgl. **Abb. 5.9**).

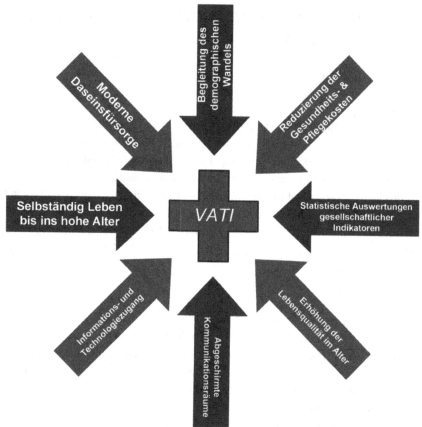

Abb. 5.9: Kernelemente des Online-Navigators

Potenziale

Die besondere Funktion des Navigators liegt in seiner integrativen Gestaltung: Einerseits werden Informationen über Assistenztechnologien gebündelt und konsequent nutzerorientiert aufbereitet, um einer latent technikfernen Nutzergruppe leicht verständliche Informationen anzubieten. Durch die Einbindung der Anbieter von AAL-Produkten wird andererseits die Vernetzung zwischen der Angebots- und Nachfrageseite befördert. Der nichtkommerzielle Zuschnitt des Navigators begegnet Berührungsängsten mit existierenden Beratungsangeboten, die oftmals nicht frei von wirtschaftlichen Interessen sind. Mit der strengen Orientierung an den Nutzerinteressen werden einschlägige Erkenntnisse aus der Forschung zu Lebensqualität im Alter verfolgt und in die Praxis überführt.

Der Technologie-Navigator wird zunächst in einer geografisch begrenzten Region, im Landkreis Görlitz in Ostsachsen, eingeführt und evaluiert. In Anbetracht der im Bundesvergleich deutlich fortgeschrittenen Bevölkerungsalterung in dieser Region und der allgemeinen Zunahme des Anteils älterer Menschen an der deutschen Gesamtbevölkerung ist der Online-Navigator als Modellprojekt mit Signalwirkung für die Bundesrepublik zu verstehen. Nach erfolgreicher Etablierung wird eine Replikation in anderen Regionen angestrebt.

5.10 Unterstützungssysteme im Operationssaal – Navigation und Robotik

A. Bettermann und B. Schütte

Motivation

Die Verwendung verfügbarer Verfahren von Robotik und Navigation im Rahmen von operativen Eingriffen am Bewegungsapparat erscheint bisher fragwürdig. Dementsprechend müssen Verfahrenstechniken aus dem Bereich der Robotik und Navigation entwickelt und qualifiziert werden, um z.B. die Implantationsqualität einer Endoprothese zu verbessern. Geeignete technische Unterstützungssysteme würden den orthopädischen Chirurgen von großem Nutzen sein, wenn derzeit bestehende Grenzen und Gefahren überwunden werden können. Keinesfalls darf es durch die Robotik zur unbemerkten Schädigung des knöchernen Implantatlagers kommen, weil das die Nachhaltigkeit derartiger Operationen gefährdet.

Umsetzung

Die permanente Überwachung der Lage und Orientierung im dreidimensionalen Raum von Implantaten und Werkzeugen bei jedem Verfahrensschritt komplexer operativer Eingriffe wäre die Voraussetzung für eine Optimierung der Implantationsqualität und für die Einschaltung eines auch technologisch hilfreichen „operativen Überwachungs- und Unterstützungssystems". Mit den bei der präoperativen Computertomographie gewonnenen Daten sollte dieses Unterstützungssystem mittels visualisierter unveränderbarer Markierungen am Körper des Implantatempfängers in die Lage versetzt werden, die sich verfahrensgebunden verändernde Lagerung der Patienten während des gesamten operativen Eingriffes zu observieren und bei Bedarf zu korrigieren, weil es durch ein ständiges Nachjustieren der visuell definierten Markierungspunkte die einzig ideale Positionierung der Endoprothese im knöchernen Implantatlager keinesfalls aus den „Augen" verlieren kann. Dieses „visuelle Engramm" aus den CT-Daten und den Markierungen sichert als **passiver** (kontrollierender) Beitrag des Unterstützungssystems ein wesentliches Merkmal der Implantationsqualität (optimierte Positionierung der Endoprothesenteile im Implantatlager), die das Operationsteam dann unter **aktiver** (operationstechnischer) Mithilfe des Unterstützungssystems umsetzen kann. Bei dieser Umsetzung der bereits präoperativ festgelegten, allseits dreh- und achsengerechten Positionierung der Endoprothesenteile, unabhängig davon, ob diese mit oder ohne Knochenzement eingebracht werden, sollte das Unterstützungssystem die Ausarbeitungsvorgänge des Implantatlagers nicht nur überwachen, sondern auch kraft- und positionskontrolliert eigenständig ausführen. Dazu wird das technische Unterstützungssystems neben oder gegenüber dem Operateur am Operationstisch positioniert und kann entweder dem Operateur direkt „unter die Arme" greifen (Manschetten) oder eigenständig ihm vorgegebene Werkzeuge (integrierte Operationsinstrumente) bedienen und dabei stets die dreidimensional korrekte Ausarbeitung der Implantatlager kontrollieren (permanente Qualitätskontrolle). Dringend wünschenswert wäre dabei eine mitlaufende visualisierte Observierungsmöglichkeit mittels Bildschirm mit Memoration der sich aus der präoperativen Planung ergebenden idealen Positionierung der Endoprothese in situ.

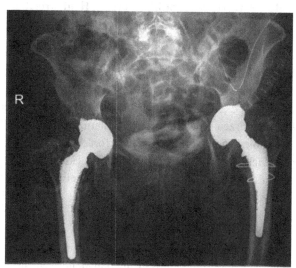

Abb. 5.10: Beiderseits unbefriedigende Ergebnisse nach totalem Hüftgelenkersatz
(Quelle: BWK HH, Radiol.)

Potenziale

Die technischen Fortschritte in der Endoprothetik dürfen nicht darüber hinwegtäuschen, dass es unverändert zu früher oder später einsetzenden „Komplikationen" kommen kann, die zumeist der kaum ausreichend definierten „unbefriedigenden Implantationsqualität" geschuldet sind. Daran haben auch technische Unterstützungssysteme bislang nichts zu verändern vermocht. Eine Reihe von Rückschlägen musste durch die Verwendung derartiger „Operationsroboter" in Kauf genommen werden. Dementsprechend gilt es die Implantationsqualität eines jeden Endoprothesenmodells so weit als irgend möglich anhand einer definiert visualisierten präoperativen Planung festzulegen, die es dem Operationsteam ermöglicht, während des operativen Eingriffes jederzeit sein eigenes Handeln zu überprüfen und dabei gleichzeitig ein unterstützendes Kontrollsystem zu implementieren, das jedes Abweichen von diesem definierten Qualitätsstandard ausschließt.

Die orthopädische Chirurgie wünscht sich trotz der bekannten Grenzen und Gefahren technische Unterstützungssysteme, die gleichzeitig kontrollierende und unterstützende Funktionen haben sollten, um das eigene Handeln zu optimieren und die den Patienten geschuldeten Qualitätsstandards zu gewährleisten.

5.11 Assistenzsysteme für manuelle Industrieprozesse

A. Bächler, L. Bächler, P. Kurtz, G. Krüll, T. Hörz, T. Heidenreich und S. Autenrieth

Motivation

Aufgrund von Globalisierung und demografischem Wandel geht die Entwicklung in der industriellen Produktion immer mehr weg von der Großserienfertigung mit langen Produktlebenszeiten hin zu einer Fertigung von Kleinserien mit geringen Stückzahlen und kurzer Lebensdauer. Um in dieser Entwicklung wettbewerbsfähig bleiben zu können, ist eine hohe Flexibilität mit kurzen Produktions- und Einlernzeiten aber auch ein hoher Qualitätsstandard mit gleichbleibend niedrigen Kosten erforderlich.

Angesichts dieser Entwicklungen sind automatisierte Prozesse gerade in der Kommissionierung und Montage oft nicht mehr rentabel und die manuelle Ausführung gewinnt wieder mehr an Bedeutung.

Umsetzung

Um manuelle Kommissionier- und Montageprozesse auch zukünftig zuverlässig und kostengünstig durch Menschen durchführen lassen zu können, müssen zusätzliche Unterstützungsmöglichkeiten realisiert werden. Dabei stellen assistierende Systeme einen erfolgsversprechenden Ansatz zur Anleitung, Unterstützung und Kontrolle, besonders für leistungsgeminderte und -gewandelte Mitarbeiter, dar. Das Assistenzsystem für Montageprozesse motionEAP (siehe **Abb. 5.11**, links) ist dabei folgendermaßen aufgebaut: Mittels einmaliger Durchführung des Montageprozesses durch einen eingelernten Monteur wird der automatische Einrichtevorgang ausgeführt, in welchem sich das System parametrisiert. Nachdem dieser erfolgreich abgeschlossen ist, wird der Montagemodus gestartet und Anwender mit unterschiedlichen Leistungsniveaus können, ihnen bisher noch nicht bekannte, Montagetätigkeiten ausführen. Eine Variabilität der Anleitungsstufen wird durch eine adaptive Führung gewährleistet, was in diesem Zusammenhang eine automatische Anpassung der Anleitung an die Bedürfnisse des jeweiligen Nutzers bedeutet. Durch einen über dem Arbeitsplatz angebrachten Projektor werden die notwendigen Entnahme-, Prozess- und Verbauinformationen in-situ, d.h. direkt in den Arbeitsbereich abgebildet. In einem ersten Schritt wird der Greifbehälter, aus welchem eines oder mehrere Bauteile zu entnehmen sind, farblich mit der Entnahmestückzahl angeleuchtet. Nach der Entnahme des korrekten Bauteils wird die Verbauposition durch die grafische Abbildung des Bauteils auf der Montagevorrichtung dargestellt. Nach korrekter Positionierung und Montage des Bauteils beginnt das System mit der Entnahmeanweisung des nachfolgenden Bauteils. Schritt für Schritt erhalten die Anwender genaue Anweisungen welches Teil sie entnehmen müssen und wie dieses zu positionieren ist. Das System erkennt, mithilfe eines RGB- und Infrarot-Tiefensensors Fehler und gibt nur bei vorher korrekt ausgeführter Tätigkeit weitere Anweisungsschritte.

Auch bei Kommissioniertätigkeiten kann ein Anwender durch ein solches Assistenzsystem unterstützt werden (siehe **Abb. 5.11**, rechts): In einem Durchlaufregallager werden verschiedene Artikel in Behältern bereitgestellt. Quer dazu ist ein höhenverstellbarer

Kommissionierwagen, an eine über Linearschienen verschiebbare Assistenzeinheit mit zwei Projektoren, zwei Infrarotkameras, einer höhenverstellbaren Waage und einem Touchscreen Monitor, angekoppelt. Es können einzelne Artikel oder Behälter kommissioniert werden. Am Monitor wird ein Kommissionierauftrag ausgewählt und die Zusammenstellung des Auftrages beginnt. Dabei wird die Entnahme der Bauteile auch hier über einen Projektor mit Lichtsignalen angeleitet. Mit Hilfe dieser Augmented Reality-Anzeigen werden Informationen in Form von Symbolen, Piktogrammen, Bildern oder Videos als Anleitung in den Arbeitsbereich projiziert. Über eine Infrarotkamera sowie eine Waage wird die korrekte Entnahme und Menge kontrolliert. Die Entnahmeposition und -menge wird dabei auf regalseitig befestigte Projektionswinkeln projiziert. Die anschließende Ablageposition in einem Behälter auf der Waage oder im Kommissionierwagen wird ebenfalls über projizierte Elemente abgebildet. Nach der korrekten Entnahme und Ablage eines Bauteils wird über Piktogramme, welche auf dem Monitor angezeigt werden, ein Verschieben des Kommissionierwagens bis zum nachfolgenden Entnahmeort angeleitet.

Abb. 5.11: Montageassistenzsystem am Einzelarbeitsplatz (links), Assistenzsystem für Kommissionierprozesse (rechts)

Potenziale

Durch die beschriebenen Assistenzsysteme im Montage- und Kommissionierbereich werden Mitarbeiter kontextsensitiv und kognitionsunterstützend direkt im Arbeitsprozess unterstützt. Die Assistenzsysteme fördern bestehende Fähigkeiten und kompensieren Funktionsbeeinträchtigungen von Mitarbeitern, so dass diese ausgeglichen werden und zum bestmöglichen Einsatz kommen können. Durch die unterstützenden Systeme soll der Aufwand und die Komplexität für das Einlernen von Mitarbeitern mit unterschiedlichen Leistungsniveaus und fachlichem Hintergrund reduziert und minimiert werden. Zudem soll die Flexibilität für den Einsatz dieser Mitarbeiter für Fertigungsaufträge mit hoher Variantenvielfalt erhöht werden.

Des Weiteren soll die Motivation, Arbeitszufriedenheit und Arbeitsfähigkeit von leistungsgeminderten und älteren Mitarbeitern verbessert bzw. erhalten und die Anzahl von Kommissionier- und Montagefehlern reduziert werden.

5.12 Intelligente Assistenzsysteme in der Gewebeproduktion

M. Saggiomo, J. Lemm, M. Löhrer, B. Winkel, Y.-S. Gloy und T. Gries

Motivation

Die Textilbranche stellt einen bedeutenden Zweig des produzierenden Gewerbes in Deutschland dar. In 103 Webereien werden derzeit jährlich Gewebe im Wert von ca. 1,8 Mrd. € produziert. Die Umsetzung von Industrie 4.0 in der Gewebeproduktion führt durch zunehmende Automation zur Interaktion mit intelligenten Systemen, die zu geänderten Prozessen und Arbeitsstrukturen der Mitarbeiter führen können. Die Arbeitsinhalte werden komplexer, erweiterte Kompetenzen werden notwendig.

Umsetzung

-Smarte Spule - Intelligente Maschinensteuerung in Abhängigkeit des Garnzustandes-
Die Umsetzung der Vision Industrie 4.0 setzt einen Fokus auf die Vernetzung intelligenter Produktionssysteme. Einzelne Prozesse der textilen Kette stimmen sich autonom aufeinander ab. Eine Radio-Frequency Identification (RFID) basierte Informations-Infrastruktur zwischen zwei im Produktionsablauf aufeinanderfolgende Textilmaschinen wurde entwickelt. Der RFID basierte Datenaustausch fungiert als implizites Assistenzsystem, da keine direkte Interaktion mit dem Maschinenbediener stattfindet. Durch den Einsatz von RFID-Technologie passen sich die Prozesse autonom ohne Zutun des Maschinenbedieners auf sich ändernde Rahmenbedingungen an.

Eine Garnspule ist mit einem RFID-Transponder ausgestattet. Auf dem RFID-Transponder können zentrale Informationen der im Spulprozess integrierten Sensoren gespeichert werden. Zu den Informationen im Spulprozess zählen während des Spulprozesses auftretende Garninhomogenitäten, wie Spleißstellen. Der RFID-Transponder kann Informationen über potenzielle Schwachstellen des Garns und die Position (Lauflänge), an der die Schwachstelle vorliegt enthalten. Zudem kann die exakte Lauflänge pro Spule gespeichert werden. Die Lauflänge ist insbesondere für eine optimale Materialausnutzung im Spulengatter von Interesse. Der nachgelagerte Webprozess berücksichtigt den Zustand des Garnmaterials aufgrund der Informationen des RFID-Transponders. Eine RFID-Antenne sendet dazu die Informationen der smarten Spule an eine speicherprogrammierbare Steuerung (Soft SPS). In Abhängigkeit der Daten des RFID-Transponders der smarten Spule passt das Programm der Soft SPS den Webprozess entsprechend des Garnzustandes an. In **Abb. 5.12** ist das beschriebene Konzept dargestellt.

-Mehrdimensionale Selbstoptimierung des Webprozesses und Smart Mobile Devices-
Der Webprozess ist aufgrund der hohen Anzahl an Einstellparametern komplex zu bedienen. Ein Maschinenbediener benötigt Erfahrung, um eine Webmaschine in moderater Zeit optimal einzustellen. Betrachtet man die Interaktion mit Textilmaschinen, so finden sich

moderne Touch-Screens und teilweise datenbankbasierte Assistenzsysteme zur Bedienung der Maschinen. Die Bedienung per Tablet oder Smartphone hält im Sinne der digitalisierten Produktion vermehrt Einzug in die Maschinenhallen.

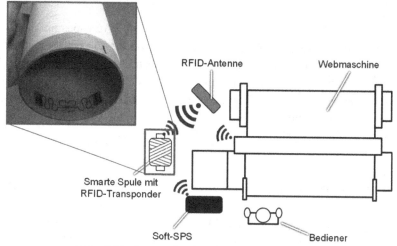

Abb. 5.12: Smarte Spule mit RFID-Transponder

Darüber hinaus kann eine Webmaschine mittlerweile mit der mehrdimensionalen Selbstoptimierung die optimalen Einstellungen hinsichtlich der Kettfadenzugkraft, des Energieverbrauchs (Luftverbrauch und Wirkleistungsaufnahme) und der Gewebequalität eigenständig ermitteln. Aufgrund mehrerer Zielgrößen entsteht ein mehrdimensionales Optimierungsproblem. Der Nutzer der Selbstoptimierung beeinflusst das Optimum der Maschineneinstellungen durch die Angabe von Zielgewichten. Die automatisierte Ermittlung optimaler Maschineneinstellungen ermöglicht es, auch kleine Losgrößen bis hin zu Losgröße eins wirtschaftlich zu produzieren.

Potenziale bedarfsorientier Assistenzsysteme
Ein technikunterstützter Lösungsansatz kann die Entwicklung von digitalisierten Adaptiv-Lernenden-Systemen (ALS) sein. Mit dem kompetenzfördernden Einsatz von ALS in der Mensch-Maschine-Interaktion des Produktionsprozesses, unter Berücksichtigung einer partizipativen, nutzerorientierten Technikakzeptanz, soll ein erfolgreicher Lösungsansatz für und mit der Industrie entwickelt werden. Der Einsatz dieser intelligenten Assistenzsysteme könnte Einarbeitungsphasen verkürzen und die Etablierung und Orientierung neuer oder gerade in den Beruf eintretender Arbeitnehmer im Unternehmen deutlich verbessern. Die bei den Einarbeitungsprozessen entstehenden Transaktionskosten könnten durch passgenaue Assistenzsysteme (z.B. Unterstützung beim Lernen mit Piktogrammen) gesenkt werden; der Arbeitnehmer ist schneller voll einsatzfähig. ALS unterstützen indem sie Informationen bereitstellen und beim Erlernen von Fähigkeiten, z.B. in der Maschinenführung helfen. Der Mitarbeiter nutzt die ALS nach seinem persönlichen Bedarf, ALS sind Instrumente für den Mitarbeiter die ihn unterstützen, nicht ersetzen sollen.

5.13 Arbeitstisch für die Fertigung und Montage

R. Weidner und J. P. Wulfsberg

Motivation

Die älter werdende Belegschaft, der gestiegene Arbeits- und Aufgabenumfang, das längere Erwerbsleben, die Produkt-Individualisierung sowie die Produkt-Miniaturisierung führen zu einem erhöhten Unterstützungsbedarf im industriellen Umfeld. Geeignete Hilfsmittel werden benötigt um vorhandene Funktionseinbußen bzw. -defizite zu kompensieren, um die fertigungs- und montagespezifischen Anforderungen erfüllen zu können. Im Bereich der Mikroproduktion sind dies z.B. eine „ruhige Hand", die Einhaltung von Toleranzgrenzen sowie der Fertigungs- und Montagereihenfolge.

Umsetzung

Produktionsmitarbeiter lassen sich durch passive und aktive Handarbeitsplätze unterstützen. Zwei mögliche Systeme für die passive und aktive Unterstützung sind in **Abb. 5.13** dargestellt. Diese Systeme bestehen aus Modulen für Bewegungsvorgabe und -überwachung, Steuerung und Regelung, Mensch-Technik-Schnittstellen, Qualitätssicherung, Fehlervermeidung sowie Aufgabenselektion und -hinweisen.

Die technischen Systeme unterstützen den Mitarbeiter bei dessen manuellen Tätigkeiten durch:

- Stützen des menschlichen Arms,
- Überwachung des Arbeitsplatzes zur Sicherstellung der Erzeugnisqualität,
- Vorgabe von aufgaben- und personenabhängigen Trajektorien und Bewegungskorridoren sowie
- Anweisungen.

Entsprechende Funktionalitäten sollen zum einen die Mitarbeiter physisch und mental entlasten sowie zum anderen durch integrierte Mechanismen bereits während der Fertigung und Montage die Qualitätssicherung überwiegend durchführen. Darüber hinaus kann der Mitarbeiter durch Anweisungen unterstützt werden, die in Form von visuellen, akustischen oder haptischen Anweisungen erfolgen können.

Die modulare Systemarchitektur der dargestellten Systeme ermöglicht eine individuelle Anpassung des technischen Systems an die Bedürfnisse, Wünsche und Aufgabe. Beispielsweise existieren unterschiedliche Armauflagen und Werkstückträger, die durch eine standardisierte Schnittstelle ad hoc ausgetauscht werden können.

pneumatischer Aktuator

austauschbare Mensch-
Technik-Schnittstelle

Technik-Technik-Schnittstelle

Kinematik-Element

Arbeitstisch

austauschbare Mensch-
Technik-Schnittstelle

Bedienoberfläche

Mensch-Technik-Schnittstelle
mit integrierter Sensorik

Technik-Technik-Schnittstelle

integrierte Kraftsensoren
für die Sollwertvorgabe

Robolink als aktives
Kinematik-Element

Arbeitstisch

nicht abgebildet: Kamerasystem

Abb. 5.13: Arbeitstisch-Unterstützungssysteme (oben passiv und unten aktiv)

Potenziale

Die vorgestellten Systeme führen dazu, dass Mitarbeiter z.B. bei Aufgaben, bei den eine hohe Präzision verlangt wird, angemessen unterstützt werden (passiv oder aktiv) ohne sie durch ein technisches System zu ersetzen. Durch die parallele und serielle Kopplung biomechanischer und technischer Elemente können sowohl die Fähigkeiten und Fertigkeiten des Menschen als auch die der Technik zeitgleich genutzt werden.

Eine derartige Lösung kann einen Ansatz darstellen, um eine langfristig wirtschaftliche Beschäftigung durch eine Produktivitätssteigerung und Qualitätsverbesserung zu realisieren.

5.14 Unterstützungssysteme für die Handhabung von Werkzeugen und Bauteilen

R. Weidner, Z. Yao und J. P. Wulfsberg

Motivation

In vielen Bereichen des täglichen Lebens müssen für Tätigkeiten Werkzeuge und/oder Bauteile gehandhabt werden. Hierbei kann es sich um nicht ergonomische Aufgaben handeln, gerade wenn es schwerere Werkzeuge sind oder unvorteilhafte Körperhaltungen eingenommen werden müssen. Eine Automatisierung dieser Aufgaben ist in vielen Anwendungsbereichen aus technischer oder ökonomischer Sicht schwer zu realisieren. Bei einzelnen Arbeitsaufgaben lassen sich durch bedarfsgerechte und anpassungsfähige technische Systeme ergonomische Verbesserungen erzielen und eine individuelle Unterstützung realisieren.

Umsetzung

Um Personen im privaten und beruflichen Umfeld durch individuell anpassbare, passive und aktive Unterstützungssysteme bei manuellen Arbeiten zu unterstützen wird der Ansatz des Human Hybrid Robot (HHR) zugrunde gelegt. Dieser Ansatz verfolgt eine intelligente, serielle und/oder parallele Kopplung von biomechanischen Elementen (z.B. Oberkörper, Arm und Hand) mit technischen Elementen (z.B. technische Systeme, Werkzeuge und Funktionalitäten), um die individuellen Vorteile des Menschen (z.B. gute Sensomotorik, Kognition und hohe Flexibilität) und der technischen Systeme (z.B. gute Wiederholgenauigkeit und hohe Ausdauer) zeitgleich nutzen zu können.

Eine zielgerichtete Anpassung des Systems an die individuellen Gegebenheiten ermöglicht eine modulare Systemarchitektur. Der Aufbau entsprechender Systeme erfolgt auf Basis eines Baukastensystems, der vorentwickelte und aufeinander abgestimmten Hard- und Software-Module beinhaltet und in Abhängigkeit der Eigenschaften des zu unterstützenden Menschen und der auszuführenden Aufgabe.

Denkbar sind unterschiedlich ausgelegte ortsflexible und ortsfeste, passive und aktive Unterstützungssysteme. Ein Beispiel für ein tragbares, passives technisches System zur Unterstützung von Handhabungs- und Produktionsaufgaben ist in **Abb. 5.14** dargestellt. Konfiguriert wurde dieses System für Bohraufgaben. Der Bohr-Endeffektor besteht neben einer handelsüblichen Bohrmaschine aus einem Niveauausgleich und einer Arretierungsmöglichkeit. Genauso kann die Grundstruktur dieser Systemlösung für vergleichbare Aufgaben herangezogen werden. Standardisierte Schnittstellen ermöglichen eine individuelle Systemkonfiguration.

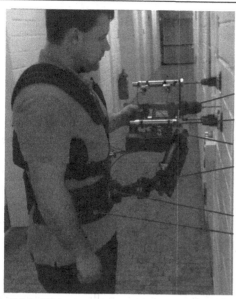

Bohrmaschine

Vorrichtung für Niveauausgleich

Technik-Technik-Schnittstelle

passives Kinematik-Element

Technik-Technik-Schnittstelle

Mensch-Technik-Schnittstelle

Abb. 5.14: Körpergetragenes passives Unterstützungssystem zur Werkzeughandhabung

Potenziale

Das vorgestellte, körpergetragene System lässt sich zur Unterstützung von Handhabungs-
und Produktionsaufgaben einsetzen. Aufgrund einer Kraftumleitung sowie die Werkzeug-
bzw. Bauteilführung kann eine ergonomische Entlastung des Mitarbeiters erzielt werden.
Darüber hinaus können die integrierten Funktionalitäten dazu beitragen, dass die Produk-
tionsqualität gesteigert werden kann.

Die modulare Systemgestalt ermöglicht eine individuelle und an die spezifische Aufgabe
angepasste Unterstützung, ohne den Menschen durch ein technisches System zu ersetzen.
Die Kopplung des Menschen mit technischen Elementen ermöglicht vielmehr die zeitglei-
che Nutzung der Fähigkeiten und Fertigkeiten von Mensch und Technik.

5.15 Verteilte Augmented Reality-Assistenzsysteme

A. Junghans, K. Wodrich, M. Jeretin-Kopf und R. Haas

Motivation

Die rasante Entwicklung von Wearable Computing ermöglicht die Nutzung von Assistenzsystemen in zunehmend mehr Bereichen. Die Kopplung von tragbaren Brillen, Armbandrechnern und Smartphones kann auch zur Unterstützung von Wartungsarbeiten bei fertigungstechnischen Maschinen eingesetzt werden. Hierbei wird durch Vernetzung die Rechenleistung aktueller Smartphones genutzt, ohne auf die direkte Bildschirmbedienung beschränkt zu sein.

Umsetzung

Die Schlüsseltechnik für ein kostengünstiges AR-Assistenzsystem stellt die Kombination von verfügbarer Standard-Hard- und Software dar. Als Betriebssystembasis bietet sich Googles Android an, da mittlerweile zahlreiche Geräte auf dieser Basis verfügbar sind. Dazu gehören Smartphones, Tablets, Uhren/Armbänder, Datenbrillen und weitere Komponenten im Embedded-Bereich. Vorteilhaft ist die freie Verfügbarkeit des Quellcodes, um auch langfristig eine Wartung zu ermöglichen und Probleme notfalls ohne Herstellerhilfe selbst lösen zu können. Die Oberflächenelemente lassen sich dabei auf hoher Abstraktionsebene in Java entwickeln, während grundlegende Bibliotheken zur Objekterkennung oder Sprachsteuerung hardwarenah in optimiertem C- oder Assembler-Code geschrieben werden können. Zur Einbindung der AR-Darstellung existieren Lösungen verschiedener Hersteller; bei Bedarf kann auch eine komplexere Eigenentwicklung auf der Basis von Bibliotheken zur Bildverarbeitung und Objekterkennung erfolgen. Für eine Spracherkennung zur freihändigen Steuerung des Systems stehen ebenfalls Bibliotheken zur Verfügung, die bei Bedarf angepasst werden können. Im Kontext des Assistenzsystems ist dabei eine hohe Toleranz gegenüber Umgebungsgeräuschen und unterschiedlichen Aussprachen entscheidender als ein großer Wortschatz. Auch für den umgekehrten Weg der Sprachsynthese sind entsprechende Module verfügbar.

Voraussetzung für den effektiven Einsatz von Standard-Hardware ist die Modularisierung und Verteilung der einzelnen Systemkomponenten. Beispielsweise kann die Datenhaltung der 3D-Modelle und weiterer Metadaten auf dem gleichen Gerät erfolgen, das das Kamera-Modul enthält (Smartphone, Datenbrille), oder auf einem weiteren mobilen Gerät oder stationären Server. Auch eine komplexe Verarbeitungslogik kann auf externe Systeme ausgelagert werden, z.B. eine leistungsfähige Bild- und Spracherkennung. Damit steigt die Flexibilität bei gleichzeitig verbesserter Kosteneffizienz: Statt leistungsfähige mobile Hardware vorauszusetzen, die alle nötigen Fähigkeiten mitbringt (Ergonomie, Sensorik, Datenverarbeitung, Speicherplatz), können verteilte Komponenten eingesetzt werden, die günstiger angeschafft und bei Bedarf ersetzt werden können. Auch „Bring Your Own Device"-Modelle lassen sich auf diese Weise umsetzen, was insbesondere für Techniker im Außeneinsatz sinnvoll sein kann.

Die Kommunikation der einzelnen Geräte kann per Bluetooth und/oder WiFi erfolgen. Ein Beispiel dafür liefert Apple mit den aktuellen Betriebssystemen iOS 8 und OS X 10.10: Verschiedene Geräte kommunizieren über Bluetooth LE (Low Energy) und WiFi, um Anrufe, Kurznachrichten und Dokumente auszutauschen. Auch das Teilen von Netzwerkverbindungen oder die Übertragung von Bildschirminhalten sind damit möglich. Der Datenaustausch in einem verteilten Assistenzsystem stellt sich im Vergleich damit einfacher dar, kann aber auf ähnliche Techniken zurückgreifen. Abgesehen von der rein technischen Aufgabenverteilung kann mit einer solchen Architektur auch die Personalisierung unterstützt werden; ein Smartphone, das ein Nutzer immer bei sich trägt, kann zur Identifikation und zum Abruf persönlicher Einstellungen und Arbeitsfortschritte dienen (**Abb. 5.15**).

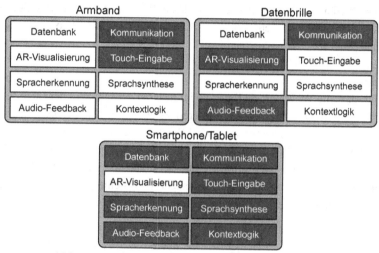

Abb. 5.15: Eigenschaftsmatrix verschiedener Geräte

Potenziale

In kleinen und mittelständischen Unternehmen ist das Aufgabengebiet der Wartung breit gefächert. Hierzu zählen Aufgaben vom Wechseln eines Filterbauteils bis hin zur Reparatur von simplen Fertigungseinrichtungen. Fehler bei diesen Tätigkeiten können zu vermehrten Prozessstillstandzeiten oder im extremen Fall sogar zur Beschädigung der Fertigungsmaschine führen. Hier stellen neue und ungewohnte Abläufe sowie die Einarbeitung neuer Arbeitnehmer die größten Herausforderungen dar. Eine Möglichkeit, bei diesem und ähnlichen Sachverhalten im Bereich der Fertigung Abhilfe zu schaffen, ist die Unterstützung durch ein intelligentes und verteiltes Assistenzsystem für die Mitarbeitenden. Diesen könnte die Durchführung komplizierter Arbeitsschritte erleichtert werden, indem ihnen unter anderem Arbeitsanweisungen auf einem Display bildlich dargestellt werden und mittels Assistenzsystem eine direkte Kommunikationsmöglichkeit mit einem erfahrenen Kollegen bereitsteht. Hierbei ist eine Integration in weitere Arbeitsfelder denkbar, da zusätzliche oder ergänzende Informationen durch verschiedene Assistenzhardware an den Anwender übermittelt werden könnten.

5.16 Intelligente Wohnung

J. Bauer, A. Kettschau, M. Michl, J. Bürner und J. Franke

Motivation

Apple und Google bieten heute diverse Webdienste zur Kommunikation, Navigation und Kollaboration. Sie drängen sowohl in den Gesundheitsbereich als auch ins häusliche Umfeld. Die Vision des Internets der Dinge wird so weiter auf den Weg gebracht. Im SmartHome-Umfeld gibt es zahlreiche Insellösungen, etwa für das Energiemanagement. Des Weiteren existiert am Markt tragbare Sensorik – bspw. Armbänder zur Aktivitätsmessung. Es fehlt hingegen an hersteller- und domänenübergreifender Interoperabilität und zugehörigen tragfähigen Geschäftsmodellen. Bestenfalls unterstützt die intelligente Wohnung den Bewohner unmerklich und effizient im Alltag, wirkt dabei positiv auf die Gesundheit und senkt die Energiekosten.

Umsetzung

Es wird klar, dass die Wohnung als Baustein im Internet der Dinge in der Lage sein sollte, sowohl mit Komponenten im Wohnungsinneren als auch mit Objekten oder Webdiensten außerhalb der Wohnung zu kommunizieren. Eine solche Softwareanwendung kann als Serviceplattform bezeichnet werden (**Abb. 5.16**). Die Serviceplattform verfügt über eine nutzerzentriert entwickelte Mensch-Maschine-Schnittstelle. Auf diese Weise können Komponenten zur Hausautomatisierung angesteuert, Systeme aus dem Gesundheitsbereich genutzt und Internetdienste regionaler Anbieter angesprochen werden.

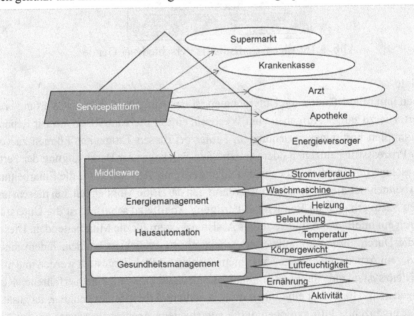

Abb. 5.16: Repräsentation einer intelligenten Wohnung als Serviceplattform im Internet der Dinge

An erratum of this chapter can be found under
DOI 10.1007/978-3-662-48383-1_6

Die Serviceplattform ist als Webanwendung konzipiert. Es existiert eine Mensch-Maschine-Schnittstelle auf Basis von HTML 5. Durch das eingesetzte responsive Design ist es möglich, die Darstellung dem tatsächlich genutzten Endgerät anzupassen, etwa dem Fernseher, dem Tablet oder dem Mobiltelefon. Neben der HMI existiert für maschinelle Anfragen eine REST-Schnittstelle. Das Ansteuern von Sensoren und Aktoren erfolgt über eine Middleware, etwa fhem oder openHab. Komponenten anderer Hersteller werden über vorhandene Entwicklerschnittstellen der Anbieter angesprochen. Aus dem Gesundheitsbereich bieten die Dienste von Jawbone und Withings ebenfalls solche Entwicklerschnittstellen. Auf diesem Wege können von Personenwaagen, Armbändern zur Aktivitätsmessung oder manuellen App-Eingaben erfasste Daten (Aktivität, Ernährung, Stimmung, Schlaf, Puls, Gewicht) von der Webanwendung abgefragt, fusioniert, interpretiert und dargestellt werden.

Das zu erstellende System ist über eine einzige Datei konfigurierbar. In dieser Datei finden sich alle relevanten Zugangsdaten zur Webservicenutzung, die Raumnamen, die eingesetzten Kommunikationsprotokolle und die den Räumen zugeordneten Aktionen. Die Anwendungsfälle können so von konkreten Implementierungen der Sensor- und Aktorhersteller abstrahiert werden. Das System für die intelligente Wohnung kann auf Basis dieser Konfigurationsdatei in weniger als drei Minuten generiert werden.

Die Softwareentwicklung ist von einer nutzerzentrierten Philosophie gekennzeichnet. Dies soll auch bei der notwendigen Ummantelung mit einem Geschäftsmodell so gehandhabt werden. Unter Zuhilfenahme des Business Model Canvas kann ein Geschäftsmodell Laien gegenüber verständlich visualisiert und fortentwickelt werden.

Potenziale

Bis spätestens 2020 werden 1 Million Haushalte vernetzt sein. Angesichts des demografischen Wandels gewinnt die Domäne Ambient Assisted Living (AAL) zusehends an Bedeutung. Experten bescheinigen dem AAL-Markt ein hohes Potenzial. Die Verfügbarkeit und Zuverlässigkeit funkbasierter Komponenten im Bereich der Hausautomation verbessert sich fortlaufend. In Bestandsgebäuden werden 74% der Energie für Wärme verbraucht. Medienwirksam finden aktuell Werbekampagnen bekannter Anbieter zum Thema SmartHome statt und fördern beim Verbraucher eine entsprechende Aufmerksamkeit. Bewohner erkennen somit die Möglichkeit der Nachrüstbarkeit, die damit verbundenen Einsparpotenziale und den Gewinn an Komfort und Sicherheit.

In einer intelligenten Wohnung wird der Wunsch nach herstellerübergreifender Interoperabilität und Erweiterbarkeit aufkommen. Der umgesetzte Ansatz mit einer Konfigurationsdatei in Kombination mit einem generierbaren System hat sich bewährt und sollte konzeptionell von aus der Industrie 4.0 avisierten und mit Semantik angereicherten Verfahren ersetzt werden. Es ist durch den Prototyp bereits jetzt möglich zu evaluieren, inwieweit die Anwendungsfälle und das Geschäftsmodell der Serviceplattform passgenau auf den Nutzer zugeschnitten sind. Die angedachte Integration der elektronischen Gesundheitsakte sorgt für eine rechtskonforme Einbindung der medizinischen Daten. Die intelligente Wohnung wird so zu einem technischen Unterstützungssystem, dass die Menschen wirklich wollen.

5.17 Intelligente Zahnbürste

G. Al-Falouji, D. Prestel, G. Scharfenberg, R. Mandl, A. Deinzer, W. Halang, J. Margraf-Stiksrud, B. Sick und R. Deinzer

Motivation

Zähneputzen gilt als die wirksamste Methode, Zähne von Plaque zu befreien und damit kariösen und parodontalen Erkrankungen vorzubeugen. Daher zielen sowohl Gruppenprophylaxeprogramme als auch die Individualprophylaxe im Wesentlichen auf Unterweisungen zu angemessenem Bürstverhalten ab. Zugleich weisen sowohl epidemiologische Daten als auch Beobachtungsstudien darauf hin, dass die überwiegende Mehrheit der Bevölkerung trotz dieser Prophylaxeprogramme nicht zu ausreichender Plaquekontrolle in der Lage ist. Damit besteht dringender Bedarf, die Mundhygienefertigkeit im Sinne der Fähigkeit zu erfolgreicher Plaquekontrolle zu verbessern.

Eine intelligente Zahnbürste lässt sich einsetzen, damit Menschen die für sie effektivste Zahnputzmethode unter individueller Anleitung der Zahnbürste interaktiv trainieren können. Die hierzu entwickelte Zahnbürste erfasst die Bewegung und den Druckverlauf, die als Daten an ein Smart Device übertragen und dort in Echtzeit visualisiert werden, z.B. spielerisch für Jugendliche oder sachlich-nüchtern für Erwachsene.

Umsetzung

Mit Hilfe des SMART-iBrush wird zunächst ein besseres Verständnis des Zahnbürstvorgangs ermöglicht. Folgende Aspekte sind dabei von Bedeutung:

- Analyse des spontanen Bürstverhaltens: Wie systematisch wird geputzt? Welche Bewegungen werden in welchen Bereichen ausgeführt? Welche Bewegungsformen kommen am häufigsten vor?

- Umsetzbarkeit und Qualität der Umsetzung unterschiedlicher Zahnbürsttechniken: Wird die Technik an allen Flächen mit ausreichender Präzision und Intensität ausgeführt? Wie lange dauert es, bis die Technik adaptiert ist? Wie verändert sich die Ausführung der Technik über die Zeit?

- Analyse typischer globaler und auch lokal begrenzter Problemfelder: Kommt es bei bestimmten Techniken oder in bestimmten Bereichen zu Fehlverhalten wie zu hohem Bürstdruck? Werden bestimmte Bereiche schlechter erreicht als andere?

Zukünftig sollen Techniken zur Optimierung des individuellen Zahnbürstverhaltens entwickelt werden. Aktuell besteht das System aus den Komponenten Sensorik, Controller und Visualisierung. Zur Erfassung der Bewegung der Zahnbürste bzw. des Drucks sind folgende Sensoren eingesetzt: Ein 3D-Beschleunigungssensor und ein 3-achsiges Gyroskop erfasst die lineare und rotatorische Bewegung im Mundraum. Ein Kraftsensor ist mittels Dehnmessstreifen realisiert. Er soll später bspw. der Vorbeugung gegen Verletzungen des Zahnfleisches dienen. Außerdem wird erwartet, dass sich die einzelnen Putzphasen durch Auswertung der Kraftinformation leichter segmentieren lassen.

Zum präzisen Monitoring wurde ein Feldversuch an der Universität Gießen mit 100 jungen Erwachsenen (18 - 19 Jahre) begonnen. Es wird die gewohnte Form der Zahnreinigung erfasst, die so gründlich wie möglich angewendet werden soll. Parallel werden klinische Parameter der Plaquekontrolle und der Mundgesundheit erfasst, die mit den Messdaten in Beziehung gebracht werden. Parallel dazu wird eine Videoanalyse zur optischen Untersuchung der Putzmethode vorgenommen, die als Referenz für den Putzort und die Putztechnik genutzt wird.

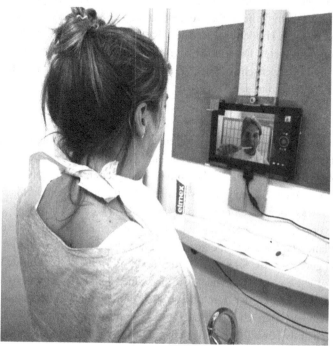

Abb. 5.17: Zahnreinigung in der Feldstudie mit der intelligenten Zahnbürste

Potenziale

Der Forschungsansatz der intelligenten Zahnbürste verfolgt das Ziel, den Zahnbürstvorgang besser zu verstehen, das (meist chaotische) Zahnbürstverhalten mit der erreichten Plaquefreiheit in Beziehung zu setzen und auf der Basis dieser Erkenntnisse die individuell effektivste Zahnputzmethode unter Anleitung der Zahnbürste interaktiv zu trainieren. Nach Abschluss der Forschungs- und Entwicklungsarbeiten steht mit diesem System ein verlässliches System zum langfristigen Monitoring des Putzvorgangs und zum Training einer individuellen Putztechnik zur Verfügung.

5.18 Roboterhund mit kognitiven Fähigkeiten

J. Ruhnke und B. Bettzüche

Motivation

In Katastrophenszenarien entstehen häufig Umgebungen die für Menschen gefährlich sind. Um die Gefahren einzuschätzen und das Gebiet gefahrlos zu erkunden sind Assistenzsysteme, wie laufende Roboter, sinnvoll. Sollen diese autonom agieren, benötigen sie teilweise kognitive Fähigkeiten. Das vorgestellte System entwickelt beim Laufen eine Handlungsstrategie, um Hindernisse zu überwinden und lernt dabei, wieviel Halt ein bestimmter Untergrund bietet. Die hierfür zugrundeliegenden Technologien und Strategien sind auch für hybride Mensch-Roboter Anwendungen wie bspw. körperkraftsteigernde Applikatoren einsetzbar, um den Träger vor Verletzungen zu schützen.

Umsetzung

In einer unerschlossenen Umgebung – der freien Natur – unterliegen autonome Maschinen erschwerten Bedingungen zur Fortbewegung und Orientierung. Solche Umstände erfordern ein erhöhtes Maß an adaptiven, kognitiven Fähigkeiten. Schreitende Roboter haben hier Vorteile gegenüber anderen Fortbewegungsarten, da sie über Hindernisse und Spalten steigen können, was aber mit einer komplexeren Software einhergeht.

Bei dem hier vorgestellten System handelt es sich um einen vierbeinigen Roboter, der in unebenem Gelände laufen kann und zur Klasse der sog. *Quadruped-Rough-Terrain-Robots* (QRTRs) gehört (**Abb. 5.18**). Er verfügt über 16 Freiheitsgrade in den Beinen und wiegt ca. 80 kg bei einer Länge von 1,1 m und einer Nutzlast von ca. 40 kg. Er ist ein pseudodynamischer Läufer, der durch die großen Auflageflächen der Füße einen relativ großen „kippstabilen" Bereich aufweist. Im Gegensatz zu anderen QRTRs benötigt der Roboter dadurch aktiv bewegliche Fußgelenke. Die interne Rechenleistung wird über insgesamt 16 logische Rechenkerne und fünf Subprozessoren zur Verfügung gestellt. Zur Umwelterfassung verwendet der Roboter einen *Time-of-flight* Tiefenbildsensor. Neben den Winkel- und Drehmomentsensoren in den Gelenken verfügt der Roboter über insgesamt 16 Drucksensoren in den Füßen.

Der Schwerpunkt in der Entwicklungsarbeit liegt in der adaptiven Stabilitätskontrolle, die gestützt durch kognitive Fähigkeiten bezüglich Umgebungswahrnehmung und -beurteilung die Maschine befähigt, in unterschiedlichsten Geländeformationen zu agieren. Basis ist eine verteilte Soft- und Hardwarearchitektur, die reaktives und planendes Handeln entkoppelt und um einen KI-Anteil erweitert wurde.

Der Roboter erfasst seine Umwelt in einer dreidimensionalen Punktwolke und sucht in dieser Flächen, auf die die Füße gesetzt werden können. Ein hybrides wissens- und erfahrungsbasiertes Bewertungsverfahren bewertet dabei die gefundenen Flächen unter Berücksichtigung verschiedener Aspekte wie Erreichbarkeit, Bodenbeschaffenheit, Neigung etc. Danach wird eine optimale Bewegungsstrategie unter Berücksichtigung der Schwerpunktstabilität erstellt. Durch eine vorausschauende Bewertung der Umwelt können mehrere alternative Trittpositionen im Voraus berechnet und im Fehlerfall dazu verwendet werden, einen Sturz zu vermeiden. Das System lernt dabei aus der Rückkoppelung der realen Erfahrungen, welche Trittposition genügend Halt bietet.

Abb. 5.18: Roboter AMEE-XW2

Potenziale

Die für den vorgestellten Roboter entwickelten Verfahren bilden die Grundlage für eine weiterführende Forschung, die sich in drei Schwerpunkte gliedert:

1. Die Weiterentwicklung der Verfahren zu einer echten Langstreckennavigation, die in der Lage ist, abstrakte Handlungspläne, wie sie bspw. ein Bergsteiger benötigt, zu entwickeln.

2. Die menschliche Interaktion mit einer Maschine. Dabei sollen Sprache und Gesten in einer natürlichen Form vom Roboter interpretiert werden. Ein gesonderter Punkt ist dabei die Interpretation von menschlichen Emotionen.

3. Die automatische Erstellung von komplexen Handlungsplänen, damit der Roboter sich bei einer Fehlplanung selbständig aus einer scheinbar ausweglosen Situation befreien kann.

Die genannten Aspekte sind nicht nur für die beschriebene konkrete Anwendung relevant, sondern auch bei anderen potentiellen oder bereits existierenden Unterstützungssystemen von Bedeutung. Wird bspw. ein Exoskelett zu einem Human-Hybrid Robot erweitert, sollte ein solches System auch in der Lage sein, den Träger vor Verletzungen bspw. durch Fehltritte zu beschützen. Hierfür eignen sich die entwickelten Technologien aus diesem Anwendungsbeispiel. Zudem muss ein solches System die bewussten Aktionen eines Trägers von den unbewussten Reflexen unterscheiden können. Hierzu ist es teilweise nötig, die Intension hinter der Aktion des Trägers zu erkennen. Für eine Maschine sind die meisten Aktionen eines Menschen zwar unberechenbar aber erlernbar.

5.19 Unterstützungssysteme im Rennrudern

K. Mattes und N. Schaffert

Motivation
Im Hochleistungssport werden technische Systeme zur sportartspezifischen Leistungsdiagnostik und Optimierung der Belastung im Konditions- und Techniktraining eingesetzt. Eine Voraussetzung dabei ist deren Akzeptanz bei Trainern und Sportlern, die durch eine hohe Praktikabilität, Sportartspezifik und Leistungswirksamkeit erreicht wird. Herausforderungen bestehen in der Applikation der Messtechnik an die unterschiedlichen Ruderboote verschiedener Hersteller, der Präsentation der physikalischen Daten in verständlicher Form und deren zeitsynchroner Übermittlung.

Umsetzung
Rudern zeichnet sich durch ein komplexes Sportgerät Ruderboot/Ruderwerk aus, an dem physikalische Messsysteme gut applizierbar sind. Charakteristisch für deren Entwicklung ist eine enge Zusammenarbeit zwischen Ingenieuren, Biomechanikern, Trainern und Sportlern, denn die geräte- und messtechnischen Lösungen müssen die biomechanischen Eigenschaften und Voraussetzungen des Bewegungsapparates sowie die Anfordernisse der Sportart berücksichtigen. Unterschieden werden Wettkampf- und Trainingsgeräte. Wettkampfgeräte müssen dem Reglement entsprechen, wohingegen das Training spezifische Ziele verfolgt, die erst durch spezielle Trainingsgeräte (z.B. Ruderergometer) ansteuerbar werden. Das Wettkampfgerät im Rennrudern (Boot, Ausleger, Ruder) wird aus modernen Werkstoffen (Kunststoff, Karbon) gefertigt, muss bei verschiedenen Wetter- und Wasserbedingungen gerudert und an die Leistungsvoraussetzungen der Athleten angepasst werden können.

Der aktuelle Stand im Deutschen Ruderverband ist gekennzeichnet durch eine rückwirkungsfreie Messung im eigenen Rennboot und am individuellen Ruder (Riemen oder Skulls), visuelles Online-Feedback während der Bewegungsausführung für den Ruderer, die Übertragung der Messdaten ins Trainerboot und die Synchronisation von Video und Messdaten zur Datenauswertung. Die gerätegestützten Feedbacksysteme zur Unterstützung des Technik- und Konditionstrainings stellen die Information mit der notwendigen Genauigkeit, zeitsynchron mit der Bewegungsausführung und in geeigneter Weise (akustisch, visuell oder taktil) zur Verfügung. Die Messparameter werden im Rennboot visuell auf Grafikdisplays und akustisch über Lautsprecher rückgemeldet (**Abb. 5.19**). Mittels Parameter-Mapping-Sonifikation wird der Beschleunigungs-Zeit-Verlauf des Rennbootes algorithmisch vertont, wobei sich die Klangsequenz in Abhängigkeit von der Beschleunigung verändert und die Möglichkeit bietet, zweckmäßiges und unzweckmäßiges Bewegungsverhalten akustisch zu differenzieren. Das Feedback kann somit eine Kontroll- und Steuerfunktion im Techniktraining übernehmen. Generell sollte zur biomechanisch zweckmäßigen Bewegungstechnik auch die subjektive Empfindung und Bewegungsvorstellung der Sportler berücksichtigt werden. Dabei sollen die Athleten über das Gehör ein

Gefühl für die Bewegung und deren Dauer entwickeln, um eine differenziertere Vorstellung vom Bewegungsablauf aufzubauen.

Abb. 5.19: Visuelles Feedbacksystem (links); akustisches Feedbacksystem (rechts)

Grundsätzlich besteht beim längeren Einsatz von Feedback die Gefahr, in Abhängigkeit zur Rückmeldung zu geraten. Um hilfreich zu sein, muss dessen Einsatz im Training daher dosiert erfolgen.

Potenziale

Die skizzierten Anwendungsfelder technischer Systeme bestehen auch in Zukunft, angepasst an den technischen Fortschritt. Erkennbare Trends sind Videoanalyse und -kinemetrie mit neuen Schwerpunkten (automatische Mustererkennung, hochauflösende Highspeed 3D-Kinemetrie), weitere Miniaturisierung der Messelektronik, Nutzung von Smartphone, Tablets sowie Sensorapplikation über Microchips in der Sportkleidung. Potenziale liegen in der Entwicklung neuer Wettkampf- und Trainingsgeräte durch eine bessere gerätetechnische Umsetzung bekannter biomechanischer Gesetzmäßigkeiten unter Nutzung moderner Werkstoffe. Intelligente Trainingsgeräte müssen den Trainingsprozess durch automatisierte Belastungssteuerung sowie die Dokumentation und Auswertung der Daten für die Trainingssteuerung unterstützen. Feedbacksysteme werden stärker die akustische Rückmeldung unter simultaner Einbeziehung mehrerer Sinneskanäle (multimodal) sowie virtuelle Welten nutzen. Risiken liegen in der Einführung der neuen Systeme, wobei Regeländerungen den Einsatz im Wettkampf verbieten können. Die frühzeitige und regelmäßige Verfügbarkeit der Geräte für Training und Wettkampf ist eine notwendige Voraussetzung für deren Akzeptanz, damit die Sportler alle Anpassungsprozesse an die veränderten mechanischen Bedingungen vollziehen können. Letztlich sind die tatsächliche Wirksamkeit der Systeme für die Leistungsentwicklung und deren erfolgreicher Einsatz bei internationalen Spitzenwettkämpfen entscheidend für deren Akzeptanz.

Erratum

Erratum to: Technische Unterstützungssysteme

Robert Weidner, Tobias Redlich, Jens P. Wulfsberg

Erratum to:

Chapter 5 in: R. Weidner et al.(Hrsg.), Technische Unterstützungssysteme,
DOI 10.1007/978-3-662-48383-1_5

Die Abbildung 5.16 auf Seite 216 ist ausgetauscht.

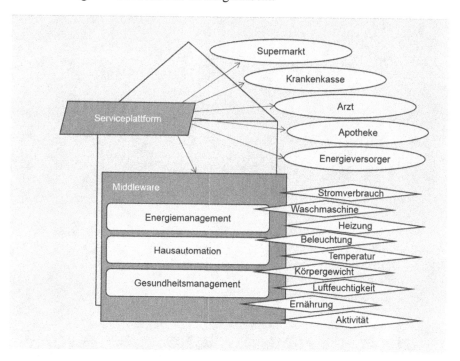

The online versions of the original chapter can be found under
DOI 10.1007/978-3-662-48383-1_5

Robert Weidner

Jens P. Wulfsberg

Tobias Redlich

Laboratorium Fertigungstechnik

Helmut-Schmidt-Universität

Hamburg, Deutschland

R. Weidner et al. (Hrsg.), *Technische Unterstützungssysteme,*
DOI 10.1007/978-3-662-48383-1_6, © Springer-Verlag Berlin Heidelberg 2015

Autorenliste

G. Al-Falouji   Fakultät Elektro- und Informationstechnik, BiSP Labor
Ostbayerische Technische Hochschule Regensburg

J. Álvarez-Ruiz   Institut für Informatik
Freie Universität Berlin

S. Autenrieth   Fakultät Maschinenbau
Hochschule Esslingen

R. Bader   Universitätsmedizin Rostock
Universität Rostock

A. Bächler   Fakultät Maschinenbau
Hochschule Esslingen

L. Bächler   Fakultät Soziale Arbeit, Gesundheit und Pflege
Hochschule Esslingen

J. Bauer   Lehrstuhl für Fertigungsautomatisierung und Produktionssystematik
Friedrich-Alexander-Universität Erlangen-Nürnberg

K. Bengler   Lehrstuhl für Ergonomie
Technische Universität München

A. Bettermann   Abteilung für Orthopädie und Unfallchirurgie
Bundeswehrkrankenhaus Hamburg

B. Bettzüche   Fakultät TI, Department Informatik
Hochschule für Angewandte Wissenschaften Hamburg

N. Bialeck   Professur für Bürgerliches Recht
Helmut-Schmidt-Universität, Hamburg

T. Birken   Institut für Soziologie und Volkswirtschaftslehre
Universität der Bundeswehr München

J.-H. Branding   Laboratorium Fertigungstechnik
Helmut-Schmidt-Universität, Hamburg

R. R. Brauer   Forschungszentrum Life Science & Engineering
HTWK Leipzig

J. Bürner   Lehrstuhl für Fertigungsautomatisierung und Produktionssystematik
Friedrich-Alexander-Universität Erlangen-Nürnberg

J. Bützler   Lehrstuhl und Institut für Arbeitswissenschaft
RWTH Aachen

D. Buhr   Institut für Politikwissenschaft
Eberhard-Karls-Universität Tübingen

O. Burmeister	Information Technology Charles Sturt University
S. Buxbaum-Conradi	Laboratorium Fertigungstechnik Helmut-Schmidt-Universität, Hamburg
S. Dannehl	Institut für Konstruktion, Mikro- und Medizintechnik Technische Universität Berlin
M. Decker	Institut für Technikfolgenabschätzung und Systemanalyse Karlsruher Institut für Technologie
A. Deinzer	Fakultät Informatik Hochschule Kempten
R. Deinzer	Institut für Medizinische Psychologie Justus-Liebig-Universität Gießen
L. Doria	Institut für Konstruktion, Mikro- und Medizintechnik Technische Universität Berlin
F. Feldhege	Universitätsmedizin Rostock Universität Rostock
T. Felzer	Institut für Mechatronische Systeme im Maschinenbau Technische Universität Darmstadt
N. M. Fischer	Forschungszentrum Life Science & Engineering HTWK Leipzig
B. Fischer	Institut für Informatik Freie Universität Berlin
J. Franke	Lehrstuhl für Fertigungsautomatisierung und Produktionssystematik Friedrich-Alexander-Universität Erlangen-Nürnberg
Y.-S. Gloy	Institut für Textiltechnik RWTH Aachen
J.-M. Graf von der Schulenburg	Institut für Versicherungsbetriebslehre Leibniz Universität Hannover
G. Grande	Forschungszentrum Life Science & Engineering HTWK Leipzig
T. Gries	Institut für Textiltechnik RWTH Aachen
R. Haas	Institute of Materials and Processes Hochschule Karlsruhe – Technik und Wirtschaft
W. Halang	Fakultät Mathematik und Informatik Fernuniversität in Hagen
H. Hanau	Professur für Bürgerliches Recht Helmut-Schmidt-Universität, Hamburg
L. Haug	Institut für Politikwissenschaft Eberhard-Karls-Universität Tübingen
T. Heidenreich	Fakultät Soziale Arbeit, Gesundheit und Pflege Hochschule Esslingen

A. Hein	Fakultät für Informatik und Elektrotechnik Universität Rostock
T. Heine	Institut für physikalische und theoretische Chemie Eberhard-Karls-Universität Tübingen
S. Heubischl	Laboratorium Fertigungstechnik Helmut-Schmidt-Universität, Hamburg
C. Hölzel	Lehrstuhl für Ergonomie Technische Universität München
T. Hörz	Fakultät Maschinenbau Hochschule Esslingen
A. Hoff	Fakultät für Sozialwissenschaften Hochschule Zittau/Görlitz
B. Holz	Lehrstuhl für Unkonventionelle Aktorik Universität des Saarlandes
M. Jeretin-Kopf	Institute of Materials and Processes Hochschule Karlsruhe – Technik und Wirtschaft
A. Junghans	Software-Entwicklung Junghans+Schneider GbR
A. Karafillidis	Laboratorium Fertigungstechnik Helmut-Schmidt-Universität, Hamburg
A. Kettschau	Lehrstuhl für Fertigungsautomatisierung und Produktionssystematik Friedrich-Alexander-Universität Erlangen-Nürnberg
T. Kirste	Fakultät für Informatik und Elektrotechnik Universität Rostock
M. Klöckner	RIF e.V. Institut für Forschung und Transfer
V. Knott	Lehrstuhl für Ergonomie Technische Universität München
M. Kraft	Institut für Konstruktion, Mikro- und Medizintechnik Technische Universität Berlin
D. Krause	Institut für Produktentwicklung und Konstruktionstechnik Technische Universität Hamburg-Harburg
P. Krenz	Laboratorium Fertigungstechnik Helmut-Schmidt-Universität, Hamburg
G. Krüll	Fakultät Maschinenbau Hochschule Esslingen
B. Kuhlenkötter	Lehrstuhl für Produktionssysteme Ruhr-Universität Bochum
P. Kurtz	Fachgebiet Arbeitswissenschaft, Fakultät für Maschinenbau TU Ilmenau

S. Kuz	Lehrstuhl und Institut für Arbeitswissenschaft RWTH Aachen
J. Lässig	Fakultät für Elektrotechnik und Informatik Hochschule Zittau/Görlitz
A. Lechler	Institut für Steuerungstechnik der Werkzeugmaschinen und Fertigungseinrichtungen Universität Stuttgart
J. Lemm	Institut für Textiltechnik RWTH Aachen
K. Liggieri	Mercator Research Group: Räume anthropologischen Wissens Ruhr-Universität Bochum
A. Llarena	Institut für Informatik Freie Universität Berlin
M. Löhrer	Institut für Textiltechnik RWTH Aachen
R. Mandl	Fakultät Elektro- und Informationstechnik, BiSP Labor Ostbayerische Technische Hochschule Regensburg
J. Margraf-Stiksrud	Institut für Psychologie Philipps-Universität Marburg
K. Mattes	Institut für Bewegungswissenschaft Universität Hamburg
A. Mau-Moeller	Universitätsmedizin Rostock Universität Rostock
M. Michl	Lehrstuhl für Fertigungsautomatisierung und Produktionssystematik Friedrich-Alexander-Universität Erlangen-Nürnberg
P. Motzki	Lehrstuhl für Unkonventionelle Aktorik Universität des Saarlandes
M. Moritz	Laboratorium Fertigungstechnik Helmut-Schmidt-Universität, Hamburg
V. Nitsch	Institut für Arbeitswissenschaft Universität der Bundeswehr München
K. Paetzold	Institut für Technische Produktentwicklung Universität der Bundeswehr München
H. Pelizäus-Hoffmeister	Institut für Soziologie und Volkswirtschaftslehre Universität der Bundeswehr München
D. Prestel	Fakultät Informatik HS Kempten
T. Redlich	Laboratorium Fertigungstechnik Helmut-Schmidt-Universität, Hamburg
S. Reitelshöfer	Lehrstuhl für Fertigungsautomatisierung und Produktionssystematik Friedrich-Alexander-Universität Erlangen-Nürnberg

O. Röhrle	SRC SimTech Universität Stuttgart
R. Rojas	Institut für Informatik Freie Universität Berlin
J. Ruhnke	Fakultät TI, Department Informatik Hochschule für Angewandte Wissenschaften Hamburg
M. Saggiomo	Institut für Textiltechnik RWTH Aachen
O. Sankowski	Institut für Produktentwicklung und Konstruktionstechnik Technische Universität Hamburg-Harburg
N. Schaffert	Institut für Bewegungswissenschaft Universität Hamburg
G. Scharfenberg	Fakultät Elektro- und Informationstechnik, BiSP Labor Ostbayerische Technische Hochschule Regensburg
C. M. Schlick	Lehrstuhl und Institut für Arbeitswissenschaft RWTH Aachen
J. Schmidtler	Lehrstuhl für Ergonomie Technische Universität München
S. Schmitt	SRC SimTech Universität Stuttgart
M. Schuler-Harms	Professur für Öffentliches Recht Helmut-Schmidt-Universität, Hamburg
A. Schulz	Fakultät für Elektrotechnik und Informatik Hochschule Zittau/Görlitz
B. Schütte	Abteilung für Orthopädie und Unfallchirurgie Bundeswehrkrankenhaus Hamburg
P. Schweiger	Institut für Soziologie und Volkswirtschaftslehre Universität der Bundeswehr München
D. Schwertfeger	Fakultät für Sozialwissenschaften Hochschule Zittau/Görlitz
S. Seelecke	Lehrstuhl für Unkonventionelle Aktorik Universität des Saarlandes
B. Sick	Intelligent Embedded Systems, Fachbereich Elektrotechnik/Informatik Universität Kassel
F. Simone	Lehrstuhl für Unkonventionelle Aktorik Universität des Saarlandes
J. Sombetzki	Philosophisches Seminar Christian-Albrechts-Universität zu Kiel
G. Thiele	Fakultät für Sozialwissenschaften Hochschule Zittau/Görlitz

C. Thomas	Lehrstuhl für Produktionssysteme Ruhr-Universität Bochum
D.-S. Valentiner	Professur für Öffentliches Recht Helmut-Schmidt-Universität, Hamburg
R. Weidner	Laboratorium Fertigungstechnik Helmut-Schmidt-Universität, Hamburg
W. Weidner	Institut für Versicherungsbetriebslehre Leibniz Universität Hannover
N. Weinberger	Institut für Technikfolgenabschätzung und Systemanalyse Karlsruher Institut für Technologie
B. Winkel	Institut für Textiltechnik RWTH Aachen
K. Wodrich	Institute of Materials and Processes Hochschule Karlsruhe – Technik und Wirtschaft
B. Wollesen	Institut für Bewegungs- und Trainingswissenschaft Universität Hamburg
J. P. Wulfsberg	Laboratorium Fertigungstechnik Helmut-Schmidt-Universität, Hamburg
Z. Yao	Laboratorium Fertigungstechnik Helmut-Schmidt-Universität, Hamburg
I. S. Yoo	Lehrstuhl für Fertigungsautomatisierung und Produktionssystematik Friedrich-Alexander-Universität Erlangen-Nürnberg
U. K. Zettl	Universitätsmedizin Rostock Universität Rostock

Stichwortverzeichnis

Printed in the United States
By Bookmasters